Oracle 数据库管理与应用
——基于 Oracle12c 版本
(第二版)

主　编　王永贵
副主编　郭鹏飞　刘腊梅
　　　　曲海成　李建东　吕欢欢

中国矿业大学出版社
·徐州·

内 容 简 介

本书是一本全面介绍 Oracle 数据库技术基本架构、DBA 管理和对象数据库等知识的教程。全书包括 5 部分共 21 章。第一部分讨论了 Oracle 数据库的基本架构,包括物理架构和逻辑架构,第二部分全面介绍了 Oracle12c 的新特性——多租户数据库及 Oracle 常用的数据对象,第三部分全面介绍了 Oracle 数据库的 PL/SQL 语言,第四部分探讨了 Oracle 数据库的备份及恢复策略,第五部分详细介绍了基于 Oracle 数据库的对象关系数据库的设计方法、步骤及其实现脚本。本书内容全面、概念清晰、语言流畅、图文并茂,可作为高等院校计算机相关专业 Oracle 数据库课程的教材,也可供从事于计算机软件工作的科技人员(如数据分析系统、电子商务网站开发人员等)参阅。

图书在版编目(CIP)数据

Oracle 数据库管理与应用 / 王永贵主编. —2 版. —徐州:中国矿业大学出版社,2017.8(2020.8 重印)
ISBN 978-7-5646-3613-5

Ⅰ. ①O… Ⅱ. ①王… Ⅲ. ①关系数据库系统 Ⅳ. ①TP311.138

中国版本图书馆 CIP 数据核字(2017)第 169854 号

书　　名	Oracle 数据库管理与应用
主　　编	王永贵
责任编辑	周　红
出版发行	中国矿业大学出版社有限责任公司
	(江苏省徐州市解放南路　邮编 221008)
营销热线	(0516)83884103　83885105
出版服务	(0516)83995789　83884920
网　　址	http://www.cumtp.com　E-mail:cumtpvip@cumtp.com
印　　刷	日照报业印刷有限公司
开　　本	787 mm×1092 mm　1/16　印张 20　字数 499 千字
版次印次	2017 年 8 月第 2 版　2020 年 8 月第 2 次印刷
定　　价	32.00 元

(图书出现印装质量问题,本社负责调换)

前　言
PREFACE

一、关于本书

Oracle 数据库是世界上较早实现关系模型的商业数据库产品之一，Oracle12c 首次提出了"多租户数据库架构（Oracle Multitenant）"并予以实现，向着云数据管理迈出了坚实的一步。本书详尽介绍了多租户架构并给出了应用实例，同时介绍了 DBA 管理、基于 PL/SQL 的应用开发及对象数据库等。

二、本书内容结构

本书共分为 5 编、21 个技术专题，各编内容安排如下：

第一编：基础架构。主要介绍了 Oracle 的版本历史和常用的工具集以及它们的简单应用等内容，包括 Oracle 的逻辑架构和物理架构及如何管理等内容。

第二编：对象管理。给出了多租户数据库架构定义，介绍了多租户、容器数据库、插拔数据库的概念，给出了创建容器数据库、克隆容器数据库、管理插拔数据库的方法及实例；说明 Oracle 数据库主要对象的管理方法，包括表、视图、物化视图、分区、序列、同义词、聚簇、索引、用户、权限、角色、锁。

第三编：PL/SQL 程序设计。介绍过程处理语言 PL/SQL 包括程序结构、语法和逻辑机制，侧重介绍了游标、函数、过程、触发器、包、异常处理等。

第四编：备份与恢复。主要介绍了 Oracle 备份策略、恢复策略、特定场合下的故障恢复方法，如 Oracle 数据库数据文件损坏、联机日志文件丢失的处理方法。

第五编：对象模型。介绍了对象模型的实现方法，并给出了实现的源代码。

三、本书特点

本书内容丰富、结构合理、广度与深度适中、实用性强，与当今最新研究成果紧密结合，是 Oracle 数据库 DBA 专题技术、基于 Oracle 的软件开发技术的集合。同时，本书给出了大量实例及代码，有利于读者迅速掌握并在实践中熟练应用。

四、本书适用对象

本书适用范围广，既可作为各大中专院校相关专业和培训班的辅导教材和参考用书，也可作为数据库系统开发人员和自学者的学习和参考用书。

本书由王永贵担任主编。其中，第 1、2、4 章由郭鹏飞编写，第 7、8、9 章由李建东编写，第 3、5、6 章由刘腊梅编写，第 10、11、12、13 章由吕欢欢编写，第 14、15、16 章由曲海成编写，第 17、18、19、20、21 章由王永贵编写，王晓晨做了大量的文字编辑和排版工作，在此表示感谢。

限于水平有限，加之编写时间太过仓促，书中难免有诸多不妥之处，欢迎广大读者批评指正。

编　者

2017 年 2 月

目 录

CONTENT

第一编 基础架构

第1章 Oracle基础 ·································· 3
  1.1 Oracle12c 的特点 ·································· 3
  1.2 12c 的版本及选件 ·································· 5
  1.3 SQL、SQL*Plus 及 PL/SQL ·································· 10
  1.4 登录到 SQL*Plus ·································· 11
  1.5 常用 SQL*Plus 附加命令简介 ·································· 12
  1.6 Oracle 数据类型 ·································· 16

第2章 系统体系架构 ·································· 20
  2.1 Oracle 数据库体系架构 ·································· 20
  2.2 Oracle 的逻辑架构 ·································· 21
  2.3 Oracle 数据库的物理架构 ·································· 24
  2.4 内存结构 ·································· 27
  2.5 进程 ·································· 32
  2.6 事务处理流程 ·································· 34
  2.7 SYS 和 SYSTEM 模式 ·································· 35
  2.8 数据字典及其他数据对象 ·································· 35

第二编 对象管理

第3章 管理数据库 ·································· 41
  3.1 启动实例 ·································· 41
  3.2 关闭实例 ·································· 44
  3.3 建立数据库 ·································· 46
  3.4 常用数据字典简介 ·································· 50

第4章 控制文件管理 ·································· 53
  4.1 控制文件基本思想 ·································· 53
  4.2 使用多个控制文件 ·································· 53
  4.3 建立新的控制文件 ·································· 54
  4.4 给控制文件的增长留出空间 ·································· 56

| 4.5 | 查询控制文件信息 | 56 |

第5章 日志文件管理 … 58
- 5.1 日志切换 … 58
- 5.2 建立多个日志文件 … 59
- 5.3 重新命名日志成员名字 … 60
- 5.4 删除重做日志文件 … 60

第6章 表空间与数据文件管理 … 62
- 6.1 表空间与数据文件 … 62
- 6.2 创建表空间 … 62
- 6.3 表空间日常管理 … 67
- 6.4 查询表空间 … 71
- 6.5 删除表空间 … 75
- 6.6 数据文件管理 … 75

第7章 表和索引及簇的定义与管理 … 80
- 7.1 应用系统表的管理 … 80
- 7.2 表的定义操作 … 83
- 7.3 主键 … 89
- 7.4 外部键 … 92
- 7.5 管理表 … 94
- 7.6 索引的定义与管理 … 98
- 7.7 簇的定义与管理 … 103
- 7.8 完整性的管理 … 110

第8章 视图、序列、同义词管理 … 115
- 8.1 管理视图 … 115
- 8.2 管理实体视图 … 117
- 8.3 管理序列 … 121
- 8.4 管理同义词 … 122

第9章 管理用户与资源 … 124
- 9.1 用户身份验证方法 … 124
- 9.2 建立用户 … 125
- 9.3 建立外部验证用户 … 126
- 9.4 建立全局验证用户 … 126
- 9.5 使用密码文件验证用户 … 127
- 9.6 修改与删除用户 … 128

第10章 管理用户权限及角色 … 131
- 10.1 系统权限的授予与撤销 … 131
- 10.2 对象权限的授权与撤销 … 135
- 10.3 角色与授权 … 136
- 10.4 有关的数据字典 … 143

第11章　多租户容器数据库 …… 144
11.1　容器数据库和插拔数据库 …… 146
11.2　容器数据库的创建 …… 147
11.3　容器数据库的克隆 …… 148
11.4　容器数据库的查看 …… 152
11.5　管理可插拔数据库 …… 154
11.6　多租户架构下的用户管理 …… 158
11.7　多租户架构下的数据文件管理 …… 159

第三编　PL/SQL 程序设计

第12章　PL/SQL 程序设计基础 …… 163
12.1　PL/SQL 程序概述 …… 163
12.2　PL/SQL 块结构 …… 165
12.3　标识符 …… 165
12.4　PL/SQL 变量类型 …… 166
12.5　运算符 …… 171
12.6　变量赋值 …… 171
12.7　条件语句 …… 173
12.8　循环 …… 174
12.9　注释 …… 177
12.10　dbms_output 的使用 …… 177
12.11　在 PL/SQL 使用 SQL 语句 …… 178

第13章　光标的使用 …… 182
13.1　光标概念 …… 182
13.2　光标循环 …… 184
13.3　光标变量 …… 187

第14章　错误处理 …… 190
14.1　异常处理概念 …… 190
14.2　异常情态传播 …… 193
14.3　异常处理编程 …… 194
14.4　在 PL/SQL 中使用 sqlcode,sqlerrm …… 195

第15章　存储过程和函数 …… 197
15.1　存储过程 …… 197
15.2　创建函数 …… 201
15.3　函数中的例外处理 …… 202
15.4　存储过程的导出 …… 203

第16章　触发器 …… 205
16.1　触发器类型 …… 205
16.2　创建触发器 …… 205

16.3 触发器的删除和无效 …………………………………………………… 210
16.4 创建触发器的限制 ………………………………………………………… 210
16.5 触发器的导出 …………………………………………………………… 211

第 17 章 包的创建和使用 ……………………………………………………… 212
17.1 引言 ……………………………………………………………………… 212
17.2 包的定义 ………………………………………………………………… 212
17.3 包的说明 ………………………………………………………………… 213
17.4 删除过程、函数和包 …………………………………………………… 217
17.5 包的管理 ………………………………………………………………… 217

第 18 章 PL/SQL 编程技巧 …………………………………………………… 220
18.1 用触发器实现日期格式的自动设置 …………………………………… 220
18.2 如何避免 too_many_rows 错误 ………………………………………… 221
18.3 如何解决 too_many_rows 问题 ………………………………………… 224
18.4 如何在 PL/SQL 中使用数组 …………………………………………… 225
18.5 如何使用触发器完成数据复制 ………………………………………… 226
18.6 在 PL/SQL 中实现 Truncate …………………………………………… 226

第四编 备份与恢复

第 19 章 备份与恢复 …………………………………………………………… 231
19.1 备份概论 ………………………………………………………………… 231
19.2 备份的种类 ……………………………………………………………… 232
19.3 恢复技术 ………………………………………………………………… 238
19.4 使用 RMAN 进行备份与恢复 ………………………………………… 243
19.5 常见误区 ………………………………………………………………… 249
19.6 常见问题 ………………………………………………………………… 249

第五编 对象模型

第 20 章 对象—关系数据库 …………………………………………………… 253
20.1 传统关系数据模型 ……………………………………………………… 253
20.2 对象—关系数据模型 …………………………………………………… 254
20.3 Oracle 实现对象—关系数据模型 ……………………………………… 255
20.4 使用对象表 ……………………………………………………………… 258
20.5 对象引用示例 …………………………………………………………… 263
20.6 对象类型的排序方法 …………………………………………………… 266
20.7 对象类型信息 …………………………………………………………… 270
20.8 对象类型相关性 ………………………………………………………… 271
20.9 收集类型 ………………………………………………………………… 273
20.10 对象与视图 ……………………………………………………………… 281
20.11 定义语句小结 …………………………………………………………… 284

第 21 章　对象数据库开发实例 ································ 286
21.1　系统简介 ································ 286
21.2　基于关系模型的实现 ································ 287
21.3　基于对象模型的实现 ································ 290
21.4　采用对象视图 ································ 296

参考文献 ································ 302
附录 ································ 303
附录 A　Oracle12c INIT.ORA ································ 303
附录 B　tnsnames.ora 参数文件 ································ 305
附录 C　listener.ora 参数文件 ································ 306
附录 D　tnsnames.ora 参数文件 ································ 307

第一编

基础架构

第 1 章
Oracle 基础

由于 Oracle 数据库产品是当前数据库技术的典型代表,她的产品除了数据库系统外,还有应用系统、开发工具等。刚接触 Oracle 的人员都有这样的感觉:Oracle 的产品太多,每个产品内容精深,不知道从哪儿开始学才好。为了用少量时间更好地理解和使用 Oracle 数据库系统,有必要对 Oracle 的一些基本术语及概念进行了解,下面给出一些在管理中经常用到的概念和术语,供初学者快速了解 Oracle 数据库系统提供方便。

1.1 Oracle12c 的特点

Oracle12c 版本是数据库的革命性改变,是真正为云计算准备的数据库。首先提出并实现了多租户架构、数据库的可插拔特性,能够让客户共享操作系统和数据库,同时每一个数据库又是单独承载,使系统资源开销大大减少。如果仅从系统的开销上做一个简单的测试,在使用传统的数据库的方式之下,可能 50 个数据库之后,系统资源就耗尽,而如果是使用多租户,就同时可以为 250 个数据库提供服务。

此外,12c 还能对数据库进行更好的管理,可以把多个数据库快速完全隔离,数据库可直接打包,插拔或取下。整合数据库时升级也将变得简单易行,实现了数据的云化管理,无论是公有云、私有云的平台,均可以将所有的用户作为租户来管理,同时设定高、中、低优先级。

Oracle12c 的主要新特性如下:

① PL/SQL 性能增强:类似在匿名块中定义过程,现在可以通过 WITH 语句在 SQL 中定义一个函数,采用这种方式可以提高 SQL 调用的性能。

② 改善 Defaults:包括序列作为默认值;自增列;当明确插入 NULL 时指定默认值;METADATA-ONLY default 值指的是增加一个新列时指定的默认值,和 Oracle11g 中的区别在于,Oracle11g 的 default 值要求 NOT NULL 列。

③ 放宽多种数据类型长度限制:增加了 VARCHAR2、NVARCHAR2 和 RAW 类型的长度到 32K,要求兼容性设置为 12.0.0.0 以上,且设置了初始化参数 MAX_SQL_STRING_SIZE 为 EXTENDED,这个功能不支持 CLUSTER 表和索引组织表;最后这个功能并不是真正改变了 VARCHAR2 的限制,而是通过 OUT OF LINE 的 CLOB 实现。

④ TOP N 的语句实现:在 SELECT 语句中使用"FETCH next N rows"或者"OFFSET",可以指定前 N 条或前百分之多少的记录。

⑤ 行模式匹配：类似分析函数的功能，可以在行间进行匹配判断并进行计算。在 SQL 中新的模式匹配语句是"match_recognize"。

⑥ 分区改进：Oracle Database 12c 中对分区功能做了较多的调整：

• INTERVAL-REFERENCE 分区：把 11g 的 interval 分区和 reference 分区结合，这样主表自动增加一个分区后，所有的子表、子表的子表都可以自动随着外接列新数据增加，自动创建新的分区。

• TRUNCATE 和 EXCHANGE 分区及子分区。无论是 TRUNCATE 还是 EXCHANGE 分区，在主表上执行，都可以级联地作用在子表、子表的子表上同时运行。对于 TRUNCATE 而言，所有表的 TRUNCATE 操作在同一个事务中，如果中途失败，会回滚到命令执行之前的状态。这两个功能通过关键字 CASCADE 实现。

• 在线移动分区：通过 MOVE ONLINE 关键字实现在线分区移动。在移动的过程中，对表和被移动的分区可以执行查询、DML 语句以及分区的创建和维护操作。整个移动过程对应用透明。这个功能极大地提高了整体可用性，缩短了分区维护窗口。

• 多个分区同时操作：可以对多个分区同时进行维护操作，比如将一年的 12 个分区 MERGE 到 1 个新的分区中，比如将一个分区 SPLIT 成多个分区。可以通过 FOR 语句指定操作的每个分区，对于 RANGE 分区而言，也可以通过 TO 来指定处理分区的范围。多个分区同时操作自动并行完成。

• 异步全局索引维护：对于非常大的分区表而言，UPDATE GLOBAL INDEX 不再是痛苦。Oracle 可以实现异步全局索引异步维护的功能，即使是几亿条记录的全局索引，在分区维护操作，比如 DROP 或 TRUNCATE 后，仍然是 VALID 状态，索引不会失效，不过索引的状态是包含 OBSOLETE 数据，当维护操作完成，索引状态恢复。

• 部分本地和全局索引：Oracle 的索引可以在分区级别定义。无论全局索引还是本地索引都可以在分区表的部分分区上建立，其他分区上则没有索引。当通过索引列访问全表数据时，Oracle 通过 UNION ALL 实现，一部分通过索引扫描，另一部分通过全分区扫描。这可以减少对历史数据的索引量，极大地增加了灵活性。

⑦ Adaptive 执行计划：拥有学习功能的执行计划。Oracle 会把实际运行过程中读取到返回结果作为进一步执行计划判断的输入，因此统计信息不准确或查询真正结果与计算结果不准时，可以得到更好的执行计划。

⑧ 统计信息增强：动态统计信息收集增加第 11 层，使得动态统计信息收集的功能更强；增加了混合统计信息用以支持包含大量不同值，且个别数据倾斜的情况；添加了数据加载过程收集统计信息的能力；对于临时表增加了会话私有统计信息。

⑨ 临时 UNDO：将临时段的 UNDO 独立出来，放到 TEMP 表空间中，优点包括：减少 UNDO 产生的数量；减少 REDO 产生的数量；在 ACTIVE DATA GUARD 上允许对临时表进行 DML 操作。

⑩ 数据优化：新增了 ILM（数据生命周期管理）功能，添加了"数据库热图"（Database heat map），在视图中可直接看到数据的利用率，找到哪些数据是最"热"的数据。可以自动实现数据的在线压缩和数据分级，其中数据分级可以在线将定义时间内的数据文件转移到归档存储，也可以将数据表定时转移至归档文件，也可以实现在线的数据压缩。

⑪ 应用连续性：Oracle Database 12c 之前 RAC 的 FAILOVER 只做到 SESSION 和

SELECT 级别,对于 DML 操作无能为力。当设置为 SESSION,进行到一半的 DML 自动回滚;而对于 SELECT,虽然 FAILOVER 可以不中断查询,但是对于 DML 的问题更甚之,必要要手工回滚。而 Oracle Database 12c 中 Oracle 终于支持事务的 FAILOVER。

⑫ Oracle Pluggable Database:Oracle PDB 体系结构由一个容器数据库(CDB)和多个可组装式数据库(PDB)构成,PDB 包含独立的系统表空间和 SYSAUX 表空间等,但是所有 PDB 共享 CDB 的控制文件、日志文件和 UNDO 表空间。

1.2 12c 的版本及选件

Oracle Database 12c 为适合不同规模的组织需要提供了多个版本,为满足特定的业务和需求提供了几个企业版专有选件。下面介绍 Oracle Database 12c 各个版本可用的特性以及 Oracle Database 12c 企业版可用的选件。

在最多有 2 个插槽的单一服务器上,Oracle Database 12c 标准版 1(SE1)为工作组、部门和 Web 应用程序提供产品服务。

Oracle Database 12c 标准版(SE)可在最多总共有 4 个插槽的单一或集群服务器上使用。该版本包含 Oracle Real Application Clusters,这是它的一个标准特性,无需任何额外成本。

Oracle Database 12c 企业版(EE)可在无插槽限制的单一和集群服务器上使用。它为事务应用程序、查询密集型数据仓库以及混合负载提供数据管理。

1.2.1 企业版选件

Oracle Database 12c 的每个版本都有一组通用特性和功能,用以满足当前业务应用程序的各种需求。另外,Oracle 还提供了一系列的企业版选件,用于要求更高的大规模、云计算、任务关键型事务处理,大数据和其他业务应用程序。

Oracle Active Data Guard

Oracle Active Data Guard 允许对物理备用数据库进行只读访问,以实现查询、分类、报表、基于 Web 的访问等目的,同时不间断地应用从生产数据库接收的更改。Oracle Active Data Guard 12c 中包含全局数据服务、远程同步、快速同步、实时级联和全局临时表上的 DML。另外,利用 Oracle Active Data Guard,可以打开一个备用数据库并使用它来进行测试,然后将其快速转回为可行的备用数据库,以便用于灾难恢复。

Advanced Analytics

Oracle Advanced Analytics 使数据和业务分析人员能够提取知识、发现新见解并预测未来——通过直接使用 Oracle 数据库中的大量数据。Oracle Advanced Analytics 结合强大的数据库中算法和开源 R 算法,为用户提供了一个全面的高级分析平台。用户可以通过 SQL Developer 扩展或开源 R 客户端,使用 SQL 和 R 语言来访问其分析功能。其包括数据挖掘、文本挖掘和预测分析、汇总统计和描述统计、探索性数据分析和图形、比较统计、相关性、一元和多元统计以及高级数值计算。

Oracle Advanced Compression

帮助客户以经济高效的方式管理不断增加的数据(平均每两年增至三倍)。使用新的热图特性,可以跟踪对表、分区和各个块的访问,从而深入了解应用程序和最终用户访问客户的数据的情况。新的自动数据优化特性使用客户创建的简单策略，这些策略用以触发对表、分区和整个表空间的自动移动，以便随时间推移决定压缩级别。Oracle Advanced Compression 可以压缩包括结构化和非结构化数据在内的任何类型的数据，如文档、图像和多媒体，以及网络流量和正在备份的数据。

Oracle Advanced Security

通过实现对应用程序透明的数据库中加密功能，包括侵犯通知法和支付卡行业数据安全标准(PCI-DSS)。它主要提供以下两个安全特性：透明数据加密和数据编辑。数据编辑是 Oracle Database 12c 版 Oracle Advanced Security 中的新增功能，它提供在信用卡数据和社会保险号之类的敏感信息离开数据库并在应用程序中显示之前对其进行编辑的能力。透明数据加密为存储在数据库的数据、使用 DataPump 从数据库中导出的数据或使用 Oracle RMAN 进行的基于磁盘的备份提供加密处理。

Oracle Database Vault

Oracle Database Vault 可帮助组织提高现有应用程序的安全性，满足要求职责分离、最小权限和其他预防控制的监管法规要求，以确保数据完整性和数据隐私性。Oracle Database Vault 主动保护存储在 Oracle 数据库中的应用程序数据不被特权数据库用户访问。可以控制能够访问数据库和应用程序数据的人员、时间和位置，从而帮助企业抵御目标为特权用户帐户或尝试绕过应用程序的最常见的安全威胁。

Oracle In-Memory Database Cache

Oracle In-Memory Database Cache 是 Oracle Database 12c 的一个选件，它在应用程序自身的内存中缓存和处理数据，从而将数据处理分流到中间层资源。使用 Oracle Database 12c，能够更轻松地对现有 Oracle 应用程序透明部署 IMDB Cache—支持常见数据类型、SQL 和 PL/SQL。

Oracle Label Security

Oracle Label Security 增加了对敏感信息的广泛保护。此选件采用政府、国防和商业组织所使用的标签概念来保护敏感信息并提供数据分离。它提供多级安全功能来保护表中各行的数据访问，并解决了全球政府和商业实体所面临的实际数据安全和隐私问题。Oracle Label Security 可以与虚拟专用数据库、安全应用程序角色和 Oracle Database Vault 结合使用，以便为保护个人身份信息提供解决方案。

Oracle Multitenant

Oracle Multitenant 是 Oracle Database 12c 中采用的一种新的架构，可以轻松地创建容器数据库并简便地插入多个数据库，从而与现有 Oracle 数据库选件无缝地协调工作，如 RAC 和 Active Data Guard。能够将多个数据库作为一个进行管理，同时保持各个数据库相互隔离，并且无需更改任何应用程序或访问权限。

Oracle On-Line Analytical Processing（OLAP）

Oracle OLAP 在 Oracle Database 12c 中提供高级多维分析功能。该选件旨在提供出色的查询性能、快速的增量数据集更新、高效的汇总数据管理及丰富的分析内容，是内嵌于 Oracle 数据库中的功能完备的联机分析处理(OLAP)服务器。Oracle Database 12c 支持基于 OLAP 的物化视图，从而不再需要将成千上万的物化视图放入到单个易于管理的 OLAP 多维数据集(高度压缩并提供高效的更新功能)中。

Oracle Partitioning

通过向大型基础数据库表和索引增加大量的可管理性、可用性和性能功能,Oracle Partitioning 增强了 OLTP、数据集市和数据仓库应用程序的数据管理环境。Oracle Partitioning 允许将大型表分解为单独管理的较小的块,同时保持单个应用程序级数据视图。它全面支持各种分区方法,包括能够将非常大的表(及其相关索引)分区成多个更易于管理的较小单元,从而为大型数据库管理提供"分而治之"的方法。

Oracle Real Application Clusters

Oracle Real Application Clusters(RAC)利用集群中多个互连服务器的处理能力;允许从集群中的多台服务器访问单个数据库,从而让应用程序和数据库用户不会受到服务器故障的影响,同时提供能以低成本按需横向扩展的性能;并且它是网格计算的一个重要组件,允许多台服务器同时访问一个数据库。

Oracle RAC One Node

Oracle RAC One Node 是单节点版本的 Oracle Real Application Clusters(Oracle RAC)。它使客户可以在单个部署模型上进行标准化以满足自己的所有数据库需求。Oracle RAC One Node 让数据库在出现计算机硬件故障、软件故障或计划内软件维护事件时仍高度可用。如果出现故障,将在集群中的一个可用服务器上重新启动数据库实例,客户端连接将转移到新的实例。

Oracle Real Application Testing

敏捷业务需要能够快速采用新技术(不管是操作系统、服务器还是软件),以便帮助企业在竞争中处于领先地位。但是,变化通常会导致任务关键型 IT 系统在一段时间内不稳定。Oracle Database 12c 企业版的 Oracle Real Application Testing 选件允许企业在快速采用新技术的同时消除与变化相关的风险。

Oracle Spatial and Graph

Oracle Spatial 让用户和应用程序开发人员可以无缝地将其空间数据集成到企业应用程序中。Oracle Spatial 根据相关数据的空间关系来促进分析,例如商店位置与顾客在指定距离内的邻近度和每个区域的销售收入。

1.2.2 数据库管理

Oracle 使用独特的自上而下的应用程序管理方法,为管理 Oracle 数据库提供了一个集成的管理解决方案。通过提供新的自我管理功能,Oracle 消除了耗时、易错的管理任务,这样数据库管理员便能够专注于战略性业务目标,而不是性能和可用性防控演练。

Oracle Cloud Management Pack for Oracle Database

Oracle Cloud Management Pack for Oracle Database 可帮助建立数据库云,帮助以服务模式运行数据库。该管理包提供的一些特性有:物理基础架构上的自助式数据库供应;支持单实例和 Real Application Clusters(RAC)配置;策略驱动的资源管理,如计算能力的横向伸缩;基于固定成本、使用量度以及数据库和底层基础架构的配置参数进行计量和收费;以及以编程方式访问自助式门户。

Oracle Data Masking Pack

Oracle Data Masking Pack 使组织可以在测试环境中与应用程序开发人员或软件测试人员共享生产数据,且不会违反隐私或保密策略。Data Masking Pack 是 Enterprise Manager 系列数据库管理解决方案中的一个成员,它可以帮助 DBA 和信息安全管理员依靠屏蔽规则用逼真但已被清理过的数据替换敏感数据。

Oracle Database Lifecycle Management Pack for Oracle Database

Database Lifecycle Management Pack 作为一个全面的解决方案,帮助数据库、系统和应用程序管理员实现 Oracle 数据库生命周期管理所需过程的自动化。它避免了与发现、初始供应、修补、配置管理、持续变更管理和灾难保护自动化相关的非常耗时的手动任务。此外,Database Lifecycle Management Pack 还为行业和合规性标准的报告和管理提供了合规性框架。

Oracle Diagnostic Pack

Oracle Diagnostic Pack 提供自动性能诊断和高级系统监视功能。Diagnostic Pack 包括以下特性:自动负载信息库;自动数据库诊断监控器(ADDM);性能监视(数据库和主机);事件通知:通知方法、规则和调度;事件历史记录和度量历史记录(数据库和主机)。

Oracle Test Data Management Pack

Oracle Test Data Management Pack 能够创建规模更小的生产数据副本来支持应用程序开发、训练和测试,同时保持数据集的引用完整性,从而帮助企业缩减存储成本。通过数据发现和应用程序建模,Oracle Test Data Management Pack 可自动执行复杂的企业应用程序业务规则,从而产生准确的生产数据子集。

Oracle Tuning Pack

Oracle Tuning Pack 为数据库管理员提供对 Oracle 环境的专业性能管理,包括 SQL 调优和存储优化。为了使用 Tuning Pack,还必须安装 Diagnostic Pack。

1.2.3 其他产品

Airline Data Model

Oracle Airline Data Model 是一个基于标准的行业专用型预构建数据仓库数据库模式,具有相关的分析模型和信息板。借助 Oracle 在航空领域过硬的专业知识以及 Oracle 在数据仓储方面的深厚专业知识,Oracle Airline Data Model 提供了一个现代、相关和专用的基础模式,满足了低成本航空公司和传统航空公司的关键乘客数据管理需求。

Communications Data Model

Oracle Communications Data Model 是一个基于标准的预构建数据仓库,针对 Oracle 数据库和硬件(包括 Sun Oracle Database Machine)进行了设计和预先优化。Oracle Communications Data Model 将市场领先的通信应用知识与 Oracle 数据库和业务智能平台的性能相结合。Oracle Communications Data Model 可用于任何应用环境中,并且可轻松进行扩展。使用该产品,可以迅速启动通信数据仓库的设计和实施工作,以可预测的实施工作量快速从数据仓储和业务智能项目中实现正投资回报(ROI)。

Oracle Audit Vault and Database Firewall

Oracle Audit Vault and Database Firewall 监视 Oracle 和非 Oracle 数据库流量以检测并阻止威胁,并通过整合来自数据库、操作系统、目录和其他来源的审计数据改善合规性报告。

Oracle 大数据机

Oracle 大数据机是一个为获取、组织非结构化数据以及将这些数据加载到 Oracle 数据库而优化的集成式系统。它将经过优化的硬件组件和新的软件解决方案相结合，从而提供最完整的大数据解决方案。

Oracle Big Data Connectors

Oracle Big Data Connectors 是一个软件套件，旨在将 Apache Hadoop 与 Oracle 软件相集成，包括 Oracle 数据库、Oracle Endeca Information Discovery 和 Oracle Data Integrator。

Oracle 云文件系统

Oracle 云文件系统将动态卷管理器和集群文件系统与集成式数据服务相结合，以便帮助在云基础架构中整合通用文件和数据库文件，并降低存储管理复杂性。Oracle 云文件系统包括自动存储管理动态卷管理器和自动存储管理集群文件系统，使用高级数据服务来管理云基础架构中的所有数据库文件、业务数据、应用程序二进制文件和个人数据。

Oracle 数据库机

Oracle 数据库机是通过单个易于部署和管理 Oracle Database 12c 的一种新方式。它是一个包含软件、服务器、存储和网络的完整系统，旨在通过简化对数据库负载的部署、维护和支持来节省时间和金钱。

Oracle Database Mobile Server

Oracle Database Mobile Server 是一个从集中管理控制台控制移动或嵌入式设备网络的工具。它为将移动或嵌入式设备上本地运行的应用程序连接到 Oracle 企业后端提供了一种安全、可伸缩的方法，提供对应用程序、用户和设备的管理。

Oracle Exadata

Oracle Exadata 数据库云服务器旨在成为性能和可用性最高的 Oracle 数据库运行平台。借助行业及智能数据库和存储软件，Exadata 数据库机为包括联机事务处理(OLTP)、数据仓储(DW)以及混合负载整合在内的所有数据库负载类型提供卓越的性能。Exadata 数据库云服务器的实施简单快捷，能够处理客户的最大和最重要的数据库应用程序。

Oracle Programmer

Oracle Programmer 是一个独立的 Oracle 产品，它为应用程序编程人员提供对任何 Oracle 数据库版本的编程接口。Programmer 为开发人员提供了一组丰富的接口以帮助他们构建用来访问和操作 Oracle 数据库的企业应用程序。此产品独立于 Oracle 数据库产品进行授权许可。Oracle Programmer 包含一系列以下产品：嵌入式 SQL 样式的接口：Pro*C/C++、Pro*COBOL、Pro*Fortran、SQL*Module for Ada、SQLJ；以及从数据库模式生成主机语言绑定的实用程序：Object Type Translator 和 JPub。

Oracle Secure Backup

Oracle Secure Backup 是一个集中式磁带备份管理解决方案，用于在分布式 UNIX、Linux、Windows 和网络连接存储(NAS)环境中提供高性能和异构数据保护。通过保护文件系统和 Oracle 数据库数据，Oracle Secure Backup 为客户的 IT 环境提供了一个全面的磁带备份解决方案。除了磁带备份外，Oracle Secure Backup 还通过 Oracle 安全备份云模块向第三方云(Internet)存储提供集成式 Oracle 数据库备份。

1.3 SQL、SQL * Plus 及 PL/SQL

下面简单解释 Oracle 的常用产品所包含的 SQL * Plus 和 PL/SQL 的关系。

1.3.1 SQL 和 SQL * Plus 的差别

SQL 即结构化查询语言(Structured Query Language)。1992 年 11 月国际标准化组织(ISO)颁布了 SQL92 标准,在此标准中,把数据库分为三个级别:基本集、标准集和完全集。

而 SQL * Plus 是 Oracle 公司对 SQL 语言的扩充,是与标准的 SQL 和 Oracle 公司的一些命令而组成的产品,因而 Oracle 公司将其取名为 SQLPlus,是与 Oracle 数据库进行交互的客户端工具。

1.3.1.1 SQL(Structured Query Language)

SQL 有 6 部分功能,即:数据定义、数据操纵、数据查询、数据控制、事务处理、指针控制,以下是各部分的命令动词。

(1) 数据查询语言(DQL:Data Query Language):SELECT,FROM,WHERE,ORDER BY,GROUP BY 和 HAVING。

(2) 数据操作语言(DML:Data Manipulation Language):INSERT,UPDATE 和 DELETE。

(3) 事务处理语言(TPL):BEGIN TRANSACTION,COMMIT 和 ROLLBACK。

(4) 数据控制语言(DCL):GRANT,REVOKE。

(5) 数据定义语言(DDL):CREATE,ALTER,DROP。

(6) 指针控制语言(CCL):DECLARE CURSOR,FETCH INTO

1.3.1.2 SQL * Plus

除包含上述标准 SQL 的命令集,SQL * Plus 还内嵌了一些附加命令,这些命令主要用于形成复杂报表,编辑 SQL 命令,提供帮助信息,维护系统等。SQL * Plus 包括的命令如下:

@	Newpage	Btitle
Connect	Sqlplus	Edit
Host	Accept	Prompt
Set	Describe	Undefine
#	Pause	Chang
Copy	Start	Execute
Input	Append	Print
Show	Disconnect	Save
$	Quit	Clear
Define	Timing	Exit
List	Break	Run
Spool	Document	Column
/	Remark	Get
Del	Ttitle	Runform

Compute　　　　　　　　　Help

1.3.2　PL/SQL 语言

PL/SQL 是 Oracle RDBMS（Oracle 6 之后版本）的一个组成部分，PL 是"过程化语言（Procedure Language）"的缩写。PL/SQL 语言是在 SQL 语言中结合了结构化过程语言成分的准第四代语言。

PL/SQL 主要用于应用开发，可使用循环、分支处理数据。将 SQL 的数据操纵功能与过程化语言数据处理功能结合起来，使 SQL 成为一种高级程序设计语言，支持高级语言的块操作、条件判断、循环语句、嵌套等，与数据库核心的数据类型集成，进而使 SQL 的程序设计效率更高。

使用 PL/SQL 的目的是用 PL/SQL 编写后台程序并编译，运行在数据库服务器端，具有运行速度快、数据存取快捷的特点，可减少由客户端运行程序时所需的网络数据流量。

可以使用 PL/SQL 的地方：
- PL/SQL 可以单独进行程序的编写，完成一般的处理功能；
- 在高级语言中可嵌入 PL/SQL 块；
- 在 4GL 中可以嵌入 PL/SQL 块；
- 在 PL/SQL 程序中可以嵌入 HTML 和 XML。

1.4　登录到 SQL * Plus

我们创建任何对象，如表、索引等都需要连接到 Oracle 中，这里用"登录"主要是 Oracle 的界面提供的是 Login。这样的叫法其实就是连接的意思。要使客户端能与 Oracle 服务器进行连接，在已经配置好 tnsnames.ora 和 listener.ora 两个参数文件（见附录 B 和附录 C）的前提下，有两种登录方式：

1.4.1　Windows 环境下字符方式登录

（1）先启动服务器端监听器

　　C:/>lsnrctl start

（2）启动服务器进程

　　C:/>net start oracleserviceorcl

其中，oracleserviceorcl 是服务名，对于本机数据库服务器，也可以 oracleservicebp_hot。

（3）用下面命令显式登录到 SQL * Plus。

　　C:/>sqlplus username/password

或

　　C:/>SQLPLUS　username/password@connect_string

1.4.2　Windows 10 图形方式登录步骤

点击"开始"—>"Oracle-OraDB12Home"—>"SQL Plus"进入图 1-1 所示屏幕。

可以在用户名框内输入用户、口令及主机字串，也可以分别进行输入。可以看到，与较早的版本比较，SQLPlus 的登录形式具有如下特点：

（1）与 Windows10 操作系统的字符用户界面整合，不再有单独版本。

（2）刚刚创建完成的数据库，只有 system 和 sys 账户是可用的，其他诸如 scott 账户是

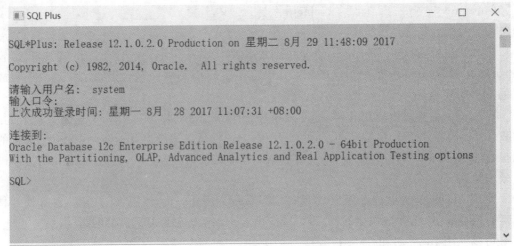

图 1-1　在 Windows10 上启动 SQLPlus

加锁的,需首先开锁方可登录。

1.5　常用 SQL * Plus 附加命令简介

　　Oracle 公司提供的附加语句(或称命令),可以满足程序人员和管理员的一些特殊操作要求。比如,在显示超过上百行记录信息时,可以采用每屏"暂停"来实现。要达到这样的目的,就要在 SQL>下发 set pause on 命令。由于 SQL * Plus 命令较多,下面仅给出最常用的几个命令的说明,详细的请参考附录。

1.5.1　登录到 SQL * Plus

　　可以用下面命令登录到 SQL * Plus,SQL * Plus 命令的简单语法如下:
SQLPlus [[logon] | [start]]
logon 可以是:
{username[/password][@connect_identifier]|/} [AS {SYSOPER|SYSDBA}]
|/NOLOG

　　【注 1】　SQLPlus 主要是在命令方式下使用,在 NT、WINDOWS/2000、UNIX 的用法都一样。

　　【注 2】　如果在 UNIX 下,SQLPlus 命令不被识别(不存在),则问题在环境变量 PATH 没有设置正确或者没有设置。SQLPlus 可执行程序在 $ORACLE_HOME/bin 目录下。

1.5.2　EXIT 和 QUIT

　　可以用 exit 或 quit 来终止 SQL * Plus 的操作(会话)。语法如下:
{EXIT|QUIT} [SUCCESS|FAILURE|WARNING]
{EXIT|QUIT}:可以用 exit 或 quit,目前它们的功能一样
SUCCESS:正常退出
FAILURE:带提示错误代码的退出

WARNING:带提示警告代码的退出

COMMIT:退出前将未提交进行保存

1.5.3 DESCRIBE(显示表、视图结构)

DESCRIBE 可以用(只要用 DESC 即可)来显示表、视图的列的定义,也可以显示同义词、函数或存储过程的说明。语法如下:

DESC[RIBE] {[schema.]object[@connect_identifier]}

其中:

Schema:用户名,如果省去,则为对象的所有者。

Object:可以是表(table),视图(view),类型(type),存储过程(procedure),函数(function),包(package)或同义词(synonym)。

@connect_identifier:数据库连接字串。

示例:显示 emp 表的结构:

    SQL>desc emp

1.5.4 LIST(列出)命令

可以用 LIST 命令来列出当前 SQL 缓冲区中的一行或多行命令语句。

L[IST][n|n m|n *|n LAST|*|* n|* LAST|LAST]

其中:

n:列出第 n 行

n m:列出 n 到 m 行

n *:列出第 n 行到当前行

nLAST:列出第 n 行到最末行

*:列出所有行

* n:列出当前行到第 n 行

*:LAST 列出当前行到最末行

LAST:列出最末行

示例:

SQL> LIST

1 SELECT ENAME, DEPTNO, JOB

2 FROM EMP

3 WHERE JOB='CLERK'

4 * ORDER BY DEPTNO

1.5.5 Change(替换字符串)命令

可以用 Change 命令来改变字符串(即替换字符串)。语法如下:

C[HANGE] sepchar old [sepchar [new [sepchar]]]

其中:

Sepchar:为分隔符,可以是"/"或"!"请使用者特别注意。

Old:旧字串。

New:新字串。

示例:将除号(/)改为 乘号(*),则需要命令为 c!/! *!。即:

```
SQL> l
  1* select sal,sal/100 from emp
SQL> c!/!*!
```
【提醒】 对于修改/字符的只能用!来作分隔符(上例)。

示例:将乘号(*)改为 加号(+),则需要命令为 c!/!*!。即:
```
SQL> l
  1* select sal,sal*100 from emp
SQL> c/*/+/
  1* select sal,sal+100 from emp
SQL>
```

1.5.6 Append(追加字符串)命令

可以用 Append 命令来完成在当前行的末尾追加字符串。语法如下:

　　A[PPEND]text

Text:所要求追加的字符串

示例:在当前行 select sal,sal+100 from emp 后加 where sal>=2000,则:
```
SQL> l
  1* select sal,sal+100 from emp
SQL> a where sal>=2000
  1* select sal,sal+100 from emp where sal>=2000
```

1.5.7 Save 保存当前缓冲区命令到文件

可以用 SAVE 命令将当前的命令行保存到操作系统的文件中。语法如下:

SAV[E] filename[.ext] [CRE[ATE]|REP[LACE]|APP[END]]

其中:

filename:将把缓冲区中的内容存入操作系统目录的文件名。

ext:若使用文件后缀,缺省的文件后缀为 SQL。

示例:
```
SQL>select table_name from dict where table_name like '%ROLE%';
SQL>save c:\get_role
```

1.5.8 GET 将命令文件读到缓冲区

可以用 GET 命令将操作系统目录下的命令文件读到缓冲区(但不执行)。语法如下:

GET filename [.ext] [LIS[T]|NOL[IST]]

其中:

filename:希望加载到 SQL 缓冲区的文件名。

ext:文件的扩展名,缺省为 SQL。

示例:
```
SQL>get c:\get_role
```

1.5.9 SPOOL 将信息记录到文件中

Oracle 的 SPOOL 命令可以实现将屏幕所出现的一切信息记录到操作系统的文件中直到 SPOOL OFF 为止。语法如下:

第 1 章　Oracle 基础

SPO[OL][filename[.ext] | OFF | OUT]

其中：

filename：想输出（spool）的文件名。

ext：文件的后缀。缺省的后缀是 LST（或 LIS）。

SQL＞col table_name for a20

SQL＞col comments for a80

SQL＞set linesize 110

SQL＞SPOOl c:\all_dict

SQL＞select table_name,comments from dict;

……（系统查询信息）

SQL＞SPOOL OFF

1.5.10　再运行当前缓冲区的命令

在 SQL＞方式下，如果希望运行当前的命令，可用 Run（或 R）或用 / 来实现。

例如：

SQL＞ set lin 120

SQL＞ select table_name from dict where table_name like '%ROLE%';

TABLE_NAME
....

DBA_ROLES
DBA_ROLE_PRIVS
USER_ROLE_PRIVS
ROLE_ROLE_PRIVS
ROLE_SYS_PRIVS
ROLE_TAB_PRIVS
SESSION_ROLES

已选择 7 行。

SQL＞ l

　1＊ select table_name from dict where table_name like '%ROLE%'

SQL＞ /

TABLE_NAME
....

DBA_ROLES
DBA_ROLE_PRIVS
USER_ROLE_PRIVS
ROLE_ROLE_PRIVS
ROLE_SYS_PRIVS
ROLE_TAB_PRIVS
SESSION_ROLES

已选择 7 行。

1.6 Oracle 数据类型

Oracle 数据库的数据类型与其他的数据库系统相比,它的数据类型不多,Oracle 在表示数据方面较其他数据库系统来说要省去许多关键字。Oracle 只用 NUMBER(m,n) 就可以表示任何复杂的数字数据。其他如日期类型等也简单得多,只 DATE 就表示日期和时间。表 1-1 以列表形式给出各个版本的 Oracle 系统数据类型的表示方法。

表 1-1　　　　　　　　　　　　　Oracle 数据类型

数据类型	说明
Char	定长字符,≤2 000 个字符
Varchar	(同 Varchar2)可变字符,≤4 000 个字符
Varchar2	变长字符,≤4 000 个字符
Date	固定长度(7 字节)的日期型
Number	数字型,可存放实型和整型
Long	可变字符,≤2GB 个字符
Raw	可变二进制数据,≤4 000 字节
Long raw	可变二进制数据,≤2GB
MLSLABEL	仅 Trusted Oracle 用长度在 2~5 字节间
Blob	大二进制对象,≤4GB
Clob	大字符串对象,≤4GB
Nclob	多字节字符集的 Clob,≤4GB
Bfile	外部二进制文件,大小由 OS 决定

CHAR(<size>)

定长字符型(在 Oracle5、Oracle6 是变长),字符长度不够自动在右边加空格符号。当字符长度超出 2000 个则错误。不指定大小缺省为 1。

VARCHAR(<size>)

可变字符型,当前与 VARCHAR2(<size>)相同。

VARCHAR2(<SIZE>)

可变字符型,当前与 VARCHAR(<size>)相同。VARCHAR2 类型的字段(列)可存放 4 000 个字符;但是 VARCHAR2 变量可以存放 32 767 个字符。大小必须指定。

NCHAR(<size>)和 NVARCHAR2(<size>)

NCHAR 和 NVARCHAR2 分别与 CHAR 和 VARCHAR2 有相同的大小,并用于存放 National Language Support (NLS)数据,Oracle 允许以本地语言存放数据和查询数据。

如果将列名声明成 NCHAR、NVARCHAR2 这样的类型,则 insert 和 select 等语句中的具体值前加 N,不能直接按照普通字符类型进行操作。看下面例子:

SQL>create table nchar_tst(name nchar(6),addr nvarchar2(16),sal number(9,2));

表已创建。

SQL> insert into nchar_tst values(N'王哲元',N'北京市海淀区',9999.99);

已创建 1 行。

SQL> select * from nchar_tst where name likeN'王％';

NAME ADDR SAL
....

王哲元 北京市海淀区   9999.99

SQL> select * from nchar_tst where name like '王％';
select * from nchar_tst where name like '王％'
                                          *
ERROR 位于第 1 行：
ORA-12704:字符集不匹配.

【提示】 虽然Oracle可以使用nchar，nvarchar2类型来存放字符数据,但建议设计者不要使用NCHAR和NVARCHAR2。因为CHAR和VARCHAR2就能存放汉字。

NUMBER(<p>,<s>)

<p>是数据的整数部分，<s>是数据的精度（即小数）部分,注意,<s>部分可以表示负的精度。用<s>可以表示从小数点往右或往左保留多少位。NUMBER数据类型的精度见表1-2。

表 1-2　　　　　　　　　　　NUMBER 数据类型的精度

实际值	数据类型	存储值
1234567.89	Number	1234567.89
1234567.89	Number(8)	1234568
1234567.89	Number(6)	出错
1234567.89	Number(9,1)	1234567.9
1234567.89	Number(9,3)	出错
1234567.89	Number(7,2)	出错
1234567.89	Number(5,-2)	1234600
1234511.89	Number(5,-2)	1234500
1234567.89	Number(5,-4)	1230000
1234567.89	Number(*,1)	1234567.9

Sal number(7,2):表示5位整数,2位小数。

DATE

(1) 日期型数据类型的表示

Oracle的日期型用7个字节表示,每个日期型包含如下内容：

　　Century（世纪）

　　Year(年)

　　Month(月)

Day(天)
Hour(小时)
Minute(分)
Second(秒)

(2) 日期型字段的特点

• 日期型字段的插入和更新可以是数据型或字符并带 to_date 函数说明即可。

• 缺省的日期格式有 NLS_DATE_FORMAT 参数控制,它的缺省格式为 DD-MON-YY。

• 缺省的时间是夜里 00:00:00(即 0 点 0 分 0 秒)。

• sysdate 返回的是服务器的时间,见下文例子。

• 日期格式的显示可以设置,见下文例子。

• 日期型可以运算,见下文例子。

世纪用 cc 表示,年用 yyyy 表示,月用 mm 表示,日用 dd 表示,小时用 hh 表示,分用 mi 表示,秒用 ss 表示。

示例:

SQL> create table save_info(per_id varchar2(20),name varchar2(20),tran_date date,tran_val number(12,2));

表已创建。

SQL>insert into save_info values ('110105540609811','王哲元',to_date('2001.06.18','yyyy.mm.dd'),12345.66);

已创建 1 行。

SQL> select * from save_info;

PER_ID	NAME	TRAN_DATE	TRAN_VAL
110105540609811	王哲元	18-6月-01	1234.66

SQL> select per_id,name,to_char(tran_date,'yyyy/mm/dd'),tran_val from save_info;

PER_ID	NAME	TO_CHAR(TR	TRAN_VAL
110105540609811	王哲元	2001/06/18	12345.66

SQL> show parameter nls_date_format

NAME	TYPE	VALUE
nls_date_format	string	

SQL> alter session set nls_date_format='"公元"yyyy"年"mm"月"dd"日"';

会话已更改。

SQL> select sysdate from dual;

SYSDATE

公元 2001 年 05 月 18 日
SQL> select to_char(sysdate,'cc yyyy.mm.dd') from dual;
TO_CHAR(SYSDATE)
----
21 2001.05.18

BLOB

大二进制对象,每条记录可存储达 4 GB 的数据,详细见后面章节。

CLOB

大字符对象,每条记录可存储达 4 GB 的数据,详细见后面章节。

BFILE

外部二进制文件,每条记录可存储达 4 GB 的数据(与 OS 有关),详细见后面章节。

RAW

非结构的二进制数据,这些数据不被数据库系统解释。RAW 可以存储达 2 000 字节。

LONGRAW

大的二进制类型数据,LONGRAW 是非结构的二进制数据,这些数据不被数据库系统解释。LONGRAW 可以存储达 2 GB 字节。LONGRAW 不能被索引,而 RAW 可以被索引。

ROWID

ROWID 在 Oracle 数据库中是一个虚的列,即系统用的特殊的列,不是我们建立的列。用于对数据库中的每条记录进行定位。详细见"Rowid 的使用"章节。

UROWID

UROWID 是 Universal ROWID 的意思。即全球 ROWID,它支持逻辑和物理 ROWID,也作为外部表的(通过 getway 访问的非 Oracle 表)的 ROWID。UROWID 类型可以存储所有的 ROWID 类型的数据。

第 2 章
系统体系架构

Oracle 数据库系统是一个复杂的软件系统。如果不了解其内部的结构原理及各组件之间的关系,就不可能设计和编写出高质量的应用软件系统,也不可能管理好一个复杂的应用系统。

2.1 Oracle 数据库体系架构

Oracle 数据库体系架构是 Oracle 数据库系统的主要部分如图 2-1 所示,由若干构件组成,包括:Oracle 实例(Instance)、表空间、文件系统、数据字典等。

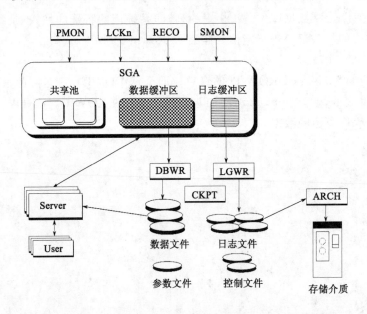

图 2-1 Oracle 基本体系结构

Oracle12c 对上述基本架构做了诸多扩充与改变,以适应新的管理及应用的需要,12c 的体系架构如图 2-2 所示。

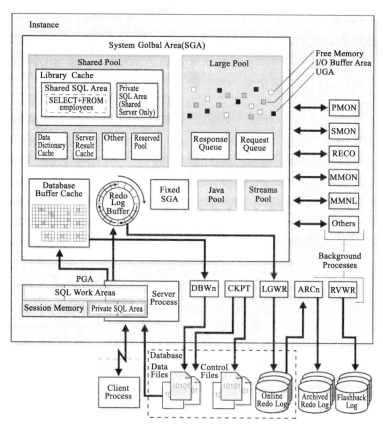

图 2-2 Oracle12c 数据库体系架构图

2.2 Oracle 的逻辑架构

Oracle 的逻辑结构是由一个或多个表空间组成，一个表空间由一组分类段组成，一个段由一组范围组成，一个范围由一批数据库块组成，一个数据库块对应一个或多个物理块。各逻辑部件之间的关系如图 2-3 所示。

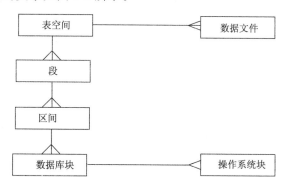

图 2-3 Oracle 逻辑架构中各部件的关系

2.2.1 表空间与数据文件

Oracle 数据库被划分为更小的逻辑空间,该空间称为表空间。每个表空间对应一个或多个物理数据文件。数据文件存储了数据库对象的逻辑结构及内容,如表和索引,一个数据文件只能与一个表空间和数据库相关。表空间、对应的数据文件及描述见表 2-1。

表 2-1　　　　　　　　12c 的表空间对应的数据文件及说明

表空间	数据文件	说　　明
EXAMPLE	EXAMPLE01.DBF	例子库表空间存储例子库
SYSAUX	SYSAUX01.DBF	辅助表空间。12c 版本新增的一个表空间,作为 system 表空间的辅助表空间。一些产品和方案,以前版本使用 system 表空间,现在使用的 SYSAUX 表空间,以减少对 system 表空间负载
SYSTEM	SYSTEM01.DBF	系统表空间。管理 Oracle 数据库,存储数据字典的定义,包括表,视图,存储过程等。管理数据库所需的信息自动保存在这个表空间中
TEMP	TEMP01.DBF	临时表空间。存储 SQL 语句的处理过程中产生临时表和索引的。由于 Oracle 工作时经常需要一些临时的磁盘空间,这些空间主要用作查询时带有排序(Group by,Order by 等)等算法,当用完就立即释放,对记录在磁盘区的信息不再使用,因此叫临时表空间。如果运行的 SQL 语句,包括很多的排序,如 Group by,Order by,Distinct,那么应该扩大这个表空间
UNDOTBS	UNDOTBS01.DBF	回退表空间。存储恢复信息,包括 1 个或 1 个以的存储用于回退或者恢复,且对数据库产生永久影响的历史事务。所有数据库启动后都运行在可恢复管理模式。数据库管理员也可根据应用的需要建立另外的回滚段表空间
USERS	USERS01.DBF	用户表空间。用于存储用户创建的数据库对象

注意:较早版本的 TOOLS 表空间在默认的安装中不再出现,自 10g 开始,新增了 sysaux 表空间。

Oracle 以表空间来存储数据库的逻辑对象并与物理数据相关联。表空间与数据文件之间的关系如图 2-4 所示。

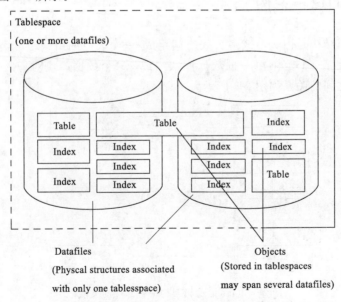

图 2-4　表空间与数据文件之间的关系

表空间又被分成称作段(segment)的逻辑部件。

2.2.2 段(segment)

段是指占用数据文件空间的通称,或数据库对象使用的空间的集合。一般把段分为数据段、索引段、回滚段、临时段等。段的使用与表空间中的若干 Oracle 块(可以位于不同数据文件中)相同。段可以在定义表、视图等对象时指定大小。

示例:
CREATE TABLE abc(empno number(4),ename varchar2(20),sal number(9,2))
TABLESPACE users storage(initial 500k next 256k pctincrease 0);

① 段被分配=初始区间=500 k;
② 当开始的 500 k 用完后就再分配 256 k;此时段=500 k+256 k;
③ 因增长因子为 0,故如果所分配的区间又用完后,就再分配 256 k,…

段又被分成称作区间(extent)的逻辑部件。段、区间及块的关系如图 2-5 所示。

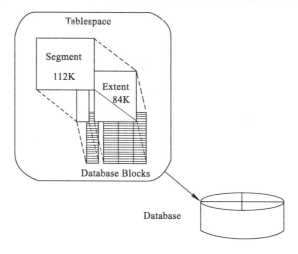

图 2-5 段(segment)、区间(extent)及块的关系

2.2.3 区间(extent)

分配给对象(如表)的任何连续块叫区间。区间也叫扩展,因为当它用完已经分配的区间后,再有新的记录插入就必须再分配新的区间(即扩展一些块),区间的大小由参数 next 决定。一旦区间分配给某个对象(表、索引及簇),则该区间就不能再分配给其他的对象。一个对象所用去多少区间可用如下命令查到:

select segment_name,tablespace_name,count(*) from dba_extents
having count(*)>1 group by segment_name,tablespace_name;

2.2.4 数据块(data block)

Oracle 的数据块也叫 Oracle 块。Oracle 系统在创建表空间时将数据文件格式化成若干个 Oracle 块,每个 Oracle 块是 Oracle 系统处理的最小单位,块的大小在安装系统时确定,一般为 2~64 k。可以选择"自定义安装"来设置其大小,块的大小一旦确定下来就不能改动。块的大小可以用下面命令查到:

SQL>select name,value from v$parameter where name like 'db_block_size';

2.3 Oracle数据库的物理架构

Oracle数据库是一个复杂的数据库操作系统,其物理架构由若干类文件组成,主要有初始化参数文件、数据文件、控制文件、日志文件等。

2.3.1 初始化参数文件

初始化参数文件(initialization parameter file) Spfilesid.ora,是编译过的二进制文件,是Orale RDBMS主要的配置点。它是配置参数和数值的集合,每一个参数值都控制或修改数据库和实例的某个方面。早期的版本把参数都写在initsid.ora文件中,但在Oracle8之后,多数参数已不在该文件中出现。虽然如此,Oracle12c仍然保存了一个参数文件的模板文件init.ora,用于紧急时刻重建参数文件。参数文件的主要作用如下:

- 确定存储结构的大小;
- 设置数据库的全部缺省值;
- 设置数据库的范围;
- 设置数据库的各种物理属性;
- 优化数据库性能。

需修改这些参数时,用以下命令行来实现。

SQL>ALTER SYSTEM SET parameter_name=parameter_values;

例如:设定系统最大可以打开的游标数。

SQL>ALTER SYSTEM SET open_cursors=300;

查看系统当前所有初始化参数,用以下命令行实现。

SQL>select * from v$parameter;

初始化参数文件init.ora参见附录A。

2.3.2 数据文件

用于存储物理数据的叫作数据文件(data file)。Oracle安装过程中自动建立多个必要的数据文件。这些数据文件用于存放Oracle系统的基本数据。在应用系统开发过程中,可根据需要另建立一些数据文件。

如果数据文件按它们存放的数据类型来分的话,可以分为用户数据和系统数据。

用户数据:存放应用系统的数据。

系统数据:管理用户数据和数据库系统本身的数据,如数据字典。用户建立的表的名字,类型等都记录在系统数据中。

数据文件特点如下:

① 每一个数据文件只与一个数据库相关联。
② 数据文件一旦被建立则不能修改其大小。
③ 一个表空间可包含一个或多个数据文件。

2.3.3 控制文件

控制文件(contorl file)存储Oracle数据库定义及结构信息的二进制文件,它们所存放的路径由参数文件的control_files=参数来确定。控制文件在数据库启动和数据存取时都需访问,文件中主要记录了以下信息。

- 数据库建立的日期；
- 数据库名；
- 数据库中所有数据文件和日志文件的文件名及路径；
- 恢复数据库时所需的同步信息。

Oracle 一般有两个或更多的控制文件，每个控制文件记录有相同的信息。在数据库运行中如果某个控制文件出错时，Oracle 会自动使用另外一个控制文件。当所有的控制文件都损坏时系统将不能工作。Oracle 控制文件有如下特点：

- 一般数据库系统安装完成后，自动创建两个或以上控制文件，Oracle12c 默认的控制文件的数量为 2 个；
- 在 Windows 中控制文件的后缀名为 .CTL；
- 记录控制文件名及路径的参数为 CONTROL_FILES，因此，可以用以下命令行查询到系统中控制文件的配置信息：

SQL> Show parameters control_files;

控制文件也可用下面的视图查到：

SQL> select name,value from v$parameter where name like 'control_files';

2.3.4 重做日志文件

重做日志文件(Redo log file)是 Oracle 系统中一个很重要的文件，负责记录所有用户对象或系统变更的信息以及所有对数据库数据的修改，以备恢复数据时使用。Oracle 系统在工作当中并不是每作一条记录的修改就立即存盘(写入数据文件)，而是只作修改记录。联机重做日志会保存所有这些改变的信息。当所有的修改最后写入数据文件时，所有的修改仍记录在联机重做日志中，这将有利于对这些事务记录进行恢复操作，但如果不是联机重做日志，则只能恢复部分近期的操作。重做日志文件系统的组成特点如下：

- 每一个数据库至少包含两个日志文件组。
- 每个日志文件组至少包含两个日志文件成员，各组的成员数目相同。
- 每一个日志文件成员对应一个物理文件。
- 同组的成员大小相同，不同组的成员大小可不同。

为防止日志文件的丢失或者损坏，Oracle 日志文件系统的工作机制如图 2-6 所示，即日志文件组以循环方式进行写操作，同组的所有成员同时被修改。

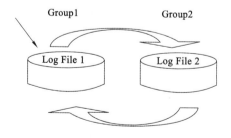

图 2-6 重做日志文件系统的工作机制

重做日志文件可以用下面命令查到：
SQL>select * from v$logfile;

特别说明的是,Oracle重做日志文件系统的工作模式有两种,即可恢复模式和有限恢复模式。

ARCHIVELOG 模式(可恢复)

Oracle一般至少有两组日志文件。它们轮流交替地被写入所作的一切修改信息。当系统设置为可恢复模式,Oracle自动将每次即将被覆盖(冲掉)的日志信息先作备份,然后再其上记录所修改的信息。这样的方式,就可以利用备份与恢复工作进行某时期的数据恢复。

NOARCHIVELOG 模式(有限的恢复)

缺省情况下为NOARCHIVELOG,Oracle不保留旧的重做日志信息(可以在原来基础覆盖写入)。因此,这种工作模式一般不可恢复。

在两种模式间进行切换的命令行是:

SQL>ALTER SYSTEM recover_mode;

例如,将系统置成可恢复模式,则:

SQL>ALTER SYSTEM archivelog;

2.3.5 其他文件

这些文件位于数据库之外。在实际中,它们都是必需的,但严格地讲,它们并不是数据库的一部分。

口令文件(Password Files)

用户通过提交用户名和口令建立会话。Oracle根据存储在数据字典的用户定义对用户名和口令进行验证。数据字典是数据库中的一组表,如果未打开数据库,将无法对其进行访问。有时,需要在使用数据字典前对用户进行身份验证。外部口令文件是完成此任务的一种方式。它包含存在于数据字典之外的少量用户名和口令(通常少于6个),这些用于在使用数据字典前连接到实例。

归档重做日志文件(Archive Redo Log Files)

当联机重做日志文件变慢时,ARCn进程会将联机重做日志文件从数据库复制到归档日志文件中。在完成后,归档日志就不再是数据库的一部分,因为它不是连续的数据库操作所必需的。但是,如果需要还原数据文件备份,它将起到重要的作用。Oracle提供了用于管理归档日志文件的功能。

警报日志(Alter Log)

警报日志是影响实例和数据库的某些重要操作的相关消息的连续流,它并非所有事项都予以记录,只记录认为确实重要的事件,例如启动和关闭、更改数据库的物理结构和更改控制实例的参数。

跟踪文件(Trace Files)

所有Oracle数据库都至少有一个文件用于记录系统信息、错误及主要事件。这个文件叫作ALERTsid.log(这里的sid为Oracle的系统标识),存储位置由INITsid.ORA文件的BACKGROUND_DUMP_DEST参数给出。后台进程和用户进程都可以建立各自的跟踪文件,后台进程跟踪文件位置由BACKGROUND_DUMP_DEST参数给出,而用户跟踪文件位置由USER_DUMP_DEST参数给出,如参数文件initora8.ora中给出:

♯ define directories to store trace andalert files

background_dump_dest=d:\Oracle\admin\ora8\bdump
user_dump_dest=d:\Oracle\admin\ora8\udump

后台跟踪文件被命名为 sidPROC.TRC。

2.4 内存结构

Oracle 基本内存结构主要包括软件代码区、系统全局区、程序全局区、排序区。

2.4.1 实例及系统全局区

Oracle 实例(Instance)由系统全局区和一组后台进程组成。每个运行的数据库系统都与实例有关,所以,有时称 Oracle 实例为数据库操作系统。

在分布情况下,为使不同的数据库系统的名字不致混淆,Oracle 使用了一个 SID(System Identifer)来标识每个 Oracle Server 的名字,在 UNIX 环境中以变量 Oracle_Sid 来区分。

系统全局区(System Global Area),简称 SGA,为一组由 Oracle 分配的共享的内存结构,包含一个数据库实例的数据或控制信息。如果多个用户同时连接到同一实例时,实例的 SGA 数据可为多个用户所共享,所以又称为共享全局区,如图 2-7 所示。

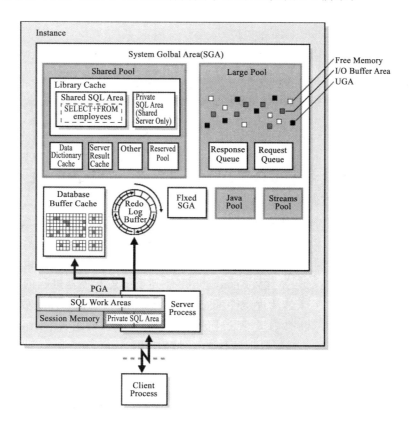

图 2-7 Oracle 实例及系统全局区

SGA包括数据缓冲区、日志缓冲区、共享池、大池、java池和流池。其中,数据库缓冲区、日志缓冲区、共享池是基本结构,而大池、java池和流池是可选结构。

2.4.1.1 数据缓冲区(Data Buffer Cache)

在数据高速缓冲区中存放着Oracle系统最近使用过的数据块(即用户的高速缓冲区),当把数据写入数据库时,它以数据块为单位进行读写;当数据高速缓冲区填满时,则系统自动去掉一些不常被用户访问的数据(图2-8)。如果用户要查的数据不在数据高速缓冲区时,Oracle自动从磁盘中去读取。数据高速缓冲区包括三个类型的区:

① 脏的区(Dirty Buffers):包含已经改变过并需要写回数据文件的数据块。

② 自由区(Free Buffers):没有包含任何数据并可以再写入的区,Oracle可以从数据文件读数据块到该区。

③ 保留区(Pinned Buffers):此区包含有正在处理的或者明确保留用作将来用的区。

可通过参数DB_CACHE_SIZE可指定DB buffer cache的大小。

SQL> ALTER SYSTEM SET DB_CACHE_SIZE=20M scope=both;

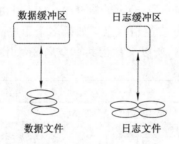

图2-8 缓冲区主要起到与文件进行数据交互的作用

2.4.1.2 重做日志缓冲区(Redo Log Buffer)

任何事务(Transaction)在记录到重做日志(恢复工作需要使用联机重做日志)之前都必须首先放到重做日志缓冲区(Redo Log Buffer)中。然后由日志写入进程(LGWR)定期将此缓冲区的内容写入重做日志中。

日志缓冲区在启动实例时分配,如果不重新启动实例,就不能在随后调整其大小。它是一个循环缓冲区。在服务器进程向其中写入变更向量时,当前的写地址会来回移动。日志写入器进程以批处理方式写出向量,此时,其占用的空间将变得可用,并可被更多的变更向量覆盖。在活动高峰时刻,变更向量的生成速度可能高于日志写入器进程的写出速度。如果发生这种情况,在日志写入器清理缓冲区时,所有的DML活动都将停止数毫秒。

在Oracle体系结构中,将日志缓冲区转储到磁盘是基本瓶颈之一。DML的速度不能超过LGWR将变更向量转储到联机重做日志文件的速度。

2.4.1.3 共享池(Shared Pool)

共享池是SGA保留的区,用于存储如SQL、PL/SQL存储过程及包、数据字典、锁、字符集信息、安全属性等。共享池包含有:库缓存(Library Cache)和字典缓冲区(Dictionary Cache)。

(1) 库高速缓存(Library Cache)

按照一定的格式存储最近执行的代码。分析就是将编程人员编写的代码转换为可执行的代码,这是 Oracle 需要执行的一个过程。通过将代码缓存在共享池,可以在不重新分析的情况下重用,可极大地提高性能。比如,对于如下 SQL 语句,需做如下分析:

select * fromemp where sal>=1000;

① 确定 emp 的对象属性,是一个表,一个同义词,还是一个视图?
② 它是否存在?
③ 如果 emp 是表,又包含哪些列?
④ 这个用户是否具有查询此表的权限吗?
⑤ 在了解了语句的含义后,服务器确定如何以最佳方式执行它,因此还需确定 Sal 列上建立索引了吗?
⑥ 如果创建了索引,使用索引定位行快,还是扫描整个表来得更快?

这些问题只有通过查询数据字典,经一定的分析处理才能找到答案。

针对员工表的一个单行查询,很可能会生成针对数据字典的很多查询,分析语句的时间比最终执行它的时间还长,共享池的库缓存的目的是以分析格式存储语句供执行。第一次发出语句时,必须在执行前进行分析,而到了第二次,将可以立即执行。在设计完好的应用程序中,可能只分析一次语句,而后将其执行数百万次。这会节省下大量时间。对于这个查询的执行流程如图 2-9 所示。

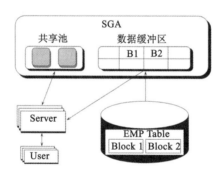

图 2-9 一个对于员工表的查询的执行流程

一般而言,缓冲包括:

- 共享 SQL 区(Shared Pool Area);
- 私有 SQL 区(Private SQL Area);
- PL/SQL 存储过程及包(PL/SQL Procedure and Package);
- 控制结构(Control Structure)。

也就是说该区存放有经过语法分析并且正确的 SQL 语句,并随时都准备被执行。

(2) 数据字典缓冲区(Data Dictionary Cache)

数据字典缓冲区存储最近使用的对象定义、表、索引、用户和其他元数据定义的描述。通过将此类定义放在 SGA 的内存中,以便使所有会话可以直接访问它们,而不是被迫从磁盘上的数据字典中重复读取它们,从而提高分析性能。

数据字典存储对象定义,当真的需要分析语句时,可以更快地执行分析,而不需查询数据字典。

(3) PL/SQL 区

存储的 PL/SQL 对象是过程、函数、打包的过程、打包的函数、对象类型定义和触发器。它们使用已编译的格式,像源代码那样存储在数据字典中。当会话调用存储的 PL/SQL 对象时,必须从数据字典读取。为了避免重复读取,将对象缓存到共享池的 PL/SQL 区。

第一次使用 PL/SQL 对象时,必须从磁盘上的数据字典表执行读取,随后的调用将快得多,因为已经可以在共享池的 PL/SQL 区使用相应的对象。

(4) SQL 查询和 PL/SQL 函数结果缓存

在很多应用程序中,同一个查询将由同一个会话或多个不同会话执行多次。通过创建结果缓存,Oracle 服务器可以将此类查询的结果存储在内存中。在下次发出查询时,服务器可以检索缓存的结果,而不是重新运行该查询。

结果缓存机制会即时跟踪查询所关联的表是否发生了更新。如果有了更新,则查询结果将失效,并发出下一次查询,重新运行查询。因此,不存在接收到过时缓存结果的风险。

PL/SQL 结果缓存使用类似的机制。在执行 PL/SQL 函数时,可以缓存其返回值供函数下次执行时使用。如果传递给函数的参数或函数查询的表发生了变化,那么将重新计算函数,否则,将返回缓存值。

默认方式下,将禁用 SQL 查询和 PL/SQL 函数结果缓存,但如果以编程方式将其启用,那么可以极大地提高性能。

DBA 可以指定其最大容量,共享池可通过 SHARE_POOL_SIZE 参数指定:

SQL> alter system set shared_pool_size=20M scope=both;

2.4.1.4 大池

大池是一个可选区域,如果创建了大池,则那些在不创建大池的情况下使用共享池内存的不同进程将自动使用大池。大池的一个主要用途是供其共享的服务器进程使用,并行执行的服务器也将使用大池(如果有的话)。在缺少大池的情况下,这些进程将使用共享池中的内存。这会导致对共享池的恶性争用。如果使用的是共享服务器或并行服务器,那么始终应该创建大池。有些 I/O 进程也使用大池,如 Recovery Manager 在备份到磁带设备时使用的进程就是如此。

设置大池的大小与性能无关。如果某个进程需要大内存池,而内存不够用,则此进程将失败,并发生错误。如果分配的内存量超过需要,语句的运行速度并不会因此加快。另外,如果存在大池,将使用大池,则不可能出现这样的情况:某条语句开始时使用大池,后来又因为大池过小而恢复使用共享池。

大池可以通过 LARGE_POOL_SIZE 参数指定:

SQL> alter system set large_pool_size=20m scope=both;

2.4.1.5 Java 池

只有当应用程序需要在数据库中运行 Java 存储过程时,才需要 Java 池,因此,java 池用作实例化 Java 对象所需的堆空间。但是,有很多 Oracle 程序是用 Java 编写的,因此,现在将 Java 池视为标准。

应该说明的是,Java 代码不在 Java 池中缓存,Java 代码在共享池中缓存,与 PL/SQL 代码的缓存方式相同。

Java 池的大小与 Java 应用程序相关,也与运行其会话数量有关。每个会话都需要用于其对象的堆空间。如果 Java 池不够大,那么,由于需要不断地回收空间,性能会因此降级。

在 EJB(Enterprise JavaBean,企业 JavaBean)应用程序中,诸如无状态会话 Bean 的对象可能被初始化和使用,如果还需要它,就会将其保留在内存中,这样的对象可以立即重用。但是,如果 Oracle 服务器已经销毁此 Bean,以便为其他 Bean 腾出空间,那么,下次需要时,将不得不进行重新实例化。如果 Java 池非常小,则应用程序将失败。

用户可以在启动实例后创建 java 池并重设大小,也可以完全自动地创建池,并设置池的大小。

2.4.1.6 流池

流池供 Oracle 流使用,是一个 Oracle 的高级工具。流池使用的机制是:从重做日志提取变更向量,并使用这些重新构造执行的语句,或具有相同效果的语句。这些语句在远程数据库执行。从重做日志提取更改的进程以及应用更改的进程将用到内存,这段内存就是流池。

用户可以在启动实例后创建流池并重设流池的大小,也可以完全自动地创建流池,并设置流池的大小。

例如:

SQL> show sga

Total System Global Area	135338868 bytes
Fixed Size	453492 bytes
Variable Size	109051904 bytes
Database Buffers	25165824 bytes
Redo Buffers	667648 bytes

Total System Global Area = Fixed Size + Variable Size + Database Buffers + Redo Buffers

Fixed Size 为固定的值(不可修改),不同平台和不同版本下可能有不一样的字节。Fixed Size 存储了 SGA 各部分组件的信息,可以看作引导建立 SGA 的区域。

Variable Size = shared pool + java pool + large pool

SQL> show parameter shared pool

NAME	TYPE	VALUE
hi_shared_memory_address	integer	0
max_shared_servers	integer	20
shared_memory_address	integer	0
shared_pool_reserved_size	big integer	2516582
shared_pool_size	big integer	50331648
shared_server_sessions	integer	165
shared_servers	integer	1

SQL> show parameter large pool

NAME	TYPE	VALUE
large_pool_size	big integer	8388608

```
SQL> show parameter java pool
NAME                                  TYPE              VALUE
------------------------------------  ----------------  ------------
java_max_sessionspace_size            integer           0
java_pool_size                        big integer       33554432
java_soft_sessionspace_limit          integer           0
SQL>
```

可以使用下面语句:

select * from v$SGA;

来查询当前实例的 SGA 信息情况。

2.4.2 程序全局区

程序全局区(Program Global Area,PGA)是一个包含数据和为服务器进程控制信息(共享服务器方式)的私有区,是在用户进程连接到数据库并创建一个会话时自动分配的。PGA 为非共享区,只能单个进程使用,当一个用户会话结束,PGA 释放,它保存每个与 Oracle 数据库连接的用户进程所需的信息。

服务器进程访问 PGA 区时是以独占的方式进行的,并根据 Oracle 代码所起的作用决定可读和只写操作。例如,运行时的光标区,每次只能执行一个光标。在 PGA 内存区的服务器进程执行该光标以建立新的运行区。

应该说明的是,PGA 与 SGA 各自占用不同的内存区,二者通过服务器进程进行数据交换,PGA 与 SGA 的关联如图 2-10 所示。

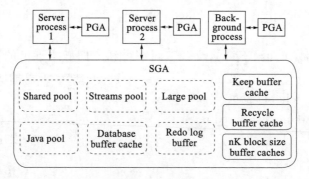

图 2-10 PGA 与 SGA

2.5 进程

进程是操作系统中的一种任务管理机制,在有些操作系统中使用作业(JOB)或任务(TASK)的术语。Oracle 的进程一般也叫实例进程。因为进程的生命周期大都与实例紧密关联,随着实例的启动而启动,同样也会随着实例的关闭而关闭。一个进程通常有它自己的专用存储区,都会分配内存(PGA 内存)。Oracle 主要有三种类型的进程,即用户进程(user processes)、服务器进程(server processes)和后台进程(background processes)。

后台进程是专注于数据处理的核心进程,服务器进程负责处理客户端和数据库的连接;

用户进程则是为了连接数据库而创建。可以用一个比喻来表示这三个进程的关系:Oracle 实例是一个工厂的话,后台进程就是工厂中的工人,从事具体的生产工作;服务器进程是工厂的销售人员,负责和客户打交道;用户进程则是客户,提交任务,向工厂下订单;该订单由销售人员处理后交给工人来完成。

2.5.1 用户进程与服务器进程

当用户运行一个应用程序时,就建立一个用户进程。

服务器进程是处理用户与实例连接的事务,即用户进程发来的请求。其主要任务是:

① 分析用户进程发出的 SQL 语句,并生成执行方案。

② 从数据文件读必要的数据到 SGA 区的共享数据区。

③ 将执行结果返回给用户。

2.5.2 后台进程

Oracle 系统使用一些附加的进程来处理系统的必需的工作。一般情况下,当数据库启动完成后(Instance 启动成功)就至少有六个后台进程在活动,这些进程根据数据库的需要而分工不同。它们分别是:

数据库写入器(DBWR)

数据库写入器(Database Writer)的任务是将修改后的(在内存)数据块写回数据库文件中。在某些操作系统中,Oracle 可以有两个 DBWR 进程。

校验点(CKPT)

校验点是一个可选进程。在系统运行中当出现查找数据请求时,系统从数据库中找出这些数据并存入内存区,这样用户就可以对这些内存区数据进行修改等。当需要对被修改的数据写回数据文件时就产生重做日志的交替写(Switch),这时就出现校验点。系统要把内存中灰数据(修改过)块中的信息写回磁盘的数据文件中,此外系统还将重做日志通知控制文件。DBA 可以改变参数文件中 CHECKPOINT_PROCESS TRUE 来使该进程有效或无效。

日志写入器(LGWR)

日志写入器用于将 SGA 区中的日志信息写入日志文件的进程。一般是用户所作的修改值先记入日志文件,等到一定时才真正将修改结果写回数据文件。

系统监控器(SMON)

系统监控器(System monitor)是在数据库系统启动时执行恢复工作的强制性进程。比如在并行服务器模式下(两台服务器共用一磁盘组),SMON 可以恢复另一台处于失败的数据库,使系统切换到另一台正常的服务器上。

进程监控器(PMON)

进程监控器(Process Monitor)用于终止那些失败的用户,释放该用户所占用的资源等。

归档器(ARCH)

可选进程,当数据库系统处于归档(ARCHIVELOG)模式时使用。

锁(LCKn)

可选进程,在并行服务器模式下可出现多个锁定进程以利于数据库通信。

恢复器(RDCO)

恢复器是分布式数据库(不同地点有不同机器和不同的 Oracle 系统)模式下使用的可

选进程,用于数据不一致时作的恢复工作。在 RDCO 解决恢复前,所作的修改数据的标志均标为"可疑"。

调度(Dnnn)

可选进程,在多线程下使用,即对每个在用(D000,…,Dnnn)的通信协议至少创建一个调度进程,每个调度进程负责从所连接的用户进程到可用服务器进程的路由请求,把响应返回给合适的用户进程。

快照进程(SNPn)

快照进程处理数据库快照的自动刷新,并通过 DBMS_JOB 包运行预定的数据库过程。INITsid.ORA 参数 JOB_QUEUE_PROCESS 设置快照进程数,参数 JOB_QUEUE_INTERVAL 决定快照进程在被唤醒以处理挂起的作业或事务之前休眠的秒数。

并行查询进程(Pnnn)

可根据数据库的活动并行查询选项的设置、Oracle 服务器启动或停止查询进程。这些进程涉及并行索引的创建、表的创建及查询。启动的数量与参数 PARALLEL_MIN_SERVERS 指定的数量相同,不能超出该参数指定的值。

2.6 事务处理流程

银行取款业务处理流程:

(1) 发出查询余款的 SQL 语句,如:

  Select account_balance From banktable

  Where account_number='111222333' And account_type='SAVINGS';

SQL 语句通过 SGA 得到服务器进程;

服务器进程检查共享池中有无该条语句,无该条语句则将放置共享池中并准备运行;

执行 SQL 语句,把存放有余款的数据块从数据文件中读到 SGA 的数据高速缓冲区;

显示结果,比如余款为 \$325。

(2) 取款 \$25:

SQL 语句为:

  Update Bank_table set account_balanct=300

  Where account_number='111222333' And account_type='SAVINGS';

客户进程通过 SGA 把 SQL 语句传给服务器进程;

服务器进程查找有无该条语句,有执行;

分析 SQL 语句并存入共享池;

执行 SQL 语句;

要处理的数据在数据高速缓冲区吗？是转 7;

从数据文件中读数据块到数据高速缓冲区;

在回滚段中记录原来的数值(\$325);

在重做日志中生成该事务的一个拷贝;

将数据高速缓冲区中的余额改为 \$300;

银行柜员机通过 SGA 发出工作完成信号(提交):

在重做日志中记录已完成事务；
清除回滚段中的恢复信息（Undo Information）；
顾客取钱完成。

2.7 SYS 和 SYSTEM 模式

SYS 和 SYSTEM 是每个 Oracle 数据库系统缺省安装的两个帐户。SYS 是所有内部数据库表、结构、过程包等拥有者，此外它还拥有 V＄ 和数据字典视图，并创建所有封装的数据库角色(DBA,CONNECT,RESOURCE)。SYS 是一个唯一能访问特定内部数据字典的用户。SYSTEM 也是在安装 Oracle 时创建的用户，用于 DBA 任务的管理。

SYS 安装后的缺省口令为 change_on_install；SYSTEM 缺省口令为 manager。为了安全,可在安装完成后用 ALTER USER sys IDENTIFIED BY password 命令修改这两个特权帐户的口令。

2.8 数据字典及其他数据对象

数据字典(data dictionary)是存储在数据库中的所有对象信息的知识库。Oracle 数据库系统使用数据字典获取对象信息和安全信息，而用户和 DBA 用它来查阅数据库信息。数据字典保存数据对象和段的信息，如表、视图、索引、包、过程以及用户、权限、角色、审计等的信息。数据字典是只读对象，不允许任何人对其进行修改。

Oracle 除前面给出的数据对象外，还有包括视图、序列、同义词、触发器、数据库链及程序包、过程和函数等。可登录到 SYSTEM，然后用下面语句查询当前数据库实例所包含的对象类型：

SQL＞ select distinct object_type from dba_objects;

OBJECT_TYPE	DESTINATION
....	WINDOW
EDITION	SCHEDULER GROUP
INDEX PARTITION	DATABASE LINK
TABLE SUBPARTITION	LOB
CONSUMER GROUP	PACKAGE
SEQUENCE	PACKAGE BODY
TABLE PARTITION	LIBRARY
SCHEDULE	PROGRAM
QUEUE	RULE SET
RULE	CONTEXT
JAVA DATA	TYPE BODY
PROCEDURE	XML SCHEMA
OPERATOR	JAVA RESOURCE
LOB PARTITION	UNDEFINED

DIRECTORY	INDEXTYPE
UNIFIED AUDIT POLICY	JAVA CLASS
TRIGGER	JAVA SOURCE
JOB CLASS	CLUSTER
INDEX	TYPE
TABLE	RESOURCE PLAN
SYNONYM	JOB
VIEW	EVALUATION CONTEXT
FUNCTION	

已选择45行。

可以看到,Oracle对象类型有45种之多,下面是常用类型对象的简单介绍。

视图(View)

视图是存储在数据库中的SELECT(查询)语句,它主要出于两种原因:一是安全原因,视图可以隐藏一些数据,如:社会保险基金表,可以用视图只显示姓名、地址,而不显示社会保险号和工资数等;另一是可使复杂的查询易于理解和使用。

序列(Sequence)

序列是用于产生唯一数码的数据库对象,序列创建时带有初始值、增量值、最大值等,最大可达38位整数。

触发器(Trigger)

触发器(trigger)是个特殊的存储过程,它的执行不是由程序调用,也不是由手工启动,而是由个事件来触发。比如当对一个表进行操作(insert,delete,update)时就会激活它执行。触发器经常用于加强数据的完整性约束和业务规则等。触发器可以从DBA_TRIGGERS,USER_TRIGGERS数据字典中查到。

同义词(Synonym)

同义词(synonym)是指向其他数据库表的数据库指针。同义词有两种类型:私有(private)和公共(public)。私有的同义词是在指定的模式中创建并且只能用创建者使用的模式访问。公共同义词是由public指定的模式访问,所有数据库模式(用户)都可以访问它。

数据库链(Database Link)

数据库链是与远程数据库连接的存储定义,它们用于查询分布数据库环境的远程者。由于存储在DBA_DB_LINKS数据字典中,所以可以把它们看作一种数据库对象类型。

簇(Cluster)

簇(Cluster)就是将一组有机联系的表在物理上存放在一起,并且相同的关键列的值只存储一份,用于提高处理效率。

维(Dimension)

维(Dimension),用于在一对列之间定义一个"父-子"关系。这些列的全部列必须来自同一个表。但是,对于一个列(或层)可以来自不同的表。优化器可以在实体化视图中利用这种"父-子"关系来进行查询改写。

JAVASOURCE(java源码)

在Oracle系统里编写Java代码,用于各种处理,除了Oracle系统自带的Java类库外,用户可用 CREATE JAVA 语句来创建自己的 Java 源码、类库和资源。

例子：

CREATE JAVA SOURCE NAMED "Hello" AS

public class Hello {

public static String hello() {

return "Hello World"; } };

实体视图（Materialized View）

Oracle 提供可以创建实体视图（Materialized view）。这些实体视图利用在创建时所指定的"刷新"等参数来实现对数据的准备。当创建完成并达到指定的"刷新"时间要求后，这些实体视图就存放处理完成的物理数据。实体视图包含定义视图的查询时所选择的基表中的行。在普通的视图中，Oracle 在执行查询时临时进行查询操作来返回结果，而对实体视图的查询是直接从该视图中取出行。

在 Oracle 后续版本里，对实体视图进行了增强，如提供快速刷新等。下面简单介绍实体视图的使用。

概要（Outline）

Oracle 提供一种称为概要（Outline）的对象，可以为优化器的执行计划进行指定属性。可用 CREATE OUTLINE 语句创建一个概要。在概要创建完成后，可以再让优化器使用这些概要来执行语句。

资源限制（Profile）

Oracle 对用户的使用限制可通过 Profile 来描述。Profile 是用于对资源使用的描述。当一组用户具有相同的要求时，则可指定到相同的 Profile。

资源成本（Resource Cost）

Oracle 系统的新版本为系统的资源的管理提供更灵活的方法，可用资源成本（RESOURCE COST）来对系统的资源的使用进行描述。如：

ALTER RESOURCE COST

CPU_PER_SESSION

CONNECT_TIME

LOGICAL_READS_PER_SESSION

PRIVATE_SGA

integer ;

角色（Role）

角色是一组权限的集合。角色包含一个或多个权限；角色可以再包含角色。利用角色可简化数据库系统的管理。

类型（Type）

Oracle 提供了一种类型结构。该结构叫作抽象数据类型，用于定义许多复杂的对象。参考下面语句：

CREATE OR REPLACE TYPE [schema.]type_name [IS|AS] OBJECT (element_list);

例子：

Oracle 数据库管理与应用

```
create type add_type as object
(street varchar2(10),——街道名
city varchar2(20), ——城市名
state char(2),——州代码
zip number ——邮编
);
```

在建立表时使用 add_type 数据类型

```
create table customer
(name varchar2(20),
address add_type
);
```

向具有抽象数据类型的表插入数据

```
insert into customer values
('1',add_type('mystaree','some city','st',10001));
```

回滚段(Rollback Segment)

Oracle 系统在表空间上创建一种称为回滚段(Rollback Segment)的对象,用于存放 IN-SERT、UPDATAE 和 DELETE 的数据。其目的是在当用户要求对所做的修改进行撤销时,能从回滚段中读出原来的数据。

第二编

对象管理

第3章 管理数据库

虽然 Oracle 的正常启动和关闭非常简单,但在异常情况下则很少被人注意。下面介绍 Oracle 不同情况下的启动和关闭。

3.1 启动实例

一般情况下,Oracle12c 启动(无论是手动启动或自动启动)都采用服务器参数文件(即 Spfilesid.ora 文件)来启动数据库实例。Spfilesid.ora 文件是一个二进制的文件,是在数据库创建期间由系统自定义创建的,也是 Oracle12c 为了保护数据库参数安全所采用的方法。在 Oracle 系统启动成功后,有些参数可在 SQL>下联机进行修改,而且有些修改的参数自动被系统记录下来,同时也写到服务器参数文件中。这样可避免只要修改参数就必须重启动数据库实例的不足。

此外,也可以按照自定义的参数来启动 Oracle 数据库,Oracle12c 初始化参数的修改主要方式如下:

(1) 从 Spfilesid.ora 中读数据来创建一个初始化参数文件:

SQL>CONNECT SYS/password AS SYSDBA
SQL>CREATE
PFILE='H:\app\Administrator\product\12.1.0\dbhome_1\database\initORCL.ora'
FROM
SPFILE='H:\app\Administrator\product\12.1.0\dbhome_1\database\spfileORCL.ora';

文件已创建。

(当创建 Initsid.ora 文件成功后,可根据需要对该文件的参数进行修改)

(2) 用新创建的 Initsid.ora 的文件启动 Oracle12c:

CONNECT SYS/password AS SYSDBA
SQL> startup
pfile='H:\app\Administrator\product\12.1.0\dbhome_1\database\initORCL.ora'

(3) 从 Initsid.ora 文件读数据创建 Spfilesid.ora 文件:

(为了使下次 Oracle 数据库重启动时自动使用新修改的参数,必须从已经修改正确的初始化 Initsid. ORA 文件中读数据来创建新的服务器参数文件 Spfilesid. ORA）：

CONNECT SYS/password AS SYSDBA

CREATE SPFILE FROM

PFILE = ' H：\ app \ Administrator \ product \ 12. 1. 0 \ dbhome _ 1 \ database \ initORCL. ora'；

3.1.1 STARTUP 参数

STARTUP 是一个实用程序，它可以使用的参数有：

• OPEN 打开 INSTANCE 和所有文件（数据文件和日志文件），允许用户存取数据库。

• MOUNT 装载 INSTANCE 和 打开控制文件，激活某些 DBA 功能，用户不能存取数据库，可以进行实例或数据的恢复处理。

• NOMOUNT 装载 INSTANCE 和打开参数文件，生成 SGA 并启动后台进程，用户不能存取数据库。可以进行 CREATE database，CREATE control file 操作。

• EXECLUSIVE 只允许当前例程存取数据库。

• PARALLEL 允许多个进程存取数据库。

• PFILE=PARAFILE 用 PARFILE 文件来配置例程（不用缺省值）。

• FORCE 在正常启动前终止正在运行的例程。

• RESTRICT 只允许 RESTRICTED SESSION 的用户存取数据库。

• RECOVER 在数据库启动时开始恢复介质。

3.1.2 用 SQL 正常启动实例

Oracle12c 在 Windows 10 版本下运行较顺畅，下面是数据库实例启动的操作步骤。

SQL>connect/ as sysdba；

SQL>startup；

SQL>startup

pfile='H:\app\Administrator\product\12.1.0\dbhome_1\database\initORCL. ora'；

Oracle 例程已经启动。

Total System Global Area   2583691264 bytes
Fixed Size   3048968 bytes
Variable Size   687868408 bytes
Database Buffers   1879048192 bytes
Redo Buffers   13725696 bytes

数据库装载完毕。

数据库已经打开。

3.1.3 启动数据库服务及监听进程

一般在 Microsoft 环境下安装的 Oracle RDBMS 都会"自动"启动，如果人为地设置 Oracle 实例的启动方式为"手工"，则请按照下面步骤启动 Oracle 实例。

（1）点击"开始"->"设置"->"控制面板"，再选择"服务"进入下面屏幕：

服务	状态	启动	登录为
OracleJobSchedulerORCL		禁用	本地系统

OracleOraDB12Home2MTSRecoveryService	正在运行	自动	本地系统
OracleOraDB12Home2TNSListener	正在运行	自动	本地系统
OracleRemExecServiceV2		手动	本地系统
OracleServiceORCL	正在运行	自动	本地系统
OracleVssWriterORCL	正在运行	自动	本地系统

(2) 选中"OracleServiceORCL",然后点击右边的"开始"按钮;

(3) 选中"OracleOraDB12Home2TNSListener",然后点击右边的"开始"按钮。

3.1.4 STARTUP 的其他使用说明

(1) 不装入数据库而启动实例(NOMOUNT)

  SQL>STARTUP NOMOUNT

则它的启动过程如下:

- 读取数据库初始化参数文件 initsid.ora 中参数;
- 根据参数文件的 SGA 参数进行 SGA 的设置;
- 启动 DBWR,LGWR,SMON 等后台进程;
- 打开数据库所用的跟踪文件 alert file 和 trace file。
- 完成实例启动后数据库处于 NOMOUNT 状态。
- 不装入数据库而仅启动实例,一般是在数据库创建时才可以这样做。

(2) 启动实例并装入数据库(MOUNT)

  SQL>STARTUP MOUNT

启动实例而并装入数据库,但不打开数据库,允许用户执行特定的维护操作。例如:

- 重命名数据文件;
- 添加、撤销或重命名重做日志文件;
- 启动和禁止重做日志归档;
- 执行全部的数据库恢复。
- 这样的操作除了完成上面 NOMOUNT 所完成的操作外,还完成下面的操作:
- 读取参数文件以获得控制文件信息;
- 读取控制文件以得到的数据文件和日志文件的信息;

(3) 启动实例、装入数据库、打开数据库(OPEN)

  SQL>STARTUP 或 SQL>STARTUP OPEN

这种模式完全打开数据库,允许任何有效用户连接到数据库并执行典型的数据库访问操作。它除了完成上面 STARTUP MOUNT 所完成的操作外,还完成:

- 打开所有的数据文件和日志文件,并设置为可读写;
- 打开数据库的限制,让所有用户可联机。

(4) 限制在启动时对数据库的访问

  SQL>STARTUP RESTRICT

用户可以在严格的模式下启动实例并装入数据库,这样的模式只允许 DBA 做以下的工作:

- 执行结构维护,如重建索引;
- 执行数据库文件的导入导出;

- 执行数据装载；
- 临时阻止典型用户使用数据。

(5) 强制实例启动

　　SQL>STARTUP FORCE；

如果一个实例正在启动，则 STARTUP FORCE 重新启动。

(6) 启动一个实例，装入数据库，并启动全部的介质恢复

　　SQL>STARTUP OPEN RECOVER；

如果用户要求介质恢复，可以启动一个实例，装入指向实例的数据库，并自动地启动恢复程序。

(7) 启动独占或并行模式

　　SQL>STARTUP OPEN sale PFILE=initsale.ora PARALLEL；

如果用户的 Oracle 服务器允许多个实例来并发地访问一个数据库(Oracle 并行服务器选项)，应选择独占或并行装入数据库。如果用户指定独占(缺省)，那么数据库只能由当前的实例装入并打开。下面是一个独占的模式的实例：

　　SQL>STRARTUP OPEN sales PFILE=initsales.ora EXECLUSIVE RESTRICT；

3.1.5　启动监听进程

为了使客户的客户端与服务器端进行连接，在 Windows 操作系统的字符模式下，对于 Windows10 的用户，一定要选择"以管理员的方式运行"命令行提示符，然后使用 lsnrctl start 命令完成监听进程的启动，注意是在操作系统的 C:\> 提示符(非 SQL>)状态下键入：

　　C:\>lsnrctl start

请注意命令行运行后反馈的信息，如监听器名字、参数文件名字、监听日志文件名字及端口号、服务器名字等，如见到"命令执行成功"的提示，则监听器启动成功。

3.2　关闭实例

3.2.1　关闭数据库实例

在 SQL 方式下可以使用 SHUTDOWN 命令进行数据库的关闭。关闭数据库主要进行下面工作：

- 关闭数据库文件和重做日志文件；
- 退出数据库；
- 关闭 Oracle 的后台进程，并释放 SGA 所占的内存区。

在 Oracle 的关闭处理中共有四种关闭方式：

- SHUTDOWN NORMAL 正常关闭
- SHUTDOWN IMMEDIATE 立即关闭
- SHUTDOWN TRANSACTIONAL 尽量少影响客户端，避免客户丢失信息
- SHUTDOWN ABORT 放弃一切事务立即关闭

如果用户连接了数据库，而仅用 SHUTDOWN 或 SHUTDOWN NORMAL 来关闭数据库，则可能等待很长时间。这时你可以用 ALTER SYSTEM KILL SESSION 命令来断

开用户的连接,也可以用管理菜单选项来终止用户对 Oracle 的连接。

【提示】 在关闭数据库前,最好查询 V$session 动态会话字典,看是否还有用户与 Oracle 实例连接。如果有,请用 ALTER SYSTEM KILL SESSION 'sid,serial#';命令对 Oracle 的用户进行断开,然后再发出 SHUTDOWN 命令。比如:

SQL> select username,terminal,sid,serial# from v$session

  2 where username is not null;

USERNAME	TERMINAL	SID	SERIAL#
ZHAO	ZHAO	7	70
SCOTT	ZHAO	8	16
SYS	ZHAO	10	12

SQL> alter system kill session '7,70';

系统已更改。

如果使用 SHUTDOWN ABORT 来关闭数据库,则放弃一切事务立即关闭,可能的后果:

- Oracle 立即关闭客户端的 SQL 语句;
- 回滚一切未提交的事务;
- 不等当前正要连接的用户连接就脱机并关闭所有用户。

【注意】 一般情况下,不推荐用户采用"SHUTDOWN ABORT"命令来关闭 Oracle 实例。

SQL>connect/ as sysdba;

Connected.

SQL>shutdown immediate;

数据库已经关闭。

已经卸载数据库。

Oracle 例程已经关闭。

3.2.2 关闭监听进程

正常的 Oracle 系统关闭,除了要求在关闭机器时要关闭 Oracle 数据库实例外,最好也要关闭 Oracle 的监听进程。可使用 lsnrctl stop 命令完成监听进程的关闭,如:

C:\> lsnrctl

Lsnrctl> stop

正在连接到

(DESCRIPTION=(ADDRESS=(PROTOCOL=TCP)(HOST=PC-20170122QBPP)(PORT=1521)))

命令执行成功

对于 Microsoft windows 环境,在操作系统关闭时,相应的 Oracle 系统的进程也就关闭了,所以可以不进行专门的关闭操作。

3.3 建立数据库

尽管建立数据库不是一项必须的工作,但作为技术全面的 DBA 应该掌握数据库的建立方法。在这里特别提醒,一般的编程人员不要轻易试用 CREATE DATABASE 命令,因为搞不好可能对数据库系统产生不必要的麻烦。

在许多时候,我们安装 Oracle 产品时,不一定在当时建立数据库,有可能在运行完安装程序后再来建立数据库。当然也可以在建立了一个数据库后在第二个数据库。如果你想采用手工来建立数据库,请一定要按照 Oracle 的要求步骤进行。

建立数据库包括如下操作:① 建立新的数据文件或对原先的数据文件清除数据;② 建立所需的结构(数据字典);③ 建立并初始化控制文件、日志文件。

建立数据库前要考虑的问题:① 空间的需要估计;② 计划如何保护新的数据;③ 选择数据库字符集。

在建立数据库时指定字符集,如果在建立数据库时指定了不合适的字符,则可在 SQL>命令方式用 ALTER DATABASE 来对字符集进行修改。

3.3.1 NT 下创建数据库

如果需要在 NT 下建立数据库,无论是建立第一个数据库或是第二个数据库,建议使用 Oracle 的 Oracle Database Configuration Assistant 工具来建立。下面是关于使用 Oracle Database Configuration Assistant 工具建立数据库操作步骤:

(1) 点击"开始"—>"程序"—>"Oracle OraHome9"—>"Database Assistant"—>"Database Configuration Assistant"后,进入图形界面(图 3-1)。

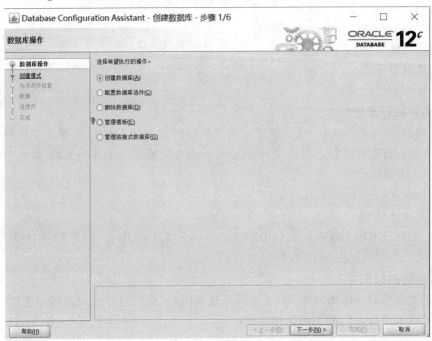

图 3-1

第 3 章 管理数据库

（2）选择"创建数据库"，然后点击"下一步"进入下面的画面（图 3-2）。

图 3-2

（3）填写页面上的内容，如全局数据库的名字、数据库文件的位置、快速恢复区、数据库字符集、管理口令等。特别说明的是，"创建为容器数据库"的选项选择后，至少要命名一个插接式数据库。点击"下一步"即可进入下面画面（图 3-3）。

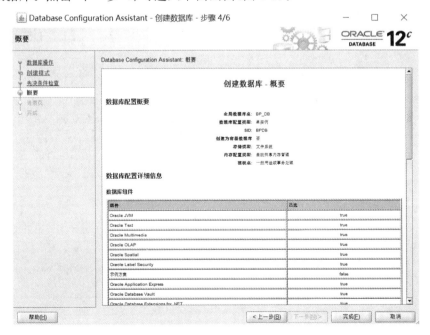

图 3-3

(4) 这一步不需要做什么,Oracle 会形成数据库的概要,如果有问题,点击"上一步"更改,没有问题,则等待数据库的形成。没有问题的话则点击"完成"进入下一步(图 3-4)。

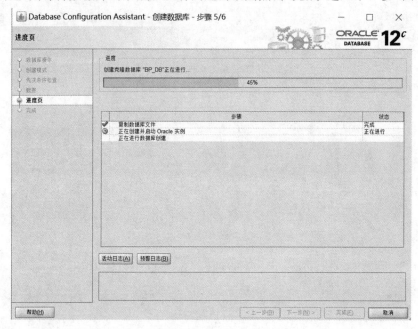

图 3-4

(5) 这个页面主要是运行,等待进度条至 100%,完成数据库的创建工作。点击"完成"即可进入下面画面(图 3-5)。

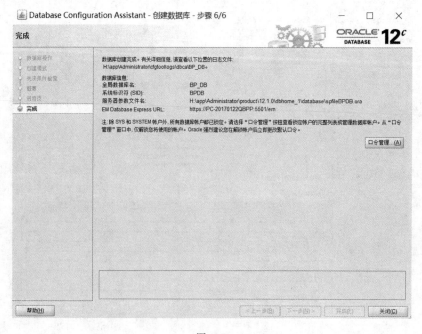

图 3-5

这个页面是数据库创建完成后给定的创建数据库的日志位置、参数文件位置、管理数据库的页面链接等,一定要记住,建议将此页面截屏保留,以便以后查看。复制数据库的管理页面的链接 https://pc-20170122qbpp:5501/em,键入用户名密码后,点击配置->初始化参数->spfile 进入以下界面(图 3-6)。

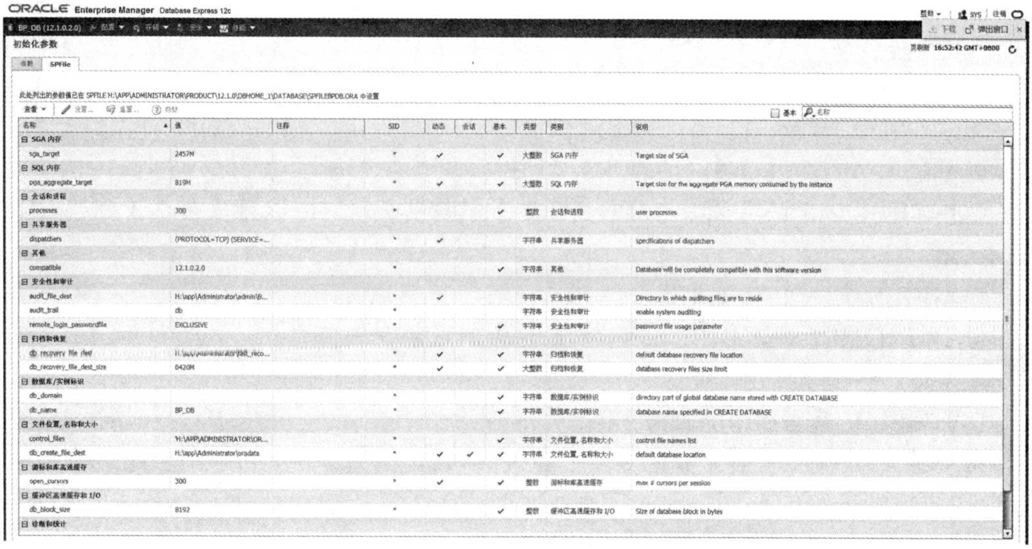

图 3-6

这个页面有这个数据库的所有信息,点击"配置"、"存储"、"安全"、"性能"等下拉式菜单,可查看相应的数据库信息,这里不再一一介绍。

总体而言,基于"Database Configuration Assistant"创建数据库的步骤简单实用,比较以前版本,省去了很多选项,如最大连接的用户数,服务器模式是否专用,初始化文件路径选择等。这些参数都会在配置文件或图形管理页面中找到,用户可以依据配置文件或者管理页面查看数据库的有关参数。

3.3.2 使用 CREATE DATABASE 创建数据库

一般较早期的 Oracle 的版本,要创建第 2 个数据库的话,就必须使用 CREATE DATABASE 命令来实现。

```
CREATE DATABASE [database]
[CONTROLFILE REUSE]
[LOGFILE  [GROUP integer]file_definition
    [,[GROUP integer]file_definition]...]
    [MAXLOGFILES integer]
    [MAXLOGMEMBERS]integer]
    [MAXLOGHISTORY]integer]
[DATAFILE  file_definition[,file_definition]...]
[AUTOEXTEND file_definition [,file_definition][ON|OFF]
[NEXT  integer[K|M]]
```

[MAXSIZE [UNLIMITED | integer[K|M]]]
[ARCHIVELOG| NOARCHIVELOG]
[CHARACTER SET charaset]
[NATIONAL CHARACTER SET charset]

其中：

database 数据库名称，字母数字型，最多 8 个字符。

file_definition 为 LOGFILE 和 DATAFILE 的名称和长度，格式是：

'file' SIZE integer [K|M] [RESIZE]

其中：

CONTROLFILE：定义控制文件，这里的值将覆盖 init.ora 参数文件的 CONTROL_FILES 值。

LOGFILE：日志文件，如果省去，则自动产生两个日志文件。

MAXLOGFILES：最大日志文件个数，这个参数将覆盖 init.ora 中的 LOG_FILES 参数，缺省为 2 个，最大为 256 个。

DATAFILE：数据库用的数据文件。

MAXDATAFILES：最大数据文件个数，这个参数将覆盖 init.ora 中的 DB_FILES 参数，缺省为 32 个，最大为 255 个。

AUTOEXTEND：是否自动扩展，为 ON 则自动扩展，为 OFF 则不自动扩展。

MAXINSTANCES：打开数据库的并发实例数，这个参数将覆盖 init.ora 中的 NSTANCES 参数，最大为 255 个。

ARCHIVELOG 和 NOARCHIVELOG：数据库实例的归档或非归档模式。

MAXLOGMEMBERS：定义大日志文件成员组数目。

NATIONAL CHARACTER SET：为数据库实例设置字符集，关于字符集的设置见另外章节。

3.4 常用数据字典简介

数据字典是存储在数据库中的所有对象信息的知识库，Oracle 数据库系统使用数据字典获取对象信息和安全信息，而用户和 DBA 用它来查阅数据库信息。数据字典保存数据对象和段的信息，如表、视图、索引、包、过程以及用户、权限、角色、审计等。数据字典是只读对象，不允许任何人对其进行修改。Oracle 数据字典内容包括：

- 数据库中所有模式对象的信息，如表、视图、簇、及索引等。
- 分配多少空间，当前使用了多少空间等。
- 列的缺省值。
- 约束信息的完整性。
- Oracle 用户的名字。
- 用户及角色被授予的权限。
- 用户访问或使用的审计信息。
- 其他产生的数据库信息。

Oracle 数据字典是一组表和视图结构,它们存放在 SYSTEM 表空间中,用户可以用 SQL 语句访问数据库数据字典。数据字典的命名规则如下:

- USER 为前缀,记录用户的所有对象信息。
- ALL 为前缀,记录包括 USER 记录和授权给 PUBLIC 或该用户的所有对象的信息。
- DBA 为前缀,记录关于数据库对象(非用户对象)的信息。
- V＄公共系统动态视图,用于系统优化和调整参考。
- V_＄动态性能视图,可用 CATALOG.SQL 脚本建立动态视图建立同义词。
- GV＄的附加的固定视图(Global V＄)在并行环境下反映的是 V＄视图的信息。如:

SELECT * FROM GV＄LOCK WHERE INST_ID = 2 OR INST_ID = 5;

返回的是 instances 2 和 5 的 V＄的信息。所以 GV＄反映一组 Instances 的参数。GV＄视图的限制是参数 PARALLEL_MAX_SERVERS 必须大于 0。

一般 DBA_的视图内容都包含 USER_和 ALL_为前缀的视图,DBA_为前缀的视图的内容基本上是大写,以 V＄_为前缀的视图的内容基本上是小写。

  USER_TABLEs(=TABS)　用户的所有表的信息。

  USER_TAB_COLUMNS(=COLS)　有关各表的列(字段)的信息

  USER_VIEWS　用户的所有视图

  USER_SYNONYMS(=SYN)　用户同义词

  USER_SEQUENCES(=SEQ)　用户序列

  USER_CONSTRAINTS　记录创建表结构时建立的限制。

  USER_TAB_COMMENTS　表的注释。如:Comment on table emp is '职工表';

  USER_COL_COMMENTS　列(字段)注释。如:

    Comment on column emp.ename is '姓名';

  USER_INDEXES(=IND)　用户索引的简要信息

  USER_IND_COLUMNS　用户索引的列信息

  USER_TRIGGERS　用户触发器信息

  USER_SOURCE　用户存储过程

  USER_TABLESPACE　用户可以使用的表空间信息

  USER_TS_QUOTAS　用户使用系统资源的信息

  USER_SEGMENTS　用户对象所使用空间信息

  USER_EXTENTS　用户的扩展段信息

  USER_OBJECTS　用户对象

  =USER_TABLES+USER_VIEWS+USER_INDEXES+USER_SOURCE+USER_TRIGGERS+USER_JAVA

  USER_PART_TABLES　用户分区信息

  USER_TAB_PARTITIONS

  USER_PART_COL_STATISTICS

  USER_IND_PARTITIONS

  USER_FREE_SPACE

CAT(=USER_CATALOG)　用户可以访问的所有的基表。

TAB　用户创建的所有基表,视图,同义词等。

DICT(=DICTIONARY)　构成数据字典的所有表的信息。

【提示】　虽然 Oracle 提供可以用 Comment on column tablename.column is 'xxxx';等来实现对表或列进行注释,但不建议设计者采用这样的工作方式,而建议将注释写到脚本中更为直观。

第 4 章 控制文件管理

控制文件和日志文件是 Oracle 三大数据类型的两种,这两种文件与数据文件不同,它们在安装完成后可以基本不变。而数据文件是随着时间的增长而不断的扩展。下面简单给出这两种文件的管理说明。

4.1 控制文件基本思想

控制文件存放有数据库的结构信息,包括数据文件、日志文件。控制文件是一个二进制文件,它是在数据库建立时自动被建立。控制文件可以在改变文件名或移动文件时而被更新。在任何时候都不能编辑控制文件。

控制文件的内容包括:
- 数据库名字(控制文件只能属于一个数据库);
- 数据库建立时的邮戳;
- 数据文件名字,位置及联机/脱机;
- 重做日志文件名字及位置;
- 表空间名字;
- 当前日志序列号;
- 最近检查点信息;
- 恢复管理器信息(RMAN)。

控制文件大小由建立数据库时的 MAX 子句决定,即建立数据库时的下面参数决定:MAXLOGFILES、MAXLOGMEMBERS、MAXLOGHISTORY、MAXDATAFILES、MAXINSTANCES。

一般地,Oracle 都预分配一些空间给控制文件。然而,可以改变控制文件的名字,也可以增加一些新的控制文件,但它们的大小总是不变。

4.2 使用多个控制文件

控制文件对于 Oracle 数据库来说是非常重要的。一般建议 Oracle 至少有两个控制文件,拷贝同一个控制文件放在不同的目录上。如果拷贝控制文件放在不同的目录上,就要修改参数文件 INITsid.ORA 中的 CONTROL_FILES 以便包括所有的控制文件。下面的语句是包括两个控制文件的说明：

control_files=("H:\lntu_bphot\oradata\orcl\control01.ctl",
"H:\lntu_bphot\oradata\orcl\control02.ctl")

由于在多个磁盘上都存放有同样的控制文件，这样就可以避免单个磁盘可能损坏带来的风险。在多个磁盘上存放多个控制文件，再更新是可能需要长一点的时间，但如果其中有一个出故障时，可以拷贝另外一个好的控制文件以替换该故障的控制文件，然后修改 INITsid.ORA 中的 CONTROL_FILES 参数文件后重启数据库。

虽然 Oracle 在同一时间同时更新所有的控制文件，但同一时间用户只能用第一个控制文件。在数据库系统建立完成后，可以从数据字典 V＄PARAMETER 中查询到控制文件的信息。

下面是建立新的控制文件的步骤：
- 关闭数据库；
- 用操作系统命令拷贝控制文件到不同的目录上；
- 改变初始化参数文件 INITsid.ORA 中的 CONTROL_FILES 参数；
- 用参数文件 INITsid.ORA 重新启动数据库。

4.3 建立新的控制文件

可以使用 CREATE CONTROLFILE 命令建立新的控制文件。如控制文件已丢失或用 CREATE DATABASE 命令重新建立数据库时都需要建立控制文件。

建立控制文件时，要求必须知道数据文件和日志文件的位置和名字。下面是建立控制文件的基本步骤：

(1) 建立控制文件准备。

必须有数据文件(查 DBA_DATA_FILES 数据字典)、日志文件(查 V＄LOGFILE 数据字典)的详细列表。下面是创建控制文件的命令：

CREATE CONTROLFILE REUSE DATABASE "ORCL" NORESETLOGS NOARCHIVELOG
  MAXLOGFILES 16
  MAXLOGMEMBERS 3
  MAXDATAFILES 1024
  MAXINSTANCES 8
  MAXLOGHISTORY 292
LOGFILE
  GROUP 1 'H:\LNTU_BPHOT\ORADATA\ORCL\REDO01.LOG' SIZE 50M BLOCKSIZE 512,
  GROUP 2 'H:\LNTU_BPHOT\ORADATA\ORCL\REDO02.LOG' SIZE 50M BLOCKSIZE 512,
  GROUP 3 'H:\LNTU_BPHOT\ORADATA\ORCL\REDO03.LOG' SIZE 50M BLOCKSIZE 512

――STANDBY LOGFILE
DATAFILE
　'H:\LNTU_BPHOT\ORADATA\ORCL\SYSTEM01.DBF',
　'H:\LNTU_BPHOT\ORADATA\ORCL\PDBSEED\SYSTEM01.DBF',
　'H:\LNTU_BPHOT\ORADATA\ORCL\SYSAUX01.DBF',
　'H:\LNTU_BPHOT\ORADATA\ORCL\PDBSEED\SYSAUX01.DBF',
　'H:\LNTU_BPHOT\ORADATA\ORCL\UNDOTBS01.DBF',
　'H:\LNTU_BPHOT\ORADATA\ORCL\USERS01.DBF',
　'H:\LNTU_BPHOT\ORADATA\ORCL\PDBORCL\SYSTEM01.DBF',
　'H:\LNTU_BPHOT\ORADATA\ORCL\PDBORCL\SYSAUX01.DBF',
　'H:\LNTU_BPHOT\ORADATA\ORCL\PDBORCL\SAMPLE_SCHEMA_USERS01.DBF',
　'H:\LNTU_BPHOT\ORADATA\ORCL\PDBORCL\EXAMPLE01.DBF',
　'H:\LNTU_BPHOT\ORADATA\ORCL\BP_HOT\SYSTEM01.DBF',
　'H:\LNTU_BPHOT\ORADATA\ORCL\BP_HOT\SYSAUX01.DBF'
CHARACTER SET ZHS16GBK
;

在例子中,参数选件与 CREATE DATABASE 类似。NORESETLOGS 指定联机的日志文件不要重新设置。

(2) 关闭数据库。

(3) 用 NOMOUNT 选件启动数据库,记住,安装数据库,Oracle 需要打开控制文件。

(4) 用类似上面的命令建立新的控制文件,并在 INITsid.ORA 参数文件中指定。

(5) 使用 ALTER DATABASE OPEN 命令打开数据库。

(6) 关闭数据库并备份数据库。

【提示】　如果你的数据库正常,则可以用控制文件追踪命令来产生一个 CREATE CONTROLFILE 的命令。该命令运行后被控制文件的有关代码写到跟踪文件中。

控制文件追踪命令有 2 种,形式如下:

(1) alter database backup controlfile to trace as ＜文件名＞;

(2) alter database backup controlfile to trace;

其中,命令行形式(1)指定了追踪文件及其位置,命令行形式(2)没有指定追踪文件,需手工查找追踪文件。

建立好控制文件后,就要确定如何来补救被丢失的数据文件,可以从 V$DATAFILE 视图来查到丢失的数据文件,这些数据文件的名字为 MISSINGnnnn。如果建立的控制文件带有 RESETLOGS 选件,则丢失的数据文件就不能加回数据库中。如果建立的控制文件带有 NORESETLOGS 选件,则丢失的数据文件可以由数据库的介质恢复被加回数据库中。

当数据库启动后可以用下面命令进行备份:

ALTER DATABASE BACKUP CONTROLFILE TO '＜filename＞' REUSE;

Oracle 公司建议无论是否改变数据库结构,或加数据文件,或重新命名文件,或删除重做日志文件,都要进行备份。

Oracle 数据库管理与应用

4.4 给控制文件的增长留出空间

数据库控制文件用来存储大量的数据库信息。比如，使用 Recovery Mananger，控制文件可存储与备份历史有关的信息。在配置控制文件时，要确保在操作系统级上有足够的空间供控制文件的增长使用。保存在控制文件中的 Recovery Manager(RMAN)的历史记录数量可以通过调整初始化参数 CONTROL_FILE_RECORD_KEEP_TIME 来控制，该参数指定 RMAN 数据在覆盖前存储在控制文件中的天数。该参数的缺省值是 7 天。

4.5 查询控制文件信息

可以从视图 V＄CONTROLFILE 中查到控制文件的信息，status 字段表示控制文件的状态，一般总是为空。如：

SQL> select * from v＄controlfile；
STATUS   NAME

H:\LNTU_BPHOT\ORADATA\ORCL\CONTROL01.CTL

H:\LNTU_BPHOT\ORADATA\ORCL\CONTROL02.CTL

从以上命令执行结果看，Oracle12c 的默认控制文件为 2 个，且存储在用户指定的路径位置上。

另外 V＄CONTROLFILE_RECORD_SECTION 视图存储控制文件所记录的信息。它的结构如下：

SQL> desc V＄CONTROLFILE_RECORD_SECTION

名称	空？	类型
TYPE		VARCHAR2(17)
RECORD_SIZE		NUMBER
RECORDS_TOTAL		NUMBER
RECORDS_USED		NUMBER
FIRST_INDEX		NUMBER
LAST_INDEX		NUMBER
LAST_RECID		NUMBER

TYPE VARCHAR2(17)标识记录类型，可以是：DATABASE, CKPT PROGRESS, REDO, THREAD, REDO LOG, DATAFILE, FILENAME, TABLESPACE, LOG HISTORY, OFFLINE RANGE, ARCHIVED LOG, BACKUP SET, BACKUP PIECE, BACKUP DATAFILE, BACKUP REDOLOG, DATAFILE COPY, BACKUP CORRUPTION, COPY CORRUPTION, DELETED OBJECT, 或 PROXY COPY

RECORD_SIZE   NUMBER   记录字节大小
RECORDS_TOTAL   NUMBER   段的记录数

RECORDS_USED	NUMBER	段中已使用的记录数
FIRST_INDEX	NUMBER	第一个记录索引位置
LAST_INDEX	NUMBER	最后一个记录索引位置
LAST_RECID	NUMBER	最后一个记录 ID 号

Oracle 系统中的数据字典是一套互相有着密切联系的一组内部表和视图。控制文件视图也是被多个其他的视图所引用(读)。表 4-1 是从控制文件中读信息的数据字典。

表 4-1　　　　　　　　　　　描述控制文件的数据字典

视图名	说　明
V＄ARACHIVED_LOG	归档日志信息,如大小、SCN 及时间邮戳等
V＄BACKUP_DATAFILE	使用 RMAN 备份数据文件所产生的信息,包含文件名、邮戳等
V＄BACKUP_PIECE	使用 RMAN 备份所产生的备份信息
V＄BACKUP_REDOLOG	使用 RMAN 备份归档文件所产生的信息
V＄BACKUP_SET	使用 RMAN 成功备份的有关信息
V＄DATABASE	数据库信息,如名字、建立时间、归档模式、SCN、日志序列号等
V＄DATAFILE	有关数据库的数据信息
V＄DATAFILE_COPY	使用 RMAN 备份或热备份时的数据文件拷贝
V＄DATAFILE_HEADER	数据文件头信息,从控制文件中得到的文件名及状态等
V＄LOG	联机的日志文件信息
V＄LOGFILE	联机的日志文件组或文件信息
V＄THREAD	有关每个实例的日志文件信息

第 5 章
日志文件管理

日志文件用于记录数据库改变的信息。在 SGA 区中重做日志缓冲区的数据由 LGWR 进程写入日志文件中。一般在数据库建立后，至少有两个或三个日志文件。正常下有三个日志文件都在工作。工作的顺序是：LGWR 首先将数据写到第一个，当第一个写满后接着写第二个，第二个写满后，开始写第三个。当第三个写满后，重新开始写第一个。

日志文件可以在建立数据库时建立。如：
CREATE DATABASE "MYDB01"
LOGFILE '/ora02/oradata/mydb01/redo01.log' size 10m,
        '/ora03/oradata/mydb01/redo02.log' size 10m;

5.1 日志切换

5.1.1 LGWR 进程

LGWR 进程在同一时间只能将数据写到一个日志文件组里。这些文件作为当前日志文件是活动的。当日志文件以环形方式被写时，并且 Oracle 写完一个就开始下一个写时，这时切换就发生了。当一个当前的日志完全填满且下一个必须写时，日志切换总是必须出现。

其实，Oracle 提供了 Alter system switch logfile，可以实现强行的日志切换。当切换发生时，Oracle 在写到新的日志文件前先分配一个新的序列号给日志文件。这个序列号叫日志序列号。如果有许多改变或很多事务时，切换就会过度频繁发生。依据日志文件大小进行排列可避免切换的过度发生。只要一个日志切换一发生，Oracle 就写到警告日志文件中。

5.1.2 检测点(checkpoint)

Oracle 为了在出现故障后能退回去重演原来的信息，就需要一个开始点。在这个开始点时刻，数据和事务是已知的。这样的开始点就叫检测点。

在 Oracle 里，只要检查点一到(出现)，Oracle 就强行将当前的 SGA 中 redo 区改动过的块写入重做日志文件中。这个步骤完成后，在重做日志文件中放入一个特殊的检测点标志记录。如果在下一个检测点完成前出现失败，恢复操作进程就会在日志文件和数据文件前一个检测点同步(改回去)。检测点检查完成后，对数据块的任何改动都记录在其检测点标志后写入重做日志项中。因此，恢复也就只能从最近的检测点标志记录开始。

Oracle 在 INITsid.ORA 文件中给出 LOG_CHECKPOINT_INTERVAL 参数可以设置检测点的数目。比如日志文件大小为 1 000 块,而设置检查点间隔 LOG_CHECKPOINT_INTERVAL 为 250,则文件写达到 1/4、2/4、3/4 及 4/4 时产生检测点(250 块、500 块、750 块和 1 000 块处)。

可用下面命令来查日志文件大小:
SQL> select group#,bytes from v$log;

GROUP#	BYTES
1	52428800
2	52428800
3	52428800

用 show parameter log_checkpoint_interval 来查看日志检查点数目,如:
SQL> show parameter log_checkpoint_interval

NAME	TYPE	VALUE
log_checkpoint_interval	integer	10000

5.2 建立多个日志文件

可以在 Oracle 内建立多个组,每个组包括一个或多个日志文件(每个日志文件由 Oracle 给出一个组编号)。组内的日志文件由 Oracle 维护以保证组内包含相同的重做项信息。这样可以避免当一个重做日志文件损坏时就无法重做的危险。

在 Oracle 安装完成后,系统至少建立了两个重做日志组。每个组包括两个成员(即日志文件)。为了使数据库系统能高效运行,一般可以再建立另外的组。这些组建议每个组只包含两个日志文件,不要包括三个。因为每个组日志文件太多会影响系统性能。

(1) 建立组内单个日志文件的语法:
　　ALTER DATABASE [database_name]
　　ADD LOGFILE [GROUP [group_number]]
　　Filename [SIZE size_integer[K | M]] [REUSE]

(2) 建立组内多个日志文件的语法:
　　ALTERDATABASE [database_name]
　　ADD LOGFILE [GROUP [group_number]]
　　(filename ,filename[,...])
　　　[SIZE size_integer[K | M]] [REUSE]

建立的组包括多个成员(日志文件)时,每个成员的大小要求要一样。如果用 REUSE 时,表示日志文件要已经存在才行。如果不存在,则先建立日志文件并加到组中。最后才能用 REUSE。

例 5-1
ALTER DATABASE ADD LOGFILE

'D:\orant\database\log01.log' size 100k;
ALTER DATABASE ADD LOGFILE GROUP 6
(E:\DATABASE\log6a.log,F:\DATABASE\log6b.log) size 10m;
ALTER DATABASE ADD LOGFILE GROUP 5
(E:\DATABASE\log5a.log,F:\DATABASE\log5b.log)REUSE;

例 5-2 建立一个新组 3,组内有两个成员：
ALTER DATABASE ADD LOGFILE
　　GROUP　3('/ora02/oradata/mydb01/redo0301.log',
　　　　　　'/ora03/oradata/mydb01/redo0402.log') size 10m;

例 5-3 建立一个新组,如果省去 GROUP 3,Oracle 就自动分配一新的有效的组号：
　　ALTER DATABASE ADD LOGFILE
('/ora02/oradata/mydb01/redo0301.log',
'/ora03/oradata/mydb01/redo0402.log') size 10m;
ALTER DATABASE ADD LOGFILE
　　　　　('D:\ORACLE\ORADATA\ORA816\REDO41.log',
　　　　　　'D:\ORACLE\ORADATA\ORA816\REDO42.log') size 1m;

例 5-4 在一个组内加新成员,不用给出大小,系统自动按照组内的大小分配：
ALTER DATABASE ADD LOGFILE　MEMBER
　　　　　　'/ora04/oradata/mydb01/redo0403.log'　TO　GROUP 2;

5.3　重新命名日志成员名字

如果将一个日志成员从一个硬盘移到另一个硬盘,就需要重新命名日志成员名字。步骤如下：
① 关闭数据库,并进行完全备份；
② 使用操作系统命令拷贝原来的日志文件到新的地方；
③ 用 startup mount 启动数据库；
④ 用 ALTER DATABASE RENAME FILE '＜old_redo_file_name＞' TO '＜new_redo_file_name＞';
⑤ 用 ALTER DATABASE OPEN 打开数据库；
⑥ 备份控制文件。

5.4　删除重做日志文件

(1) 删除日志组成员

以下情况可能需要删除重做日志文件,如日志文件个数太多(超出需要)；日志文件的大小不一致等。这样的情况可以删除日志组成员。

(2) 删除日志组成员的条件

当日志组损坏时,就删除日志组,但必须满足如下条件：

- 删除一个日志组后，系统中至少还有两个其他的日志组；
- 被删除的日志组必须是不需要存档的；
- 不是正在使用的日志组。

删除日志文件的语法：

  ALTER DATABASE database_name

  DROP LOGFILE

  GROUP group_number | file_name | (file_name,file_name(,...))

删除日志成员的语法：

  ALTER DATABASE database_name

  DROP LOGFILE MEMBER file_name；

（3）联机重做日志的紧急替换

当一个重做日志组偶而被损坏使数据库不能继续使用时，不能直接删除它们，而是要用一个干净的文件或一组成员去替代这个损坏的日志组。联机重做日志的紧急替换命令语法如下：

  ALTER DATABASE database_name

     CLEAR[UNARCHIVED] LOGFILE group_identifier

      [UNRECOVERABLE DATAFILE]

如果该文件正在等待存档(归档模式)，就需要 UNARCHIVED。

如果需要脱机恢复一个数据文件，就用 UNRECOVERABLE DATAFILE。

（4）了解重做日志的当前状态

  V＄LOGFILE

  V＄LOG

  V＄THREAD

  V＄LOG_HISTORY

示例：

删除一个组 3：

  ALTER DATABASE DROP LOGFILE GROUP 3；

删除一个成员：

  ALTER DATABASE DROP LOGFILE MEMBER

′/orant/oradata/mydb02/redo02.log′；

第 6 章
表空间与数据文件管理

在许多地方都提到表空间的管理,但是还没有人从完整的角度来阐述表空间与数据文件的管理,所以这里给出表空间和数据文件管理的简要描述。

6.1 表空间与数据文件

Oracle 包含的有多个逻辑存储空间叫表空间,表空间存放数据库的所有数据,一般默认的表空间类型主要有 system、users、sysaux、undotbs、temp 表空间等。

如:
SQL>select tablespace_name,file_name,bytes from dba_data_files;

TABLESPACE	FILE_NAME	BYTES
SYSTEM	H:\LNTU_BPHOT\ORADATA\ORCL\SYSTEM01.DBF	849346560
SYSAUX	H:\LNTU_BPHOT\ORADATA\ORCL\SYSAUX01.DBF	1048576000
UNDOTBS1	H:\LNTU_BPHOT\ORADATA \ORCL\UNDOTBS01.DBF	676331520
USERS	H:\LNTU_BPHOT\ORADATA\ORCL\USERS01.DBF	5242880

一个 Oracle 表空间包含的一个或多个文件叫数据文件或 Oracle 数据库文件。这些文件是操作系统能看见,但只有 Oracle 系统能读写的文件。

一个数据库的数据共同存储在数据文件里,数据文件建立在数据库的表空间里,另外,读者还要注意以下的关联关系:
- Oracle 块(数据库块)是 Oracle 系统可以在磁盘间移动的单位;
- Oracle12c 之后的 Oracle 块可以从 2 KB 到 64 KB 字节;
- 单个块不能存放整个表,因而将块组合成段(segment)来存储表中的数据;
- 一个段包含一个(或构成 cluster 的表)表的多个行;
- 索引段包含有序的索引项数据;
- Oracle 可以有很大的段,很大的段不可能放在一组相邻的 Oracle 块里。

6.2 创建表空间

需要有 CREATE TABLESPACE 或 CREATE ANY TABLESPACE,ALTER TA-

BLESPACE 的权限才能创建表空间。

6.2.1 两种类型的表空间

Oracle9i 以前版本的所有表空间都是字典管理类(dictionary-managed)表空间,其特点是利用 SQL 字典跟踪磁盘的使用情况;

在 Oracle920 以后的版本中,默认系统表空间是 local 管理,因此不能在数据库中建立数据字典管理的表空间,如果想要建立数据字典管理的表空间,必须在建立数据库时,将系统表空间改为数据字典管理才可以。

6.2.2 创建表空间语法

创建表空间的 CREATE TABLESPACE 命令语法如下:

CREATE TABLESPACE tablespace_name
DATAFILE ′/path/filename′ SIZE integer [K|M] REUSE
[′/path/filename′ SIZE integer [K|M] REUSE]
[AUTOEXEND [OFF | ON NEXT integer [K | M]] [MAXSIZE [UNLIMITED | integer [K | M]]]]
[MINIMUM EXTENT integer [K | M]]
[DEFAULT STORAGE storage]
[ONLINE | OFFLINE]
[LOGGING | NOLOGGING]
[PERMANENT | TEMPORARY]
[EXTENT MAANGEMENT
[DICTIONARY | LOCAL [AUTOALLOCATE | UNIFORM SIZE integer [K | M]]]
]

说明:

tablespace:要创建的表空间名字;

/path/filename:一个多个数据文件路径与名字;当使用 size 和 reuse 时,表示若该文件存在,则清除该文件再重新建立该文件,若该文件不存在,则建立该文件。

AUTOEXEND [OFF | ON...:设为自动扩展或非自动扩展。

MAXSIZE [UNLIMITED | integer [K | M]]:当 AUTOEXTEND 为 ON 自动扩展时,允许的最大长度。

MINIMUM EXTENT:指定最小的长度,缺省则由操作系统和数据库块确定。

[DEFAULT STORAGE storage]:指定以后要创建的表、索引及簇的存储参数值。值得注意的是,这些参数将影响以后表等的存储参数值。

[PERMANENT | TEMPORARY]:创建的表空间为永久或临时表空间。缺省为永久表空间。

[LOGGING | NOLOGGING]:指定日志属性,它可使将来的表、索引等是否需要进行日志处理。缺省为要日志。

【注意】 只有以下情况才支持 NOLOGGING:

① SQL*LOAD 的直接数据加载;

② CREATE TABLE...AS SELECT,CREATE INDEX,ALTER INDEX...REBUILD,ALTER INDEX...REBUILD PARTITION,ALTER INDEX...SPLIT PARTITION,ALTER TABLE...SPLIT PARTITION,及 ALTER TABLE...MOVE PARTITION

注意,如果设置为 NOLOGGING 模式,则不能进行恢复处理,因为所有的处理都不会写到日志文件中。

[PERMANENT | TEMPORARY]:是说明表空间是永久的或是临时的。

DICTIONARY:是指定表空间为字典管理表空间,缺省为 DICTIONARY。

LOCAL:是指定表空间为本地管理表空间。

AUTOALLOCATE:是指定有系统自动管理。此时不能指定大小。

UNIFORM:是指定表空间的扩展按照等同大小进行。缺省为 1MB。

[DEFAULT STORAGE storage]:是存储参数,它的值可以表达如下:

STORAGE(
   INITIAL integer [K | M]
   NEXT integer [K | M]
   MINEXTENTS integer
   MAXEXTENTS integer[UNLIMITED]
   PCTINCREASE integer
   FREELISTS integer
   FREELIST GROUPS integer
   OPTIMAL [integer [K | M] | NULL]
   BUFFER POOL [KEEP | RECYCLE | DEFAULT]
)

INITIAL:整数,开始分配的字节数,缺省为 5 块,块大小依 OS,可以 K、M 表示单位,系统自动确定舍入到一个整数单位。

NEXT:整数,下一次分配的字节数,可以 K、M 表示单位。

PCTINCREASE:第二次之后每次增长的百分比,缺省为 50,意思是比上一次扩展多 50%。如果为 0,意思是第二次以后的分配与第一次相同大小,最大依 OS 而定。回滚段不能指定此参数值,其值总是 0。

MINEXTENTS:整数,即使在空间不连续情况下,用户可以指定的分配数。

MAXEXTENTS:整数,包括第一次在内的最大扩展数。

OPTIMAL:最优分配,即为回滚段指定一个最优大小,表空间不需指定此参数。

FREELIST GROUPS:在并行服务器中指定表或分类、索引组的自由列表数目。缺省为 1。

每个自由列表组使用一个数据库块,因此有:

① 如果指定的 INITIAL 参数不够大,则 Oracle 就加大 INITIAL 值。

② 如果在一个本地管理类表空间里创建一个对象并且根据该组自由列数来进行分配,如果不够分配时就失败。

FREELISTS:在并行服务器中指定表、簇、索引的自由列表数。

与表空间不同,表、分区、簇及索引需要指定自由列表数。缺省值和最小值为1,意思是每个自由列表组包含一个自由列表。

如果 pctincrease 不为 0,则:

NEXT=SIZE of(previous_extent)x(1+PCTINCRASE/100)。

6.2.3 创建字典管理表空间

传统的表空间就是字典管理表空间。在 Oracle 数据字典中更新有关的表(无论分配一个扩展或为了重使用而释放扩展)时,它都利用数据字典来管理表空间的扩展。Oracle 也在表空间的回滚段里存储回滚信息。因为数据字典表和回滚段都是数据库的一部分。所以数据字典表和回滚段(即表空间)所占据的空间隶属于相同的空间管理。

Oracle12c 版本里,字典表空间的创建方法与以前的版本一样。

例 6-1 创建一般的字典管理类表空间。

CREATE TABLESPACE ts1 DATAFILE'/oradata/ts1_01.dbf' SIZE 50M
　　EXTENT MANAGEMENT DICTIONARY
　　　DEFAULT STORAGE (INITIAL 50K NEXT 50K MINEXTENTS 2 MAXEXTENTS 50

PCTINCREASE 0);

例 6-2 创建一般的字典管理类表空间并使该表空间处于 ONLINE。

CREATE TABLESPACE ts2

DATAFILE'/oradata/ts2_01.dbf' SIZE 50M

EXTENT MANAGEMENT DICTIONARY

DEFAULT STORAGE (INITIAL 10K NEXT 50K MINEXTENTS 2 MAXEXTENTS 999)

ONLINE;

例 6-3 创建一个能自动扩展的字典管理类表空间。

CREATE TABLESPACE ts3

DATAFILE'/oradata/ts3_01.dbf' SIZE 50M

AUTOEXTEND ON NEXT 500K MAXSIZE 10M

EXTENT MANAGEMENT DICTIONARY;

例 6-4 创建带最小扩展的字典管理类表空间。

CREATE TABLESPACEtbs4

DATAFILE'/oradata/ts4_01.dbf' SIZE 50M

MINIMUM EXTENT 64K

DEFAULT STORAGE (INITIAL 128K NEXT 128K)

EXTENT MANAGEMENT DICTIONARY

LOGGING;

6.2.4 创建本地管理表空间

本地表空间与字典表空间不一样,它是使用位图来对表空间所对应的数据文件的自由空间和块的使用状态进行跟踪。位图中的每一个位(bit)对应一个块或一组块。当分配一个扩展或释放一个扩展时,Oracle 就改变该位图的值来指示该块的状态。这些位图值的改变

不产生回滚信息,因为它们不去更新数据字典的任何表。本地管理表空间有以下优点:

① 不需指定 DEFAULT STORAGE 与 MINIMUM EXTENT 或 TEMPORARY 选项。

② 消除对于数据字典表的递归 SQL 操作。

③ 减少对数据字典表的争用。

④ 不需要定期合并空闲空间。

⑤ 对于位图区的改变不会产生回滚信息。

本地管理的自动扩展跟踪邻近的自由空间,消除接合自由空间的麻烦。本地的扩展大小可以有系统自动确定,可以选择所有扩展有同样的大小。EXTENT MANAGEMENT LOCAL 子句指定创建可变的表空间。

可以在 CREATE TABLESPACE 语句中使用 EXTENT MANAGEMENT LOCAL 来建立永久表空间。

可以在 CREATE TEMPORARY TABLESPACE 语句中使用 EXTENT MANAGEMENT LOCAL 来建立临时表空间。

例 6-5 假设数据库块为 2 K,则本地管理类表空间建立命令如下。

CREATE TABLESPACE tbs_1 DATAFILE'file_1.dbf' SIZE 10M
EXTENT MANAGEMENT LOCAL UNIFORM SIZE 128K;

每个扩展都是 128 K,并且位图中的每个位描述 16 块(因为 128 k/1 块 = 128 k/8 k)。

例 6-6 创建本地管理类表空间。

CREATE TABLESPACE tbs_2 DATAFILE'/u02/Oracle/oradata/tbs02.dbf' SIZE 10M EXTENT MANAGEMENT LOCAL AUTOALLOCATE;

【注意】

一般的应用系统建议不要创建为 AUTOALLOCATE 或 UNIFORM SIZE;

如果表空间将来要存储的对象类型不同,需要的空间也不同,则可以不防采用 AUTOALLOCATE;

如果对所要存放的对象的容量比较清楚,比如记录的长度固定等,则可以采用 UNIFORM SIZE 来指定明确的大小。

6.2.5 创建临时表空间

临时表空间是 Oracle 系统用于排序的磁盘空间,一般是在排序时使用,使用完毕后可以释放的空间。排序语句如下:

  ORDER BY
  GROUP BY
  SELECT DISTINCT
  UNION
  INTERSECT
  MINUS
  ANALYZE
  CREATE INDEX

Oracle 要求用 CREATE TEMPORARY TABLESPACE 命令来创建本地临时表空

第 6 章 表空间与数据文件管理

间。它的语法与 CREATE TABLESPACE 一样。一般只要用户具有 CREATE TABLESPACE 权限即可进行本地临时表空间的创建。

例 6-7 创建一个每个扩展都是 16M 的本地临时表空间：
CREATE TEMPORARY TABLESPACE tbs_1 TEMPFILE′file_1.dbf′
EXTENT MANAGEMENT LOCAL UNIFORM SIZE 16M；

如果数据库块大小是 2 K，则位图中的每个位（bit）可表示一个扩展，每个位可以映射为 8 000 块。

例 6-8 创建一个本地临时表空间，如果对应的数据文件存在，则重新建立该数据文件。
CREATE TEMPORARY TABLESPACE imtemp TEMPFILE
′/u02/Oracle/oradata/sort1.dbf′ SIZE 20M REUSE
EXTENT MANAGEMENT LOCAL UNIFORM SIZE 16M；

本地管理临时表空间，它只允许用 ALTER TABLESPACE 来对该表空间追加新的临时数据文件，别的操作是不允许的。如：

例 6-9 追加新的临时文件到已存在的临时表空间中。
ALTER TABLESPACE imtemp ADD TEMPFILE
′/u02/Oracle/oradata/sort2.dbf′ SIZE 30M REUSE

注意：在改变表空间的类型时，需要注意下面的限制：
• 不允许用 ALTER TABLESPACE 带 TEMPORARY 来改变本地管理的永久表空间为临时表空间；
• 可以直接用 CREATE TEMPORARY TABLESPACE 来创建本地临时表空间。

例 6-10 临时表空间脱机或联机。
ALTER DATABASE TEMPFILE′/u02/Oracle/oradata/sort2.dbf′ OFFLINE；
ALTER DATABASE TEMPFILE′/u02/Oracle/oradata/sort2.dbf′ ONLINE；

例 6-11 调整临时表空间对应的临时文件的大小。
ALTER DATABASE TEMPFILE′/u02/Oracle/oradata/sort2.dbf′ RESIZE 5M；

例 6-12 删除一个临时文件。
ALTER DATABASE TEMPFILE′/u02/Oracle/oradata/sort2.dbf′ DROP；

6.3 表空间日常管理

表空间创建完成后，管理员还要对系统中的各个表空间进行管理，以保证系统正常运行，本节介绍表空间的日常管理。

6.3.1 管理 SYSTEM 表空间

当 Oracle 数据库系统安装完成后，SYSTEM 表空间就处于以下状态：
• Oracle 安装完成后，自动建立 SYSTEM 表空间；
• 当数据库实例启动后，在 SYSTEM 中处于 ONLINE 状态；
• SYSTEM 表空间包含数据库系统的数据字典表；
• 所有的 PL/SQL 程序部件（存储过程、函数、包及触发器）驻留在 SYSTEM 表空间里。

虽然安装完成后 SYSTEM 表空间处于正常状态,但并不是不需要管理系统就能运行得很好。其实,当系统安装完成后,管理员应该对 SYSTEM 表空间的存储参数进行调整,比如调整 NEXT 值,如:

SQL> col segment_name for a20

SQL> col bytes for 999,999,999

SQL> col next_extent for 99,999,999

SQL> col initial_extent for 99,999,999

SQL> select segment_name,initial_extent,next_extent

  2 from dba_segments where segment_type='ROLLBACK';

SEGMENT_NAME	INITIAL_EXTENT	NEXT_EXTENT
SYSTEM	57,344	57,344
RBS0	524,288	524,288
RBS1	524,288	524,288
RBS2	524,288	524,288
RBS3	524,288	524,288
RBS4	524,288	524,288
RBS5	524,288	524,288
RBS6	524,288	524,288

已选择 8 行。

SQL> alter tablespace system default storage(next 1m pctincrease 0);

表空间已更改。

6.3.2 使用多个表空间

一个很小的数据库可以只需要有 SYSTEM 表空间,但 Oracle 公司建议至少建立一个附加的表空间来存放用户数据,以便与系统数据字典分开,达到减少冲突等目的。

使用多个表空间可以达到:

- 控制数据库数据的磁盘空间分配;
- 分配空间限额给用户;
- 通过采用独立表空间的 ONLINE 或 OFFLINE 来控制数据的可用性;
- 执行局部数据库备份与恢复;
- 将用户的数据从系统表空间中分裂出来,以减少与 Oracle 系统的争用。
- 在不同磁盘上存储表空间的数据文件,以减少 I/O 争用。
- 为专门的用途建立专门的表空间,比如用频繁的大量更新或作临时表空间。
- 备份个别重要的表空间。

6.3.3 修改表空间的存储参数

由于 Oracle 支持两种类型的表空间,读者有点搞不清的是:是否两类型的存储参数都可以修改呢? 从创建的命令来看,字典管理类表空间使用了 DEFAULT STORAGE 子句来说明存储参数,所以,只有字典管理类表空间才能修改存储参数。

SQL> select tablespace_name,initial_extent,next_extent,min_extents,max_extents, pct_increase   from dba_tablespaces;

TABLESPACE_NAME	INITIAL_EXTENT	NEXT_EXTENT	MIN_EXTENTS	MAX_EXTENTS	PCT_INCREASE
SYSTEM	65536		1	2147483645	
SYSAUX	65536		1	2147483645	
UNDOTBS1	65536		1	2147483645	
TEMP	1048576	1048576	1		0
USERS	65536		1	2147483645	

下面创建一个新的本地表空间。

SQL> create tablespace user_data datafile
  2 'D:\ORACLE\ORADATA\data01.dbf' size 5m
  3 extent management local autoallocate;

表空间已创建。

所创建的表空间 user_data 已经成功完成。接着再查询一下有关表空间的信息：

SQL> select tablespace_name,initial_extent,next_extent, min_extents,max_extents,pct_increase from dba_tablespaces;

TABLESPACE_NAME	INITIAL_EXTENT	NEXT_EXTENT	MIN_EXTENTS	MAX_EXTENTS	PCT_INCREASE
SYSTEM	65536		1	2147483645	
SYSAUX	65536		1	2147483645	
UNDOTBS1	65536		1	2147483645	
TEMP	1048576	1048576	1		0
USERS	65536		1	2147483645	
USER_DATA	65536		1	2147483645	

已选择 6 行。

上面结果显示,刚创建成功的表空间的 next 和 pct_increase 没有分配参数。我们试图对本地表空间进行存储参数的修改,看系统怎样提示错误：

SQL> alter tablespace user_data default storage(initial 128k next 64k pctincrease 0);
alter tablespace user_data default storage(initial 128k next 64k pctincrease 0) *
ERROR 位于第 1 行：
ORA-25143:缺省存储子句与分配策略不兼容

果然,系统提示不能修改存储参数。再看下面例子,如果 users 表空间创建为字典管理类表空间,则可以修改其存储参数。

SQL> alter tablespace users default storage(initial 128k next 64k pctincrease 0)
表空间已更改。

6.3.4 使表空间脱机/联机

有时希望将表空间设置为脱机的状态。比如：
- 为了特殊的要求希望使某个表空间的数据变为不可用；
- 对某个表空间的数据进行备份；
- 维护数据时暂时使表空间变为脱机。

在用 ALTER TABLESPACE 指定表空间为脱机时，可以在该命令后加下面的选项：
- NORMAL：在表空间所对应的数据文件都正常下，可以用 normal 正常地脱机。如果不正常，则不能用 normal。
- TEMPORARY：暂时使表空间脱机，如果被脱机的表空间的数据文件存在错误时，Oracle 在使其脱机时也为数据文件建立检查点。由于写入错误而使其脱机，则在联机时需要进行恢复操作。不能正常脱机时可用临时脱机。
- IMMEDIATE：立即脱机，不建立检查点。在 NOARCHIVELOG 模式下不能用立即脱机。
- FOR RECOVER：采用时间点恢复而使表空间脱机。

例 6-13 使 USERS 表空间正常脱机。

    ALTER TABLESPACE users OFFLINE NORMAL；

当我们处理完成应该做的事情后，比如备份处理完毕，则可以使该表空间成为联机。如：

    ALTER TABLESPACE users ONLINE；

6.3.5 只读表空间

设置表空间为只读方式，确保表空间处于只读而不能写入，从而保证表空间数据的完整。在进行数据库的备份与恢复操作、历史数据的完整性保护等情况下，可用到只读表空间。虽然将某个表空间设置为只读，但该表空间除了表以外某些对象是可以删除的，比如索引和目录仍可以被删除。

设置表空间为只读，需要满足下列条件：
① 表空间必须为 ONLINE；
② 该表空间不能包含任何回滚段；
③ 在归档模式中或在数据发行中，不能设置表空间为只读。

我们可以用 ALTER TABLESPACE...READ ONLY 语句来实现将某个表空间设置为只读方式。

我们同样可以用 ALTER TABLESPACE...READ WRITE 来将表空间设置为可读可写。

例 6-14 将 tbs_1 表空间设置为只读方式。

    ALTER TABLESPACE tbs_1 READ ONLY；

例 6-15 将 tbs_2 表空间设置为可读写方式。

    ALTER TABLESPACE tbs_2 READ WRITE；

6.4 查询表空间

为了保证表空间的可用性,除了掌握表空间的创建外,还应该查看 dba_free_space 中表空间的信息,以确保系统正常运行。一般管理员应该关心的内容有:① 表空间共有多少个;② 总共有多少自由空间;③ 最大的自由空间是什么;④ 表空间的碎片有多少。

6.4.1 查询数据文件及自由表空间情况

下面例子是一个经常使用的脚本,可以查出数据文件和表空间的可用情况。

```
clear buffer
clear columns
clear breaks
column a1 heading 'tablespace' format a15
column a2 heading 'data file' format a45
column a3 heading 'total|space' format 999 999.99
column a4 heading 'free|space' format 999 999.99
column a5 heading 'free|perc' format 999 999.99
break on a1 on report
compute sum of a3 on a1
compute sum of a4 on a1
compute sum of a3 on report
compute sum of a4 on report
set linesize 120
select a.tablespace_name a1, a.file_name a2, a.avail a3, nvl(b.free,0) a4,
       nvl(round(((free/avail) * 100),2),0) a5
from (select tablespace_name, substr(file_name,1,45) file_name,
             file_id, round(sum(bytes/(1024 * 1024)),3) avail
      from sys.dba_data_files
      group by tablespace_name, substr(file_name,1,45),
               file_id) a,
     (select tablespace_name, file_id,
             round(sum(bytes/(1024 * 1024)),3) free
      from sys.dba_free_space
      group by tablespace_name, file_id) b
where a.file_id = b.file_id (+)
order by 1, 2
/
```

6.4.2 查询是否存在表的扩展超出表空间可用大小

一般系统使用较长时间后,表空间的连续块被进行多次修改与删除等操作后出现了许多的不连续的块(叫碎片)。这样就有可能出现表的扩展所需要的连续块不能满足的情况。

为了避免这样的情况发生,管理员要经常查询系统的表空间情况。下面是一个查询系统的表空间情况的脚本:

```
col segment_name for a20
select segment_name, segment_type, owner, a.tablespace_name tablespace,
initial_extent, next_extent, pct_increase, b.bytes max_bytes
from dba_segments a,
(select tablespace_name, max(bytes) bytes from dba_free_space
    group by tablespace_name) b
where a.tablespace_name=b.tablespace_name and next_extent > b.bytes;
```

6.4.3 查询表空间自由、最大及碎片

其实表空间的平常管理最关键的问题就是表空间的总量、最大字节、使用多少、碎片多少等。下面脚本可以查询出所有表空间的自由空间、总空间数、已用空间、自由百分比及最大块的字节数。

```
set pau off
col free heading 'free(Mb)' format 99999.9
col total heading 'total(Mb)' format 999999.9
col used heading 'used(Mb)' format 99999.9
col pct_free heading 'pct|free' format 99999.9
col largest heading 'largest(Mb)' format 99999.9
compute sum of total on report
compute sum of free on report
compute sum of used on report
break on report
select substr(a.tablespace_name,1,13) tablespace,
round(sum(a.total1)/1024/1024, 1) Total,
round(sum(a.total1)/1024/1024, 1) - round(sum(a.sum1)/1024/1024, 1) used,
round(sum(a.sum1)/1024/1024, 1) free,
round(sum(a.sum1)/1024/1024, 1) * 100/round(sum(a.total1)/1024/1024, 1) pct_free,
round(sum(a.maxb)/1024/1024, 1) largest,
max(a.cnt) fragment
from
(select tablespace_name, 0 total1, sum(bytes) sum1,
max(bytes) maxb,
count(bytes) cnt
from dba_free_space
group by tablespace_name
union
```

```
select tablespace_name,sum(bytes) total1,0,0,0 from dba_data_files
group by tablespace_name) a
group by a.tablespace_name
/
```

6.4.4 自动合并表空间碎片

当系统出现过多的碎片后会影响系统的运行效率。下面脚本可以对相邻的碎片进行合并。

```
set verify off;
set termout off;
set head off;
spool c:\temp\coalesce.log
select 'alter tablespace '||tablespace_name||' coalesce;'
from dba_free_space_coalesced where percent_extents_coalesced<100
or percent_blocks_coalesced<100;
spool off;
@ c:\temp\coalesce.log
set head on;
set termout on;
set verify on;
prompt tablespaces are coalesced successfully
```

6.4.5 查询临时表空间和段的信息

与一般表空间管理相似,临时表空间需要经常监控,以确保在处理大型事务时有足够的空间。可以用下面命令或用管理工具得到临时段的有关信息。

(1) 整个系统的临时段信息 dba_temp_files

SQL> desc dba_temp_files;

名称	类型	空?
file_name	varchar2(513)	
file_id	number	
tablespace_name	varchar2(30)	not null
bytes	number	
blocks	number	
status	char(9)	
relative_fno	number	
autoextensible	varchar2(3)	
maxbytes	number	
maxblocks	number	
increment_by	number	
user_bytes	number	

```
            user_blocks                      number
```

(2) 查询系统临时段信息

```
SQL>select file_name,tablespace_name, bytes, status from dba_temp_files;
```

另外可以从动态表 v＄tempfile 和 v＄tempstat 来查出临时段的使用等信息。命令如下：

```
SQL> col name for a30;
SQL> select creation_time,status,bytes,name from v＄tempfile;
```

6.4.6 监视数据库的增长

一般的用户都有这样的体会，在应用系统开始运行时，空间被最优地分配，没有明显的碎片，查询时几乎立刻会得到结果。但几年（甚至几个月）后，系统的性能大大降低。这样的情况，每个 DBA 都必须认真地对待。

如果出现这些情况时不立即进行调整，很可能会使数据库失控，下面是用来处理数据库并监控它的增长的技巧。这些文件可以组成完整的数据库跟踪系统。可以经常（最好每天）运行 getstat.sql 程序（在 cd－rom 找）。步骤如下：

① 以 sys 登录到 SQL*Plus。

② 运行下面 SQL 脚本，以建立相应的表和存储过程。

```
create_tables.sql
create_functions.sql
create_views.sql
```

③ 运行 getstat.sql 程序。

跟踪系统中包括的所有信息存储在 spacehist 和 procdates 表中。spacehist 表包括数据库中历史尺寸，而 procdates 表存储每天的统计数据。在运行 getstat.sql 时，可以从 v_spacehist 视图中看到跟踪表所包括的数据。v_spacehist 包括如下字段：

```
sample_date              统计生效日器
instance                 数据库名
owner                    段的拥有者
segment_type             段的类型
segment_name             段的名字
tablespace_name          段所在的表空间
bytes                    分配给段的字节数
extents                  段已扩展的片数（次数）
next_extent              下次要扩展的字节数
```

【说明】 还有许多来自第三方的产品，如 BMC 和 Platinnum 的跟踪控制方案。建议可以用电子表格将 v_spacehist 做成图表，可以直观地看出其走势。

数据库的突然增长可能是由用户的增加或应用程序的改变引起的。当一个数据库建成后，DBA 经常忘记查看系统信息，这是很危险的。因为数据库可能不知不觉地迅速增长。所以希望所有的 DBA 定期收搜统计数据，建议每晚运行 getstat.sql 程序，并且每周看一次成品数据库在 6 个月内的增长图。可用如下语句：

```
select sample_date,sum(bytes)
```

from v_spacehist where sample_date＞（sysdate）－180
group by sample_date；

可以缩小范围来看，下面查看用户在 90 天内的信息增长：

select sample_date，sum(bytes) from v_spacehist
where owner＝'tgaso' and sample_date＞（sysdate －90）
group by sample_date；

6.5　删除表空间

当表空间中所有数据都不再需要时，可以考虑将该表空间删除。一般除了 system 表空间不允许删除外，其他的表空间都可以删除。只要用户具有 drop tablespace 权限即可进行表空间的删除操作。Oracle 提供 drop tablespace 命令来完成对表空间的删除。实际上仅是从数据字典和控制文件中将该表空间的有关信息去掉，并没有真正删除该表空间所对应的数据文件。删除不用的数据文件的工作由 DBA 在操作系统下完成。

【警告】 一旦表空间被删除，则该表空间的数据是不可恢复的。所以建议所有的 DBA 在进行表空间的删除前，最好要进行表空间的备份操作，然后再进行表空间的删除。

不能删除 system 表空间；

不能删除包含有用的对象的表空间。

drop tablespace 命令语法如下：

drop tablespace tablespace [including contents]

［cascade constraints］

including contents

指定删除表空间并同时删除表空间数据。如果不指定 including contents 参数，而该表空间又是非空时，则提示错误。

对于分区的表空间，如果表空间包含有一些数据（不是所有数据），即使指定 including contents 参数，drop tablespace 仍然失败。所以在删除该表空间前，要先用 alter table ... move partition 将该表空间的数据移到其他地方，再用 drop tablespace 命令进行表空间的删除。

如果分区表的所有数据都存在于该表空间中的话，则可以用 drop tablespace ... including contents 删除该表空间。

cascade constraints 为指定要删除当前表空间时也删除外部表空间的表的完整性限制。这主要指包含有主键及唯一索引等的表空间。如果完整性存在而没有指定该参数，则 Oracle 会返回一个错误，并且不会删除该表空间。

例如：用下面语句删除 mfrg 表空间及其所有的内容。

drop tablespace mfrg including contents cascade constraints；

6.6　数据文件管理

Oracle 的所有表空间都与相应的数据文件对应，Oracle 系统的数据文件的管理是一项日常工作。

6.6.1 设置数据文件数目

在安装完毕之后,在 initsid.ora 参数文件中有一个 db_files 参数,用于设置当前实例的数据外文件的个数。如:

db_files = 80

如果在 initsid.ora 文件没有该参数,则可以用下面查询语句从视图中查到。如:

SQL> col name for a20;
SQL> col value for a50;
SQL> set lin 100;
SQL> select name,value from v$parameter where name = 'db_files';

name	value
db_files	1024

如果参数文件受到限制,则只能在创建控制文件时,增大该参数的值。如:

create controlfile ... maxdatafiles;
create controlfile reuse
database orders_2
logfile group 1 ('diskb:log1.log','diskc:log1.log') size 50K,
group 2 ('diskb:log2.log','diskc:log2.log') size 50K
noresetlogs
datafile 'diska:dbone.dat' size 2M
maxlogfiles 5
maxloghistory 100
maxdatafiles 10
maxinstances 2
archivelog
character set f7dec;

6.6.2 在表空间上建立新的数据文件

在创建新的表空间时,都先要估计一下该表空间将来所存放的对象的大小,例如存放客户系统,所有的客户的年信息大约是多少 MB。然后再根据当前各个磁盘的容量情况进行规划,以确定该表空间所对应的文件的个数和每个文件的大小。一般来说,如果表空间比较大,则可建立几个数据文件,如果表空间不大,则只建立一个数据文件即可。一般来说每个数据文件最好在 1 GB 内较为合适。例如要建立的表空间为 1 GB 大小的话,建议建立两个数据文件,每个大小为 500 MB。

例 6-16 建立一个新的表空间,具有两个数据文件。

create tablespace crm_tab
datafile '/u02/Oracle/oradata/crm01.dbf' size 500MB,
'/u02/Oracle/oradata/crm02.dbf' size 500 MB;

例 6-17 对一个已存在的表空间追加新数据文件。

alter tablespace crm_tab

add datafile '/u02/oracle/oradata/crm03.dbf' size 300MB；

6.6.3 变更数据文件大小

在创建表空间时,可以将表空间说明为自动扩展或固定大小。因而管理员的一项工作就是查看系统所有的表空间对应的数据文件情况,看是否为自动扩展。如：

SQL> col tablespace_name for a12；
SQL> col file_name for a48；
SQL> select tablespace_name,file_name,autoextensible ,bytes from dba_data_file；

tablespace_name	file_name	aut	bytes
users	d:\oracle\oradata\ora816\users01.dbf	yes	20971520
drsys	d:\oracle\oradata\ora816\dr01.dbf	yes	20971520
tools	d:\oracle\oradata\ora816\tools01.dbf	yes	10485760
indx	d:\oracle\oradata\ora816\indx01.dbf	yes	20971520
rbs	d:\oracle\oradata\ora816\rbs01.dbf	yes	73400320
temp	d:\oracle\oradata\ora816\temp01.dbf	yes	92405760
system	d:\oracle\oradata\ora816\system01.dbf	yes	246939648
system	d:\oracle\oradata\ora816\system02.dbf	no	10485760
user_data	d:\oracle\oradata\ora816\data01.dbf	no	5242880

已选择 9 行。

(1) 禁止/允许数据文件自动扩展

可用 autoextend on 命令使数据文件在使用当中能根据需求而自动扩展。有三种方法来说明是否为自动扩展：create database,create tablespace,alter tablespace。

例 6-18 在追加新数据文件到某个表空间时说明该数据文件为自动扩展。

alter tablespace users
add datafile '/u02/oracle/oradata/user03.dbf' size 100M
autoextend on next 1 M maxsize 300M；

例 6-19 对已经存在的数据文件设置为非自动扩展。

alter database datafile '/u02/oracle/oradata/user03.dbf' autoextend off；

(2) 用命令方式调整数据文件大小

由于在创建表空间时,说明数据文件的大小一般都是根据用户的要求和经验指定一个估算的大小,这样难免出现分配过大或过小的情况发生。Oracle 提供 alter database 命令加 resize 关键字来对已存在的数据文件的大小进行增大或缩小的修改。

例如：将数据文件 user1.dbf 原来是 50MB,要增大到 100MB。

alter database datafile '/u02/oracle/oradata/user01.dbf' resize 100MB；

【说明】 一般来说,创建表空间时,首先要估计年数据量是多少来确定要建立的表空间的大小。另外要将数据文件说明为固定的非自动扩展的方式,这样可以提高处理速度。

当表空间快被用完后,DBA 都用 alter tablespace xxx add datafile 命令来增加数据文件。但是这样的情况需要 DBA 认真地进行分析。

Oracle 允许数据文件的自动扩展与调整,重新调整数据文件大小的命令如下:

    alter database datafile [datafile_name] resize [new_size];

当发现数据文件过大,可以用上面命令将数据文件调小。

对于设置数据文件的自动扩展问题,可用以下命令来完成:

    alter database datafile [file_spec]

    autoextend on next [increment_size] maxsize [max_size,unlimited];

例如:

    alter database datafile ′/u01/oradata/devl/temp_dev01.dbf′

    autoextend on next 10M maxsize 500M;

6.6.4 改变数据文件的可用性

当数据文件出现故障时,系统使数据文件脱机,这种情况需要用命令使该数据文件联机。可以用 alter database 命令来脱机或联机数据文件。

(1) 使数据文件联机或以 archivelog 模式脱机

在任何时候都可以用 alter database 命令使数据文件联机,如:

    alter database datafile ′/u02/oracle/oradata/user02.dbf′ online;

如果数据库系统是在 arachivelog 模式下运行,使数据文件脱机的语法如下:

    alter database datafile ′/u02/oracle/oradata/user02.dbf′ offline;

如果数据库系统是在 noarachivelog 模式下运行,最好不要使用数据文件。

(2) 使数据文件以 noarchivelog 模式脱机

当数据库在非归档(noarachivelog)模式运行时,要使数据文件变为脱机,用 alter database...offline drop 命令来实现。这样可以确保使数据文件脱机时立即丢掉。如:

    alter database datafile ′/u02/oracle/oradata/users03.dbf′ offline drop;

6.6.5 重新部属和命名数据文件

在应用系统提供使用后,可能需要将某些数据文件移动到另外的磁盘及路径上,同时对所移动的数据文件进行命名。

(1) 命名数据文件

只要具有 alter database 权限,就可以对一个表空间的数据文件进行移动并重新命名。

对一个单独的表空间,要重新部属数据文件,需要进行以下操作:

① 使需要命名的数据文件的表空间为脱机;

② 用操作系统命令更名数据文件;

③ 确认新的数据文件不能与旧的数据文件名相同;

④ 用 alter tablespace ... rename datafile 命令修改数据库字典来完成命名。

例如:要把 users1.dbf 改名为 users01.dbf;将 users2.dbf 改名为 users02.dbf,并且它们的路径不变。

① 先使表空间脱机:

    SQL>alter tablespace users offline normal;

② 用 rm 命令(unix 系统)命名数据文件:

    $ rm /u02/Oracle/oradata/users1.dbf/u02/Oracle/oradata/users01.dbf;

    $ rm /u02/Oracle/oradata/users2.dbf/u02/Oracle/oradata/users02.dbf;

③ 用 alter tablespace 命令命名数据文件：

SQL>alter tablespace users rename datafile ′u02/oracle/oradata/users1.dbf′,′/u02/oracle/oradata/users2.dbf′ to′/u02/oracle/oradata/users01.dbf′,′/u02/oracle/oradata/users02.dbf′;

④ 使表空间联机：

SQL>alter tablespace users offline normal;

（2）在表空间重新部署数据文件

Oracle 允许在一个表空间里将数据文件移动到另外一个磁盘上，并重新命名数据文件，需要进行以下操作：

① 查询要处理的表空间所包含的数据文件路径及文件名；
② 备份该表空间的所有数据文件；
③ 使表空间脱机；
④ 将原来的数据文件拷贝到新的位置（路径）；
⑤ 在 SQL>下用命令命名数据文件；
⑥ 使该表空间联机。

6.6.6 检查数据文件中的数据块

Oracle 提供在初始化参数文件中设置 db_block_checksum=true 参数来使 DBWN 程序对数据文件中的每个块进行检查，即在每个块的块头写入测试信息，当某个块出现故障时，Oracle 就给出 ORA－01578 错误信息。

6.6.7 数据文件数据字典

有关的数据视图有：

dba_data_files

dba_extents

dba_free_space

v$datafile

v$datafile_header

第 7 章
表和索引及簇的定义与管理

用户模式下的表、索引及簇的管理,一般来说是数据库设计人员和数据库管理员的共同任务。这里介绍表、索引及簇的管理。

7.1 应用系统表的管理

应用系统中数据库结构设计是一个很重要的工作,也是整个应用系统的基础。下面从管理角度说明表的日常管理。

7.1.1 设计表结构的考虑因素

许多设计应用系统数据库结构的人员不太注意研究 Oracle 数据库系统关于表、索引及簇的创建命令和参数的具体含义,经常采用缺省参数进行数据库结构的设计,这就导致了应用系统运行性能受到较大的影响。下面给出几点建议,希望引起设计人员的注意。

(1) 在建立表结构前要认真进行分析与设计

主要考虑以下几个方面:

① 规范表的各个字段类型;
② 确定各个字段的取值范围;
③ 确定是否可以节省空间;
④ 相关的各表是否适合建立簇;
⑤ 确定使用数据库块的空间。

(2) 根据应用类型确定块空间的使用

这主要涉及 pctfree 和 pctused 两个参数的设置。主要有以下情况:

① 修改较频繁,且行内容有增大的可能,则参数设置为:pctfree 20,pctused 50;
② 修改行一般不使行内容增大,经常进行 insert 和 delete 操作,则参数设置为:pctfree 5,pctused 70;
③ 数据库表很大,如数据仓库等,并且这些表多为只读,则参数设置为:pctfree 5,pctused 40。

(3) 指定块事务数 initrans 和 maxtrans

一般来说,创建表、索引时这两个参数可以不设置,但在个别特殊的应用系统中需要认真考虑这两个参数的具体值。

initrans 在一个对象的每个数据块中,为指定数目的事务项(transaction entries)预分配的空间(缺省为1)。

maxtrans 限制能够并发进入一个数据块的事务数目,如果当前同时有 maxtrans 个事务在使用一个数据库块,则请求该块信息的下一个事务必须等到正在使用该块的某一事务提交或回滚后才能使用此数据库块。

一般来说,如果有许多应用程序用户需要并发地访问一个小的供查询的表,则应将该表的 initrans,maxtrans 设得高一些,以减少用户在运行时的等待时间。相应地,如果想降低几个用户同时访问同一数据块的可能性,需将 initrans 设小些。

一般 initrans 和 maxtrans 参数的设置原则是:

① 用户数很少,如小型财务系统等,可以将 maxtrans 参数设置得小些;

② 如果并发的用户数很多,如网上订货系统等,可以将 maxtrans 设置得比缺省值(缺省为255)大。

(4) 确定每个表的存储表空间

在创建表时要用 tablespace 来指定表希望存放的表空间,不要使用缺省表空间:

- 不要使用缺省表空间,即建议将表指定到对应的数据表空间;
- 不要在 system 表空间上创建应用系统的表或练习用的表;
- 将相关的各表创建在同一个表空间里;
- 采用表和索引分开存放在不同表空间的方法。

(5) 考虑创建 unrecoverable 表

为了满足某些特殊需要,可以考虑创建不需恢复(unrecoverable)的表。如复制一个已存在的表就可以采用这种方法以减少系统的开销。

例如:参考 emp 表创建一个新的 emp_new 表:

  SQL> create table emp_new as select * from emp unrecoverable;

或

  create table new_emp as select * from scott.emp nologging;

【注意】 虽然上面提到 unrecoverable,但是 Oracle 推荐使用 nologging 或 logging。

(6) 估计和设置表的存储参数

在创建表、索引及簇时,要对存储参数进行认真的考虑(估计):

① 表的年存储数据量的初始值(initial);

② 确定合适的扩展参数值(next),一般以 6 个月为一个基本单位;

③ 表对应的索引的数据量;

④ 表的每次增、删、改所可能产生的回滚段数据量。

7.1.2 理解存储参数(pctfree 与 pctused)

在创建表和簇时,Oracle 为它分配一个或多个段,用于存放对象的初始数据,随着用户不断往对象插入新数据,Oracle 数据需要自动分配额外的段,用于存储一个对象的新数据:

  initial   确定一个对象初始的大小(字节数)

  next   下一次要分配的大小(字节数),与 pctincrease 有关

  minextents 确定在创建时分配多少个段(缺省与创建表空间时所设置的 storage 有关)

  maxextents 分配段的最大数目(与 Oracle 版本和块大小有关)

pctincrease 段的增长因子,它的增长与 minextents、initial 和 next 有关

如果 pctincrease 不为 0,则 next=size of (previous_extent)×(1+pctincrase/100)

如 storage(initial 300K next 200K minextents 1 pctincrease 50),则有:

第一个段分配:300 K;

第二个段分配:200 K+(300 K)×0.5=350 K;

第三个段分配:200 K+(350 K)×0.5=375 K。

pctfree 块中留出自由空间的百分比,如 pctfree 10 表示向表插入数据记录时只能占到数据块空间的 90%。

pctused 能控制自由空间的可用性。

图 7-1 是关于 pctfree 和 pctused 的工作流程示意图。

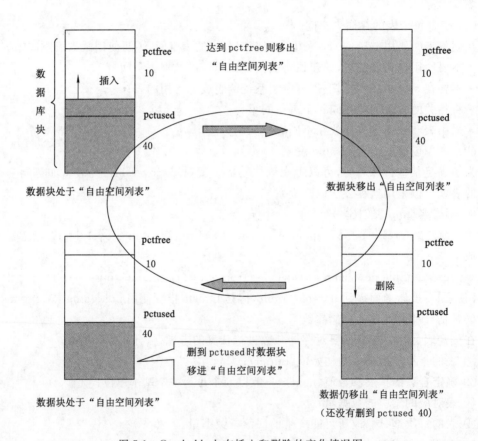

图 7-1 Oracle block 在插入和删除的变化情况图

当插入新行并达到该数据块的 pctfree 时,将该块置为脱离"自由空间列表",即使从块中删去一些行时,Oracle 也不立即将该块置为"自由空间列表",而是直到该块达到 pctused 时才将该块置为"自由空间列表"(free_space_list)。

在了解表和簇的 pctfree 和 pctused 后,管理员和应用系统的总设计师应该对当前应用系统的数据库结构进行查询和调整。主要工作如下:

① 查询某个用户的表或簇的 pctfree 和 pctused 值。

SQL> select table_name,pct_free,pct_used from user_tables;

table_name	pct_free	pct_used
bonus	10	40
dept	10	40
emp	10	40
salgrade	10	40

4 rows selected.

② 修改表的 pctfree 和 pctused 不合理值。

SQL> alter table emp2 pctfree 10 pctused 85;
Table altered.
SQL> alter cluster emp_unit pctfree 10 pctused 85;
Cluster altered.

7.2 表的定义操作

在 Oracle 数据库系统中，表是数据库的基本对象，与桌面数据库中的文件类似，可以把所有的基本实体都看成表，不管应用中的表有多复杂，都可以使用(拆成)一个或多个表来表示，用以存放实体数据。下面针对建表所需要的知识作简单的介绍。

7.2.1 建立表结构

建立表结构是每个应用系统都必须进行的工作。由于建立表结构是一项统一规划和统一设计的工作，所以应该是由总设计师根据用户的具体应用需要来定。表的设计是否合理关系到应用系统将来的成败与性能问题。因此，任何担当总设计师角色的人都不要轻视这项工作。

（1）建立表结构命令

由于创建表的命令非常长，这里仅给出一些主要的部分，详细的请参考《Oracle12c SQL Reference》。create table 命令简要语法如下：

　　create table [schema.] table_name
　　({ column1 datatype
　　[default expn] [column_constraint] |table_constraint }
　　[, { column2 datatype
　　[default expn] [column_constraint] |table_constraint }] ...)
　　[cluster cluster_name (column1 [,column2] ...)]
　　[pctfree n]
　　[pctused n]
　　[initrans n]
　　[maxtrans n]
　　[storage n]
　　[tablespace tablespace_name]

[enable | disable]

　　[as subquery]

其中参数说明如下:

schema:包括基表的模式(缺省为当前用户的账号);

table_name:表名;

column:列名(字段名),最多可达1 000列;

datatype:列数据类型;

default:当前列的缺省值(常数);

column constraint:列约束;

table_constraint:表约束;

pctfree:用于更新(update)的空间百分比(1~99),0表示在插入时完全填满数据块,缺省为10;

pctused:为表的每个数据块保留的可用空间的最小百分比,取值范围为1~99,缺省为40;

pctfree和pctused的组合:决定了将插入的数据放入已存在的数据块还是放入一个新的块中;

initrans:指定每一个数据块中分配的事务入口的初始数,范围为1~255,缺省为1,每一个更新块的事务都需要在块中有一个事务入口(大小由OS决定),一般不需要指定此参数值;

maxtrans:指定用于更新分配给表的数据块的并发事务的最大数,范围为1~255,用户一般不能修改此参数;

tablespace:表空间,缺省时表建在用户缺省的表空间(如果建立用户不指定表空间则该用户的缺省表空间为system);

storage:存储分配参数;

initial	integer	初始大小
next	integer	下一次的大小
minextents	integer	最小分配次数
maxextents	integer	最大分配次数
pctincrease	integer	增长百分比(>=0)

enable:激活完整性约束;

disable:取消完整性约束;

as subquery:建表中查出数据给新表,如果使用此语句,则表的数据类型不需指定,而是继承原表的类型;

freeust:在并行服务器中指定表、簇、索引的列表数。

【提示】

① 一般情况下,如果表含有long字段,这样势必需要大量的空间,系统会在每次插入新记录时经常分配空间给表,不久就会出现"Ora－01547:failed to allocate extent of size xxxxx in tablespace 'xxxx'"这样的错误提示。

此种情况下如果表空间还剩较多的连续空间的话,则可能是该表分配的空间次数已达最大值。为了使该表能插入新数据,需修改该表的存储参数,例如:

SQL>alter table xxx storage(maxextents 999);

② 建议不要对表结构或索引使用 pctincrease 大于 0 的参数,以免将来在运行中产生空间超支问题。

③ 建立表结构最重要的部分是存储参数(storage)的说明,设置者要特别重视存储参数的估计,然后设置合理的大小。

(2) 建立表结构例子

例 7-1　在 scott 模式下建立表 emp,并指定表空间和存储参数。

　　create table scott. emp
　　(
　　　　　　empno number(5) primary key,
　　　　　　ename varchar2(15) not null,
　　　　　　job varchar2(10),
　　　　　　mgr number(5),
　　　　　　hiredate date default sysdate,
　　　　　　sal number(7,2) check(sal>100),
　　　　　　comm number(3) default 0.0 ,
　　　　　　dept number constraint
　　　　　　dept_fkey references scott. dept
　　)
　　tablespace users
　　pctfree 10
　　pctused 70
　　storage
　　　　(
　　　　initial 50K
　　　　next 50K
　　　　maxextents 10
　　　　);

例 7-2　在建立表过程中对有限制的列使用 not null。

　　create table checkup_history
　　(checkup_no number(10,0) not null,
　　id_no number(10,0),
　　checkup_type varchar2(30),
　　checkup_date date,
　　doctor_name varchar2(50));

本例除了要求 checkup_no 非空外,其他无任何限制。

例 7-3　在建立表时指定列 checkup_type 为外部列。

　　create table seapark. checkup_history
　　(

```
        checkup_no number(10) not null,
        id_no number(10,0),
        checkup_type varchar2(30),
        checkup_date date,
        doctor_name varchar2(50),
        foreign key (checkup_type) references
        seapark.checkup (checkup_type),
        primary key (checkup_no)
        )
        pctfree 20
        pctused 60
        initrans 2
        maxtrans 255
        storage ( initial 1250K
        next 2K
        minextents 1
        maxextents 121
        pctincrease 0)
        tablespace user_data;
```

例子指定了所有者、主键、外部键、表空间及存储参数等，主键和外部键在后面章节介绍。

（3）建立临时表结构

Oracle 现在可以使用 create global temporary table 命令建立临时表结构，表中数据只在用户会话期间存在，当会话完成后就自动清除。看下面例子：

　　　　SQL>create global temporary table myemp as select,
from emp;
表已创建。
　　　　SQL> desc myemp;

名称	是否为空？	类型
ename		Varchar2(20)
sal		number(9,2)
deptno		number(4)
tel		Varchar2(20)

　　　　SQL>select * from myemp;
未选定行。
　　　　SQL>insert into myemp values('王哲元',32456.99,10,'12');
已创建1行。
　　　　SQL>select * from myemp;

ename	sal	deptno	tel
王哲元	32456.99	10	12

SQL>connect sys/sys;
已连接。
SQL>connect zhao/zhao;
已连接。
SQL> l
　1* select * from myemp
SQL> /
未选定行。
从上面可看出当连接到 sys 再连接回来后数据就不存在了。

7.2.2　修改表结构

修改表结构是对已经创建完成(实际是存放在数据库字典里)的表结构进行修改。

(1) 修改表结构命令

修改表结构由 alter table 命令来完成。该命令的参数较多,下面仅给出一些基本的部分。

　　　alter table [user.] table
　　　[add ({colum_element|table_constraint}
　　　　　　[,{column_element|table_constraint}]...)]
　　　[modify(column_element[,column_element]...)]
　　　[drop constraint constraint]...
　　　[pctfree integer][pctused integer]
　　　[initrans integer][maxtrans integer]
　　　[storage storage]
　　　[backup]

alter table 可以做的操作有:
- 增加一个列(字段)宽度;
- 减少一个列(字段)宽度(该列必须无数据);
- 增加一个列(字段);
- 修改列的基本定义,如数据类型、null、长度等(仅当某列的值为空时才能修改其类型);
- 去掉限制;
- 修改存储分配;
- 记录表已做过备份操作;
- 删除已存在的列;
- 重新定位和组织表;
- 将表标识为不可用。

(2) 修改表结构例子

例 7-4 对已经存在的表增加一新的列。

SQL>alter table dept add (headcount number(3));

例 7-5 对表的列修改其大小。

SQL>alter table dept modify(dname char(20));

如果被修改的列没有空(已有数据),则出现以下提示:

ORA-01439:column to be modified must beempty to change datatype

ORA-01441:column to be modified must beempty to decrease column length

例 7-6 复制一个表。

create table hold_tank as select tank_no, chief_caretaker_name

from tank;

例 7-7 参照某个已存在的表建立一个表结构(不需要数据)。

create table emp2 as select * from emp where rownum<1;

例 7-8 修改已存在表的存储参数。

alter table emp2 storage(next 256K pctincrease 0);

例 7-9 删除表中的列,它的基本语法为:

alter table... drop column [cascade constraints];

例如:

alter table emp drop column comm;

例 7-10 重新定位和组织表,可以实现:将未分区的表从一个表空间移到另一个表空间,重新组织存储一个未分区表。

基本语法为:

alter table... move tablespace...;

例如:

alter table emp move tablespace users;

例 7-11 将表标识为不可用,可以实现对空间的收回等。

基本语法为:

alter table... set unused column...;

例如:

alter table emp set unused column xyz;

【提示】 虽然 Oracle 允许用户对表的结构进行修改,但建议在工作中不要采用这种方式。因为表结构被多次修改会影响应用系统的性能。

7.2.3 删除表结构

Oracle 提供 drop table 命令可以实现表数据和结构的删除,但提醒初学者,不要轻易使用 drop table 命令。drop table 的命令语法为:

drop table [user.]table_name[cascade constraints]

cascade constraints 表示删除所有指向本表的主键、外部键。当删除一个表时,对象如表的索引、指向本表的外部键、本表的触发器、本表中的分区、本表的快照、本表的角色和用户权限、加在本表的所有限制也随之被删除。

【说明】 如果在定义表结构时,采用主键、外部键来定义一序列表,则在删除表结构时要小心，不要轻易用 cascade 子句。

7.2.4 使用 check 作限制约束

Oracle 提供了一个很有用的子句 check，它可以实现对数据的自动检查，在创建表结构时使用。如：

```
create table worker
(empno number(4) primary key,
      name varchar2(10),
      age number(2) check(age between 18 and 65),
      lodging char(15) References lodging(lodging)
);
Create table emp3
   (empno number(4) constraint abc primary key,
      ename varchar2(10),
      job varchar2(10),
      sex char(2) check ( sex＝'男' or sex＝'女'),
      mgr number(4),
      hiredate date,
      sal number(7,2),  /＊ 工资 ＊/
      comm number(7,2), /＊ 奖金 ＊/
      deptno number(2),
      check (sal＋comm ＞0 and sal＋comm＜＝5000 )
);
```

在设计数据库表结构时，建议分析用户数据的取值范围，从而将那些取值范围一定的字段用 check 进行描述，以保证以后数据的正确性。

7.2.5 使用 Unrecoverable 创建表

为了满足特殊需要，可以考虑创建不需恢复（unrecoverable）的表。如复制一个已存在的表就可以采用这种方法以减少系统的开销。

例如：参考 emp 表创建一个新的 emp_new 表。

SQL＞ create table new_emp as select ＊ from emp unrecoverable；

表已创建。

或

create table new_emp as select ＊ from emp nologging；

虽然上面提到 unrecoverable，但是 Oracle 推荐使用 nologging 或 logging；

7.3 主键

Oracle 系统提供关键字 primary key 来建立一个主键。所谓主键，就是在一个表内该列的值具有唯一性。一旦为一个表的一列或几列建立了主键，则 Oracle 就自动为该表建立一个唯一索引。

Oracle 数据库管理与应用

7.3.1 创建主键

要想为表的某个列建立主键,可以用 alter table 或 create table 命令完成。

(1) 在建表结构时创建主键

语法如下:

  create table [schema.]table_name …

    [scope is [user.]scope_table_name][column_constraint]…

  ……

例 7-12 利用 create table 命令建立表 dept,并创建其主键。

  create table dept

  (deptno number(2),

  dname varchar2(20),

  loc varchar2(20),

  constraint pk_dept primary key (deptno)

  );

(2) 用 alter table 创建主键

语法如下:

  alter table [schema.]tablename

  add (constraint_name primary key (column1 [,column2,…])

例 7-13 利用 alter table 命令为已存在的表 park_revenue 添加主键约束。

  alter table park_revenue add(park_rev_pk primary key (account_no));

例 7-14 利用 create table 命令建立表 dept,并暂时使其主键失效。

  create table dept

  (deptno   number(5) primary key,

  dname   varchar2(20),

  loc   varchar2(30))

  disable   primary key;

【说明】 当主键被说明为 disable primary key 时,不能建立相应的外部键。一定先用 alter table dept enable primary key 后方可使用 deptnoconstraint fk_deptno references dept(deptno)。

(3) 唯一索引和主键的区别

唯一索引使用 create unique index 命令完成,能标识数据库表中一行的关键字。在数据字典中建立了唯一索引名字。

主键使用 primary key 来指定,能标识数据库表中一行的关键字。在数据字典中也建立了唯一索引名字。

两者差别:被定义为唯一索引的列可以为空,而被定义为主键的列不能为空。

(4) 建立索引、主键的方法

在建表命令中用 constraint 说明,详见《Oracle12c Sever SQL Reference》或者 Oracle 相应版本的联机帮助文档中的 help constraint。

  create table dept

```
    (deptno number(2),
     dname varchar2(40) constraint unq_dname unique,
     loc varchar2(50)
    );
```

constraint unq_dname unique 可以允许 dname 没有值,这样未指定空间分配参数的语句,Oracle 采用缺省参数 unq_dname 分配空间。

同样可以用下面命令达到如上的结果:

```
create table dept
    (deptno number(2),
     dname varchar2(20),
     loc varchar2(20),
     constraint unq_dname unique(dnam)
     using index pctfree 20
     tablespace users_x
     storage(initial 8K next 6K)
    );
create table dept
    (dept number(2) constraint pk_dept primary key,
     dname varchar2(20),
     loc varchar2(20)
    );
```

表中设定主键的功能同样可以用下面命令完成:

```
create table dept
    (deptno number(2),
     dname varchar2(20),
     loc varchar2(20),
     constraint pk_dept primary key (deptno)
    );
```

建立完表结构后再建索引、主键。

其优点是索引可以放在另一表空间中,如果在表中直接写,则必须用 using index 说明分配大小、表空间等。

```
alter table ship_cont
    add primary key(ship_no,container_no)disable。
```

一般声明主键时,可以让其有效(缺省),也可以使其无效(disable)。在程序开发调试中,经常先将主键设为 disable,上面的 ship_no、container_no 一起组成主键,这种两个以上的字段组成的叫组合键(最多 16 个字段),不要指定过多的组合键以避免性能下降。

7.3.2　改变主键

命令语法详见 alter table 命令。限制:不许修改作为主键的列,不许修改作为主键的名字。它可以定义一主键或使主键无效,语法如下:

Oracle 数据库管理与应用

  alter table [schema.]tablename
  disable constraint_name

例如：alter table dept disable scott.pk_dept;

如果有一外部键依赖于该主键,则系统给出下列错误：

  ORA-02297：cannot disable constraint (scott.pk_dept)-depentencies exist.

在这种情况下,必须先删掉依赖于该主键的外部键并使该外部键无效,然后才能使主键无效。

7.3.3 删除主键

其语法如下：

  alter table [schema.]tablename drop constraint constraint_name [cascade]

删除顺序：① 使该外部键无效,删掉依赖于该主键的外部键；② 使该主键无效,删掉该主键。或：当在删掉主键命令后加参数 cascade,则在删掉主键的同时把依赖于该主键的外部键一起删掉。

例如：drop index index_name;

7.4 外部键

建立外部键是保证完整性约束的唯一一种方法,也是关系数据库的精髓所在。许多曾使用过桌面数据库(如 Dbase,Foxpro)的软件人员都不太习惯或不使用关系数据库的主键与外部键来设计数据库结构,这是很不好的,因为这样设计的应用结构和效率不可能达到用户的要求。

7.4.1 建立外部键

外部键的建立与主键的建立类似,都可以在 CREATE TABLE 命令或 ALTER TABLE 命令中来说明,详细语法见《Oracle SQL reference》Create table 命令 9 和 Alter table 命令。

(1) 在 create table 命令语句中建立外部键

例 7-15 建表 dept,并添加其主键约束。

  create table dept
  (deptno number(2),
  dname varchar2(9),
  loc varchar2(10),
  constraint pk_dept primary key (deptno));

例 7-16 建表 emp,并添加其唯一键约束。

  create table emp
  (empno number(4),
   ename varchar2(10),
   job   varchar2(10),
   mgr   number(4),
   hiredate date,

```
    sal        number(7,2),
    comm       number(7,2),
    deptno     constraint fk_deptno References dept(deptno)
    );
```

同样下面语句的效果与上面一样:

```
create table    emp
(empno      number(4),
    ename       varchar2(10),
    job         varchar2(10),
    mgr         number(4),
    hiredate    date,
    sal         number(7,2),
    comm        number(7,2),
    deptno,
        constraint fk_deptno
        foreign key(deptno) references dept(deptno)
);
```

例 7-17 使用 delete cascade 管理引用完整性。

```
create table    emp
(empno      number(4),
    ename       varchar2(10),
    job         varchar2(10),
    mgr         number(4),
    hiredate    date,
    sal         number(7,2),
    comm        number(7,2),
    deptno      number(2) constraint fk_deptno
                references dept(deptno)
                On delete cascade
);
```

(2) 用 alter table 命令语句建立外部键

语法如下:

```
alter table [schema.]table_name
add (constraint_name foreign key (column1 [,column2,...])
    references [schema.]table_name (column1 [,column2,...]);
```

也常用上述命令建立组合键的完整性约束。

```
alter           table phone_calls
    add constraint fk_areaco_phoneno
        foreign key(areaco,phoneno)
```

```
              references austomers(areano,phoneno)
              exceptions into wrong_numbers
    create table trouble
    (city varchar2(10),
     sampledate date,
     noon number(4,1),
     midnight number(4,1),
     precipitation number,
     constraint trouble.pk primary key(city,Sampledate)
    );
```

7.4.2 修改外部键

由于 Oracle 不允许改变已被定义的外部键的列,也不允许改变已被定义的外部键的名字,所以只能用 alter table 定义一个新的外部键或者使一个已存在的外部键无效。

```
    alter table [schema.]table_name
    disable constraint_name;
```

7.4.3 删除外部键

要删除已定义的外部键,要用 alter table 命令中的 drop 关键字来实现,命令语法如下:

```
    alter table [schema.]table_name
    drop constraint constraint_name;
```

【说明】 关系数据库的核心主要体现在主键和外部键上。在进行数据库结构设计时,建议采用主键和外部键来定义那些有关系的表。这样可以保证应用系统数据的完整性和一致性。

7.5 管理表

7.5.1 将表移动到新的数据段或新的表空间

可以用 alter table ... move 语句将表移动到一个新的段或新表空间上,这样可以对不合理存储参数进行修改,包括修改 alter table 不能修改的参数。

例 7-18 通过移动来实现存储参数的修改。

```
    alter table emp move
    storage(initial 1M next 512K minextents 1 maxextents 999 pctincrease 0 );
```

例 7-19 将那些使用 system 表空间的对象移动到合适的表空间中。

(1) 移动前表所使用的表空间情况。

```
    SQL> select tablespace_name,table_name,initial_extent from user_tables;
```

tablespace_name	table_name	initial_extent
system	abc	65536
system	bonus	65536
system	dept	65536

system	emp	65536
system	emp2	65536
system	emp3	65536
system	emp4	65536
users	pay_lst_det	1048576
system	plan_table	65536
system	salgrade	65536
users	unit_inf	1048576

已选择 11 行。

(2) 用 alter table…move 语句对表进行移动。

SQL＞alter table emp move tablespace user_data

　　storage(initial 128K next 128K minextents 1 pctincrease 0);

表已更改。

SQL＞ alter table dept move tablespace user_data

　　storage(initial 128K next 128K minextents 1 pctincrease 0);

表已更改。

SQL＞ alter table bonus move tablespace user_data

　　storage(initial 128K next 128K minextents 1 pctincrease 0);

表已更改。

(3) 移动后的表及表空间的情况。

SQL＞ select tablespace_name,table_name,initial_extent from user_tables;

tablespace_name	table_name	initial_extent
system	abc	65536
user_data	bonus	131072
user_data	dept	131072
user_data	emp	131072
system	emp2	65536
system	emp3	65536
system	emp4	65536
users	pay_lst_det	1048576
system	plan_table	65536
system	salgrade	65536
users	unit_inf	1048576

已选择 11 行。

7.5.2　手工分配表的存储空间

使用 alter table 加 allocate extent 选项实现分配一个指定的空间。例如：

alter table emp

　allocate extent（size 5K instance 4）;

7.5.3 校正过度增长的表

如果发现表的增长过快,可以重组这些表,校验过度增长的表包括以下步骤:

① 计算表的总大小;
② 对表进行逻辑备份;
③ 删除该表;
④ 用至少是从(1)得到的大小的初始片重建该表。应该使初始片足够大,再加上额外的开销,以应付 6～12 个月的数据;
⑤ 导入来自第(2)步的逻辑备份的表的数据。

这样的步骤也可用 create table xx storage(initial …) as select * from old_table;来实现。

不管用哪种方法,都必须注意那些带有外部键的表。Oracle 不允许删除带有外部键的表。对于这种情况,可以采用如下方法解决:① 删除表的外部键,重组该表,重建外部键;② 禁止所有对该重组表的引用,为表重新设置 next 参数,truncate 该表,重新装入数据,重新允许引用外部键。

7.5.4 删除及标记不使用的列

删除不使用的列。

例如:从 long_tab 表中将 long_pics 列删除掉。

    alter table long_tab drop column long_pics;

标记不使用的列可以使用 alter table … set unused 语句,以达到快速处理的目的。其结果是:① 在显示结果时看不到该列;② 不删除该列的数据(但可以将该列删掉)。

示例如下:

    SQL>select * from emp;

empno	ename	job	mgr	hiredate	sal	comm	deptno
7369	smith	clerk	7902	17-dec-80	800	20	
7499	allen	salesman	7698	20-feb-81	1600	300	30
7521	ward	salesman	7698	22-feb-81	1250	500	30
7566	jones	manager	7839	02-apr-81	2975	20	
7654	martin	salesman	7698	28-sep-81	1250	1400	30
7698	blake	manager	7839	01-may-81	2850	30	
7782	clark	manager	7839	09-jun-81	2450	10	
7788	scott	analyst	7566	19-apr-87	3000	20	
7839	king	president		17-nov-81	5000	10	
7844	turner	salesman	7698	08-sep-81	1500	0	30

已选择 10 行。

    SQL> alter table emp set unused(comm);

表已更改。

    SQL> select * from emp;

empno	ename	job	mgr	hiredate	sal	deptno

7369	smith	clerk	7902	17-dec-80	800	20
7499	allen	salesman	7698	20-feb-81	1600	30
7521	ward	salesman	7698	22-feb-81	1250	30
7566	jones	manager	7839	02-apr-81	2975	20
7654	martin	salesman	7698	28-sep-81	1250	30
7698	blake	manager	7839	01-may-81	2850	30
7782	clark	manager	7839	09-jun-81	2450	10
7788	scott	analyst	7566	19-apr-87	3000	20
7839	king	president		17-nov-81	5000	10
7844	turner	salesman	7698	08-sep-81	1500	30

已选择 10 行。

  SQL> desc emp

名称	是否为空？	类型
empno		number(4)
ename		varchar2(10)
job		varchar2(9)
mgr		number(4)
hiredate		date
sal		number(7,2)
deptno		number(2)

7.5.5 删除不使用的列

可以用 alter table…drop unused columns 来删除不使用的列，此语句可以在物理上删除未使用的列，并重新声明磁盘空间。在使用该语句时可以在后面加上 checkpoint 检查点这一关键字，可以产生一个检查点。使用检查点可以在删除数据列的操作过程中减少恢复日志的容量积累，从而避免回滚段的空间消耗。

例如：

  SQL> alter table emp drop unused columns checkpoint；

表已更改。

【说明】 删除表中未使用列时不需要指定列名，根据 alter table emp set unused(comm)；语句删除未使用的列。

7.5.6 删除不需要的表

管理表的工作也包括删除那些不再使用的表以释放出空间和提高处理速度。要想删除无用的表，先要识别哪些表是开发人员临时建立的，哪些是应用系统设计人员创建的，等等。可以从创建表的时间上来识别。如：

  SQL>select owner,object_type,object_name,created from dba_objects
  where object_type='TABLE' order by owner,object_type,created；
  owner   object_type   object_name   created

Oracle 数据库管理与应用

mdsys	table	md$ler	27—feb—00
mdsys	table	md$dim	27—feb—00
mdsys	table	sdo_geom_metad	27—feb—00
mdsys	table	sdo_index_metad	27—feb—00
mdsys	table	cs_srs	27—feb—00

...

已选择 44 行。

选择那些不需要的表进行删除。对于某些有关联的表,可以在 drop table ... 后加 cascade constraint 选项,使不需要的关联表也一并删除。

7.6 索引的定义与管理

索引是关系数据库中用于存放每一条记录的一种对象,主要目的是加快数据的读取速度和完整性检查。建立索引是一项技术性要求很高的工作,一般在数据库设计阶段要与数据库结构一起考虑。应用系统的性能直接与索引的合理性有关。下面给出建立索引的方法和要点。

7.6.1 建立索引的语法

(1) create index 命令语法

```
create [unique] index [user.]index
on [user.]table (column1 [asc | desc] [,column2 [asc | desc]] ... )
[cluster [scheam.]cluster]
[initrans n]
[maxtrans n]
[pctfree n]
[storage storage]
[tablespace tablespace]
[no sort]
Advanced
```

其中参数说明如下:
schema:oracle 模式,缺省即为当前账户;
index:索引名;
table:创建索引的基表名;
column:基表中的列名,一个索引最多有 16 列,long 列、long raw 列不能建索引列;
desc、asc:缺省为 asc 即升序排序;
cluster:指定一个聚簇(hash cluster 不能建索引);
initrans、maxtrans:指定初始和最大事务入口数;
tablespace:表空间名;
storage:存储参数,同 create table 中的 storage;

pctfree:索引数据块空闲空间的百分比(不能指定 pctused);
nosort:不(能)排序(存储时就已按升序,所以指出不再排序)。

(2)建立索引的目的

建立索引的目的是提高对表的查询速度,也可以对表有关列的取值进行检查。但是,对表进行 insert,update,delete 处理时,由于要将表的存放位置记录到索引项中而会减慢速度。

【说 明】 一个基表不能建太多的索引,只有唯一索引才真正提高速度,一般的索引只能提高 30% 左右,空值不能被索引。建立索引语法如下:

create index ename_in on emp (ename,sal);

例如:商场的商品库表结构如下,想为该表的商品代码建立唯一索引,使得在前台 POS 收款时提高查询速度。

```
create table good(good_id number(8) not null,/* 商品条码 */
                  good_desc varchar2(40),    /* 商品描述 */
                  unit_cost number(10,2)     /* 单价 */
                  good_unit varchar2(6),     /* 单位 */
                  unit_pric number(10,2)     /* 零售价 */
                  );
```

提高查询速度的方法还有在表上建立主键,主键与唯一索引的差别在于唯一索引可以空,主键为非空,例如:

```
create table good(good_id number(8) primary key,
                  good_desc varchar2(40),
                  unit_cost number(10,2),
                  good_unit char(6),
                  unit_pric number(10,2)
                  );
```

7.6.2 创建一般的索引

如果从应用的要求出发,在查询中需要对表中的某个列进行条件匹配的话,就可以考虑为该列创建索引,如职工的姓名(ename)。这样的索引可以提高查询速度。例如:

```
create index emp_ename on emp (ename)
tablespace users
storage(initial 128K next 64K pctincrease 0) pctfree 5;
```

7.6.3 创建与约束有关的索引

要充分发挥 Oracle 关系数据库的优势,用主键(primary key)和外部键(foreign key)实现索引的创建。例如:

```
create table emp (
empno number(5) primary key, age integer)
enable primary key using index
tablespace users
pctfree 0;
```

7.6.4 联机创建索引

可以在创建索引语句后加 online 选项来实现。在创建索引期间其他人不能进行 DDL 操作。

  alter index emp_name rebuild online;
  create index emp_name on emp (mgr, emp1, emp2, emp3) online;

虽然在创建索引时可以执行 DML 操作,但 Oracle 公司建议在此期间不要执行较大的 DML 操作。

7.6.5 创建基于函数的索引

建立基于函数的索引以简化查询和加快速度。因为函数和表达式的值经过预先计算并存储在索引项中。

创建基于函数的索引,需要有 global query rewrite 和 create any index 权限。此外还要在参数文件上加以下语句:

  query rewrite integrity=trusted
  query rewrite enabled=true
  compatible=7.1.0.0.0

例 7-20 为 emp 表的 ename 列建立大写转换函数的索引 idx。

  create index idx on emp (upper(ename));

这样就可以在查询语句来使用:

  select * from emp where upper(ename) like 'joh%';

例 7-21 为 emp 的工资和奖金之和建立索引。

步骤如下:

① 查看 emp 的表结构

  SQL> desc emp

Name	Null?	Type
empno	not null	number(4)
ename		varchar2(10)
job		varchar2(9)
mgr		number(4)
hiredate		date
sal		number(7,2)
comm		number(7,2)
deptno		number(2)

② 没有授权就创建函数索引的提示

  SQL> create index sal_comm on emp ((sal+comm) * 12, sal,comm)
  tablespace users storage(initial 64k next 64k pctincrease 0);
  create index sal_comm on emp ((sal+comm) * 12, sal,comm)
               *
error at line 1:

ORA－01031：insufficient privileges.

③ 连接到 DBA 账户并授权

　　SQL> connect sys/sys@ora816

　　已连接。

　　SQL> grant global query rewrite to scott；

　　授权成功。

　　SQL> grant create any index to scott；

　　授权成功。

④ 再连接到 scott 账户，创建基于函数的索引

　　SQL> connect scott/tiger@ora816

　　已连接。

　　SQL> create index sal_comm on emp（(sal+comm)*12，sal，comm）tablespace users storage(initial 64k next 64k pctincrease 0)；

　　索引已建立。

⑤ 在查询中使用函数索引

　　SQL> select ename,sal,comm from emp where (sal+comm)*12 >5000；

ename	sal	comm
allen	1600	300
ward	1250	500
martin	1250	1400
turner	1500	0
王哲元	1234.5	321

7.6.6　重创建索引

由于表的记录被删除后对应索引的数据项并没有被删除，所以有必要用 alter index ...rebuild 命令来实现索引的重新创建。语法如下：

　　SQL>alter index pk_emp rebuild tablespace users

　　storage(initial 31K next 32K pctincrease 0)；

　　Index altered.

其实可以用下面方法来产生一个重新创建索引的脚本。基本思想是：从数据字典 user_indexes 中查询索引信息来产生创建名，然后将这些命令记录到一个文件中，最后运行该文件。

　　SQL> set head off

　　SQL> set feedback off

　　SQL> spool c:\reb_indx.SQL

　　SQL>select 'alter index rebuild '||index_name ||'tablespace New_space；'　　来自 User_indexes 数据字典

（产生查询结果显示，如下面的显示）

　　alter index rebuild aq$_msgtypes_primary tablespace new_space；

```
alter index rebuild aq$_propagation_status_primary tablespace new_space;
alter index rebuild aq$_qtable_affinities_pk tablespace new_space;
alter index rebuild aq$_queue_statitics_pk tablespace new_space;
SQL>spool off
```

运行所产生的脚本：

```
SQL> @reb_indx.sql
```

7.6.7 创建压缩关键字索引

使用 create index … compress 创建索引可以避免关键列的标头的重复出现。增加索引块的存储容量、减少 I/O 次数，会增加 CPU 的索引扫描时重建索引值的时间。compress 指定键值，该值是排除列键值的重复次数。

```
create index emp_idx2 on emp(job,ename) compress 1;
```

7.6.8 修改索引存储参数

对于不合适索引的存储参数，可以使用 alter index 来进行修改，例如：

```
alter index emp_name initrans 5
maxtrans 300
storage( next 512K pctincrease 0 );
```

例如：将创建在不同表空间的索引集中在一起，下面脚本选择自 Sarada Priya。其操作步骤如下：

① 在删除索引前为所有无效主键索引准备一个脚本；
② 准备'create index …'脚本指定到一个表空间；
③ 禁止需要删除的主键索引(using index)；
④ 从数据库中删除索引；
⑤ 运行脚本使能/建立强制限制；
⑥ 运行'create index …'脚本。

```
SQL> set head off
SQL> set feedback off
SQL> spool indrebuild.sql
SQL> select 'alter index rebuild ' || ind.index_name || ' tablespace
newtblspace;'       /*来自 User_indexes 数据字典*/
/
```

输出样本：

```
alter index rebuild sys_c0010433 tablespace newtblspace;
alter index rebuild sys_c0010434 tablespace newtblspace;
alter index rebuild sys_c0010435 tablespace newtblspace;
alter index rebuild sys_c0010436 tablespace newtblspace;
SQL> spool off
```

运行所产生的脚本文件：

```
SQL> @indrebuild.sql
```

7.6.9 合并索引的可用空间

对索引的无用空间进行合并,利用下面命令完成。

    alter index … coalesce；

例如:alter index ename_idx coalesce；

7.7 簇的定义与管理

簇(cluster)是 Oracle 提供的用于提高处理速度的一项技术,可以实现大的表和索引的拆分,使得处理速度提高和便于管理。

7.7.1 簇概念

簇就是将一组有机联系的表在物理上存放在一起并且相同的关键列的值只存储一份,用于提高处理效率的一项技术。其结构如图 7-2 所示。

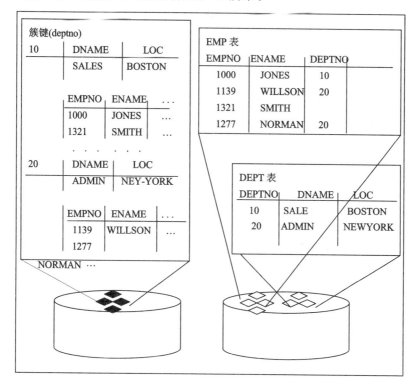

图 7-2 簇的组成结构

簇是一组表,如果应用程序中的 SQL 语句经常联结两个或多个表,可以把这些表以簇方式进行创建以改善性能。只要创建了簇并在创建表时将其指定到已经创建好的簇中,Oracle 就把簇中的表存储在相同的数据块中,并且各个表中的相同的列值只存储一个。

(1) 何时建立簇

如果通过引用完整性把两个或多个表联系起来并经常使用联结,则为这些表创建了一个索引簇。如果一个表的多行经常与一个非唯一的列一起查询,则为该列创建一个单表簇,该列作为簇关键字以提高性能。

(2) 簇的使用限制

对于频繁更新或删除的表使用簇对性能有不利的影响。因此对簇的使用有如下限制：

① 簇中的每个表都必须有一列与簇中指定的列的大小和类型相匹配；

② 簇码中可用列的最大数目是 16，即一个簇最多有 16 列作为簇码；

③ 列的最大长度为 239B；

④ long 和 long raw 不能作为簇列码。

7.7.2 创建簇

创建簇的语法如下：

```
create cluster cluster
（column datatype[,colmn datatype]…）
[pctused 40|intger] [pctfree 10| intger]
[size intger]
[initrans 1|intger] [maxtrans 255|intger]
[tablespace tablespace]
[storage storage]
```

创建簇及其表的步骤：

① 用 create cluster 命令创建聚集；

② 用 create index 命令创建聚集索引；

③ 用 create table 命令创建表，并指定聚集；

④ 插入数据并进行 DML 操作。

例 7-22 住房公积金实例

```
prompt 建立单位代码及职工 cluster
drop cluster emp_unit;
create cluster emp_unit(acc_no varchar2(15))
tablespace user_data
storage(initial 1m next 1m maxextents 121 pctincrease 0 );
/
create index unit_inf_ind on cluster emp_unit
tablespace user_indx;
/
prompt 建立单位开户登记表(unit_inf)
drop table unit_inf;
create table unit_inf
(
bank_code      varchar2(6),    －－ 经办行代码
acc_no         varchar2(15),   －－ 公积金代号(帐号)
proc_date      date,           －－ 处理时间
unit_name      varchar2(50),   －－ 单位名称
tot_emp        number(6),      －－ 职工人数
```

```
sal_bank        varchar2(40),  －－发薪银行
sal_acc_no      varchar2(20),  －－发薪户帐户
sal_date        number(2),     －－发薪日
pay_tot         number(6),     －－汇缴人数
pay_money       number(13,2),  －－汇缴总金额
status_code     char(1),       －－"0 未缴存","1 缴存","2 封存","3 销户"
oper_no         varchar2(10),  －－操作员
unit_pay_rate   number(7,4),   －－单位缴交率
per_pay_rate    number(7,4)    －－个人缴交率
)
cluster emp_unit（acc_no）;
/
prompt 建立 单位开户登记 唯一键：acc_no_in
create unique index unit_inf_in on unit_inf（acc_no）
storage（initial 1M next 512k maxextents 121 pctincrease 0）
/
prompt 建立开户单位汇缴清册（pay_lst_det）
drop table pay_lst_det;
create table pay_lst_det
(
bank_code       varchar2(6)          NOT NULL,  －－经办行代码
acc_no                               varchar2(15) not null,  －－公积金代码
emp_acc_no                           varchar2(20) not null,  －－职工帐号
table_date      date,          －－编报日期
Name            Varchar2(10),  －－姓名
Sex             varchar2(2)check(sex='男' or sex='女'),  －－性别
Birth           date,          －－出生年月
Per_id          varchar2(20),  －－身份证号
Sal             Number(7,2) not null,  －－月工资
Per_pay_rate    Number(7,4),   －－个人缴交率
Per_pay         Number(7,2),   －－个人交缴金额
Unit_pay_rate   Number(7,4),   －－单位交缴金率
Unit_pay        Number(7,2),   －－单位交缴额
pay_money       number(13,2) check(pay_money>=5.0),  －－月应缴额
status_code     char(1),       －－"0 未缴存","1 缴存","2 封存","3 销户"
Oper_no         Varchar2(10)   －－操作员代码
)
cluster emp_unit（acc_no）
/
```

Oracle 数据库管理与应用

```
create unique index pay_det_in1 on pay_lst_det( per_id )
storage ( initial 10M next 2m maxextents 121 pctincrease 0 )
/
create unique index pay_det_in2 on pay_lst_det( emp_acc_no )
storage ( initial 1M next 512k maxextents 121 pctincrease 0 )
/
```

7.7.3 收集簇信息

当在设计时使用了簇,则用户或数据库管理员可以通过查询簇的信息来了解簇的情况,从而进行必要的管理。使用下面命令可以收集属于用户本人的簇信息:

  dba_clu_columns 或 user_clu_columns

  dba_clusters 或 user_cluster

  dba_clu_columns

存放有系统实例中所有簇的数据情况。其语法如下:

  SQL>desc dba_clu_columns

名称	是否为空?	类型
owner	not null	varchar2(30)
cluster_name	not null	varchar2(30)
clu_column_name	not null	varchar2(30)
table_name	not null	varchar2(30)
tab_column_name		varchar2(4000)

其中参数说明如下:

owner:创建簇的用户;

cluster_name:簇的名字;

clu_column_name:簇中的列名;

table_name:与之相关的表名;

tab_column_name:表中的列名;

dba_clusters:数据字典存放有簇的详细数据,包括存储参数等。结构如下:

  SQL> desc dba_clusters

名称	是否为空?	类型
owner	not null	varchar2(30)
cluster_name	not null	varchar2(30)
tablespace_name	not null	varchar2(30)
pct_free		number
pct_used		number
key_size		
ini_trans	not null	number
max_trans	not null	number

initial_extent		number
next_extent		number
min_extents	not null	number
max_extents	not null	number
pct_increase		number
freelists		number
freelist_groups		number
avg_blocks_per_key		number
cluster_type		varchar2(5)
function		varchar2(15)
hashkeys		number
degree		varchar2(10)
instances		varchar2(10)
cache		varchar2(5)
buffer_pool		varchar2(7)
single_table		varchar2(5)
dependencies		varchar2(8)

此外,还可以用 analyze 命令分析某个簇的数据情况,analyze 命令语法如下:

analyze cluster cluster_name
{ compute statistics
| estimate statistics
| delete statistics
| validate ref update
| validate structure
| list chained row into table_name
}

例如:analyze cluster students compute statistics;

当然可以从数据字典中查询所统计的结果,如:

select avg－blocks_per_key,instances,cache,buffer_pool
from user_cluster
where cluster_name='student_dept';

【小结】

① 可以对表及其各自的索引建立簇;
② 可以对基于主键的簇和基于哈希函数建立簇;
③ 簇码只能存储一次;
④ 簇如果正确使用可以涉及复杂的操作和降低磁盘读取;
⑤ 簇索引必须在任何簇表装入数据之前创建;
⑥ 只有当使用等号操作符查询表和表的大小时相对静态使用哈希簇;
⑦ 建立簇时,可以用 storage 参数分配来优化簇的性能。

Oracle 数据库管理与应用

7.7.4 修改簇

在用户具有 alter any cluster 的权限情况下,可以对已建好的 cluster 改变其设置,如:

① 改变物理属性:pctfree,pctused,initrans,maxtrans 和 storage;

② 为 cluster 关键字值存储行所需的一般空间容量;

③ 改变缺省平行度。

命令语法如下:

  alter cluster cluster_name

  { pctused integer

   | pctfree integer

   | size integer

   | initrans integer

   | maxtrans integer

   | storage cluase

  }

例如:alter cluster emp_dept

  pctfree 30

  pctused 60;

对于用 alter table 语句只能改变表中非簇列的设置,不能对簇列进行任何修改。

7.7.5 删除簇

Oracle 提供 drop cluster 命令删除簇,drop cluster 命令语法如下:

  drop cluster [user.]cluster [including tables];

只要用户具有 drop any cluster 权限均可以删除所有的 cluster。如果使用 including tables 则在删除簇的同时也删除该簇所包含的表。

簇表可以被单个删除而不影响该表所属的簇、其他簇表或者簇索引。删除一个簇表如同删除一个普通表一样都可以用 drop table 命令来完成。

当用户从簇中删除单个表时,Oracle 单独删除表中的每一行。删除整个簇的最有效的方法是使用带有 including table 选项的 drop cluster 语句删除包含所有表的簇。只有当用户仍想保留簇中其他表时才会使用 drop table 命令从簇中删除单个表。

(1) 删除簇索引

一个簇的索引可以被删除而不影响表的数据,但是当簇的索引被删除后,属于该簇的表就变为不可用,所以删除簇的索引后还须再建立该簇的索引才行。有时为了消除磁盘空间的碎片常进行删除簇索引操作。删除索引命令见 drop index 命令。

(2) 删除簇中的表

如果具有 drop any cluster 权限,就可以使用下面 drop table 命令来删除簇的表。

例如:删除簇。

假设建立了名字为 emp_unit 的簇,在该簇下包括有两个表 unit_inf 和 pay_lst_det,则可以有两种方法来删除簇 emp_unit:

  drop table unit_inf;

  drop table pay_lst_det;

drop cluster emp_unit；

或　　drop cluster emp_unit including tables；

7.7.6 截断(清除)表和簇的所有数据

可以用以下三种方法实现删除表中的所有行和删除一个簇中的表的所有行。

(1) 用 delete 命令删除表的数据

在删除簇中表的记录时，如果表的数据量比较小，回滚段较充足时，要想删除表中的所有行，可以用 delete 语句来实现。例如：

delete from emp；

(2) drop table 与 create table

如果回滚段较小，数据量很大，可以采用 drop table 与 create table 更为合适。这样的方法需要注意的是，要得到正确的创建表及索引的脚本。

(3) 用 truncate 命令进行删除

Oracle 提供了专门的一个语句 truncate 实现不记录任何日志就立即删除表中所有记录的操作。由于 truncate 语句进行恢复信息的保存，所以执行速度很快。

语法如下：

truncate [table | cluster]

schema.[table][cluster] [drop | reuse storage]

reuse storage 保留被删除的空间作为该表的新行使用，缺省为 drop storage 即收回被删除的空间给系统。语法如下：

truncate cluster emp_dept reuse storage；

7.7.7 合并簇

与表的存储类似，簇也可以进行合并，但与把簇各自的数据合并到一个单独的区的过程稍有不同。可按下面步骤进行：

① 计算簇本身及相关表的总分配量。该簇的总量应该大致与各成员表的累计容量相当；

② 执行该簇的逻辑备份(包括相关表)；

③ 删除该簇和相关表；

④ 首先重建各个表，然后以初始片大小重建簇，这个片应该足够包括每个段的所有数据总和可应对 6~12 个月的数据增长；

⑤ 重新装入来自第②步的逻辑备份中的簇。

7.7.8 优化簇存储

检查簇的存储情况主要看整个簇是否分配过多的片，下面查询列出已经分配空间的数目：

col segment_name for a20

select owner,segment_name,count(*) from dba_extents

where segment_type='cluster'

group by segment_name,owner；

count(*)列出簇片的数目，如果该数较大，则表明 initial 和 next 太低。

更详细的信息查看 v$字典表。

7.8 完整性的管理

关系数据库的核心就是一致性和完整性。可以在设计数据库结构时使用 Oracle 的一致性和完整性来实现对实体的描述。那么，完整性在 Oracle 数据库系统中是如何实现的，数据库管理员又是如何来对完整性进行管理呢？下面给出一些简单的介绍。

7.8.1 完整性概念

在研究 Oracle 的 create table 命令时会发现有 not null，check，primary key，foreign key 和 unique 等关键字。这些关键字都是用来描述完整性的。

在 Oracle 系统中，凡是用上面关键字描述表结构，都被当成完整性记录到数据字典中，不仅如此，在对该表操作时也按照完整性的要求对记录的内容进行检查。

如果要建立完整性描述或使某个完整性有一个名字，就要用 constraint 关键字来给出，如果不要 constraint 关键字的话，该完整性限制的名字缺省为 sys_cnnnnnn，如 sys_c001009 等。

7.8.2 管理完整性例子

例 7-23 创建完整性例子、查询完整性信息。

① 创建下面表结构：

```
create table worker
  (empno number(4) primary key,
    name varchar2(10),
    age number(2) check(age between 18 and 65)
  );
```

② 查询数据字典信息会存储有：

```
SQL>select owner,constraint_name,table_name from
    2 * user_constraints where table_name='worker';
owner              constraint_name         table_name
--------           ------------------      -----------
zhao               sys_c001009             worker
```

（由于没有用 constraint 给出完整性的名字，所以名字缺省为 sys_c001009）

```
SQL> set long 1000
SQL>select search_condition from
    2 * user_constraints where table_name='worker';
search_condition
--------------------------------
age between 18 and 65
```

例 7-24 主键和外部键的例子。

创建表结构时描述了限制，则这些限制就被存放到 dba_constraints 数据字典中。

```
create table dept
    (deptno number(2),
```

```
            dname varchar2(20),
            oc varchar2(20),
            constraint pk_dept primary key (deptno)
        );
create table empl
(
            empno number(5) primary key,
            ename varchar2(15) not null,
            job varchar2(10),
            mgr number(5),
            hiredate date default sysdate,
            sal number(7,2) check(sal>100),
            comm number(3) default 0.0,
            dept number constraint
            dept_fkey References zhao.dept
);
```

SQL> col constraint_name for a12
SQL> select constraint_name,table_name,search_condition
      2 * from user_constraints;

constraint_n	table_name	search_condition
pk_dept	dept	
sys_c001013	empl	"ename" is not null
sys_c001014	empl	sal>100
sys_c001015	empl	
dept_fkey	empl	
sys_c001009	worker	age between 18 and 65
sys_c001010	worker	

已选择 7 行。

在创建表结构时,用 constraint 描述了主键和外部键的同时,也给出主键的名字为 pk_dept 和外部键名字为 dept_fkey,所以可从数据字典中查询出来。

例 7-25 使用唯一索引的例子。

```
create table emp2
(
            empno number(5),
            ename varchar2(15) not null,
            per_id varchar2(18) constraint perid unique
            using index tablespace users,
            job varchar2(10),
```

```
    mgr number(5),
    hiredate date default sysdate,
    comm number(3) default 0.0
);
```

当表建立成功后,生成两个完整性限制:由 ename varchar2(15) not null 生成 sys_c001017,而 constraint perid unique 生成 perid 完整性限制。

```
SQL> select constraint_name,table_name,status,bad,last_change
from user_constraints where table_name='emp2';
constraint_name        table_name      status        bad last_chang
...................    ............    ..........    ...................
sys_c001017            emp2            enabled       2002/02/23
perid                  emp2            enabled       2002/02/23
SQL>
```

它们的搜寻条件分别是:
```
SQL>
SQL> select constraint_name, search_condition from
user_constraints where table_name='emp2';
constraint_name        search_condition
...................    ...................
sys_c001017            "ename" is not null
perid
```

7.8.3 修改完整性

对于完整性,设计者和开发人员或熟悉数据库结构的管理员都可以修改,只要具有 alter any table 权限即可。

例 7-26 将上面的 emp2 的 empno 改为主键。

```
SQL> desc emp2
名称                 空?                类型
................     ................   ................
EMPNO                NOT NULL           NUMBER(5)
ENAME                                   VARCHAR2(15)
PER_ID                                  VARCHAR2(18)
JOB                                     VARCHAR2(10)
MGR                                     NUMBER(5)
HIREDATE                                DATE
COMM                                    NUMBER(3)
SQL> alter table emp2
add (constraint pk_empno primary key (empno));
表已更改。
SQL> desc emp2
```

第 7 章 表和索引及簇的定义与管理

名称	空？	类型
....	....	....
empno	not null	number(5)
ename	not null	varchar2(15)
per_id		varchar2(18)
job		varchar2(10)
mgr		number(5)
hiredate		date
comm		number(3)

SQL>

例 7-27 将上面的 emp2 中加上工资字段 sal，并对工资字段描述限制，最后再对奖金 comm 加限制：comm>0 and comm<sal。

  SQL> alter table emp2 add(sal number(9,2) check (sal>0 and sal<99999),
    2 check (comm>0 and comm<sal));
  表已更改。
  SQL>

例 7-28 删除表中的主键，由于 emp2 表只有一个主键，所以可以用下面命令完成主键的删除。

  SQL> alter table emp2 drop primary key;
  表已更改。

例 7-29 使表限制无效，先查出 emp2 表的限制，再使某个限制失效。

  SQL> connect zhao/zhao
  已连接。

① 查询 emp2 表的限制信息

  SQL> select constraint_name, search_condition, status from user_constraints
    2* where table_name='emp2'

constraint_name	search_condition	status
....	....	....
sys_c001021	comm>0 and comm<sal	enabled
sys_c001017	"ename" is not null	enabled
perid		enabled
sys_c001020	sal>0 and sal<99999	enabled

  SQL>

② 使 emp2 表的 sys_c001020 无效

  SQL> alter table emp2 disable constraint sys_c001020;

③ 再查询 emp2 表的限制信息

  SQL> select constraint_name, search_condition, status from user_constraints
    where table_name='emp2';

constraint_name	search_condition	status

sys_c001021	comm>0 and comm<sal	enabled
sys_c001017	"ename" is not null	enabled
perid		enabled
sys_c001020	sal>0 and sal<99999	disabled

7.8.4 完整性的数据字典

有时需要从数据字典中导出完整性限制，以便于整理文档或在新环境下移植。与完整性限制有关的数据字典有以下几种：

① dba_constraints：限制性的信息；

② dba_indexes：表的主键，外部键及创建的索引的信息；

③ dba_cons_columns：表中限制的列信息；

④ dba_ind_columns：表中的索引列信息。

第 8 章
视图、序列、同义词管理

视图、序列和同义词是 Oracle 的常用对象,在 Oracle 系统安装完成后,就建立了许多 Oracle 系统所用的视图、序列和同义词。此外,在应用系统设计中,也经常需要创建视图、序列和同义词来满足应用的需要。下面给出简要介绍。

8.1 管理视图

视图是查询一个或多个表的语句的描述。当视图创建完成后,它将被当做特殊的表来看待,用户可以像表一样列出视图的结构,可以查询视图的某些列的结果等。

8.1.1 创建普通视图

如果具有 create view 权限就可以在自己的账户下创建视图;如果具有 create any view 权限就可以在自己的账户下或其他账户下创建视图;如果具有 drop view 或 drop any view 权限就可以删除视图;加 with check option,则表示该视图不许对其进行 insert 和 update 等操作;加 with read only,表示不许对该视图进行 insert、update 和 delete 等操作。

(1)创建一般视图

例如有下面结构的 dept 表和 emp 表:

```
create table dept (
deptno number(4) primary key,
dname varchar2(14),
loc varchar2(13));
create table emp (
empno number(4) primary key,
ename varchar2(10),
job varchar2(9),
mgr number(4),
sal number(7,2),
comm number(7,2),
deptno number(2),
foreign key (deptno) references dept(deptno));
```

现在要在 emp 表上建立几个简单的视图:dept10、dept20 和 dept30。

create view dept10 as select ename,deptno,job, sal * 12 sal12
　　from emp where deptno=10;
create view dept20 as select ename,deptno,job, sal * 12 sal12
　　from emp where deptno=20;
create view dept30 as select ename,deptno,job, sal * 12 sal12
　　from emp where deptno=30;

(2) 创建连接视图

可以在上面的 dept 和 emp 表中来建立一个连接视图：

create view emp_dept as

select emp. empno, emp. ename, emp. deptno,emp. sal,dept. dname, dept. loc

from emp, dept

where emp. deptno = dept. deptno

and dept. loc in ('dallas', 'new york', 'boston');

上面的例子中，dept 是主表，emp 是子表(下属表)，emp_dept 是连接视图。

对于上面的连接视图而言，它的操作要遵循以下规则：

① 一般规则

连接视图的任何 insert、update、delete 操作在同时刻只能修改其下属表。

② update 规则

连接视图带有 with check option 子句的,则在连接视图时不能进行 update 操作。

③ delete 规则

如果连接视图存在一个保留关键字，则该连接视图可以进行删除；如果建立时带有 with check option 子句,则在连接视图时不能进行 delete 操作。

④ insert 规则

如果建立时带有 with check option 子句,则在连接视图时不能进行 insert 操作。

【说明】　不要在视图中再建视图,理论上虽可以在视图中再建视图,但这样在查询时会影响速度。

例 8-1　为表 emp 建立视图 dept20,此视图可以显示部门 20 的雇员和他们的年薪。

Create view dept10 As select ename,deptno,job, sal * 12 sal12

　　From emp where deptno=10;

例 8-2

Create view clerk (id_number, person, depart, position)

　　As select empno,ename,deptno,job

　　From emp where job='clerk'

　　With check option constraint wco;

用户不能往 clerk 视图中作 insert(或 update)非'clerk'的记录。

8.1.2　管理普通视图

日常的视图管理包括查看视图、删除视图以及视图语句的导出等。

(1) 检查无效视图

无论是在创建视图时使用了强行(加 force)选项或是由于视图所引用的表被删除而引

起视图的无效,管理员都有责任将无效视图重新正确编译。

```
select
'alter view ' || owner || '.' || object_name ||
' compile ;'
from dba_objects
where status = 'invalid' and object_type = 'view';
```

（2）删除视图

对于不再使用的视图,管理员和程序人员都可以进行清理（删除）,以释放出 system 表空间。只要具有 drop view 或 drop any view 权限就可以对视图进行删除。如：

```
drop zhao.view dept10 ;
```

（3）导出视图语句

有时可能需要将视图的语句从数据字典中导出,则可以用以下方法来实现：

```
set linesize 150
set pagesize 1000
set arraysize 8
set feedback off
set heading off
set long 5000
col view_name for a20
col text for a80
select 'create or replace view '||view_name||' as ',text
from user_views order by view_name;
```

8.2 管理实体视图

实体视图（materialized view）存放有物理数据,包含定义视图时所选择的基表中的行,对实体视图的查询就是直接从该视图中取出数据。

8.2.1 创建实体视图

（1）关键内容：

实体视图存放有物理数据。实体视图背后的查询只在视图建立或刷新时执行,即如果创建后不进行刷新则只得到创建时的数据。

实体视图使用 dbms_mview 程序包中含有刷新和管理实体视图过程来进行管理；

在导出和导入（exp、imp）中使用 mvdata 参数来实现实体视图数据导出和导入；

使用 create materialized view 语句创建实体视图；

实体视图中的查询表叫主表（master tables）（复制项）或详细表（数据仓库项）。为一致起见,这些主表叫主数据库（master databases）；

为了复制目的,实体视图允许在本地管理远程拷贝；

所复制的数据可以使用高级复制特性进行更新；

在复制环境下,通常创建的实体视图都是主键、rowid 和子查询实体视图。

（2）创建实体视图前提

要有授权创建实体视图的权限（create materialized view 或 create snapshot）；

必须有访问各个主表的权限，即有 select any table 的系统权限。

如果在另外的用户模式下创建实体视图，则：

需要有 create any materialized view 或 create any snapshot、select any table 权限；

必须有 create table、select any table 系统权限。

如果带查询重写有效来创建实体视图，则：

主表的主人必须有 query rewrite 系统权限；

如果你不是主表主人，则必须有 global query rewrite 系统权限；

如果模式主人没有主表，则该模式主人必须有 global query rewrite 权限。

（3）创建实体视图语法

下面给出创建实体视图的简单语法：

　　create materialized view［snapshot］［schema.］［materializede_view|snapshot］

　　［［［segment_attributes_clause|lob_storage_clause|cache|nocache］|

　　［cluster cluster（column1,...）］］patitioning_clauses parallel_clause build_clause］|

　　［on prebuilt table［with|without］reduced precision］

　　　　using index［physical_attributes_clause|tablespace tablespace_name］refresh_clause

　　　　for update［disable|enable］query rewrite as subquery；

其中参数说明如下：

schema：模式名。

materialized_view：实体视图名。

segment_attributes_clause：建立 pctfree、pctused、initrans 和 maxtrans 参数。

tablespace：表空间。

lob_storage_clause：大对象存储参数。

logging|nologging：指定创建实体视图时是否需要建立日志。

cache|nocache：实体视图的数据是否被缓存。

cluster：cluster 名。

partitioning_clauses：用于指定实体视图的分区范围或一个 hash 函数。实体视图分区与表分区类似。

parallel_clause：指定实体视图的并行操作和设置查询并行度。

build_clause：当移植实体视图时使用。

noparallel：指定顺序执行（缺省值）。

parallel：如果选择并行度时可指定并行。

threads_per_cpu：初始参数。

parallel integer：指定并行度。

build_clause：指定重建实体视图时的选项。

immediate：指定为 immediate 表示实体视图立即移植（缺省值）；

deferred：指定为 deferred 表示实体视图在下次刷新时移植。第一次延期总是一个完全的刷新，一直到被刷新为止该实体视图的值都是旧的，所以它是不可查询重写的。

on prebuilt table：此项可以以原初始化实体视图（preinitialized materialized view）来注册一个存在的表，这对于大表来说非常有用。它有如下限制：每个列的别名必须与表的列名一样；如果使用 on prebuilt table，则不能对列再指定 not null。

with reduced precision：允许指定表或实体视图精度可以丢失。实体视图的列不能与子查询所返回的精度一致。

without reduced precision：表示不允许指定表或实体视图精度可以丢失。实体视图的列要与子查询所返回的精度一致。这是缺省值。

using index：用此项可以为索引建立 initrans、maxtrans 及 storage 参数。如果不指定本参数，则系统使用原索引。

【限制】 不能在 using index 句子里指定 pctused 或 pctfree 参数。

refresh_clause：用于指定缺省方法、模式及 Oracle 刷新实体视图的次数。如果一个实体视图的主表被修改，则实体视图必须更新才能反映当前的数据。这项可以实现指定时间表和刷新方法。

fast：指定增量刷新方法，该刷新是根据主表的改变进行。这种改变存储在任何一个实体视图的日志或加载日志里。即使还没有在主表下建立实体视图日志，也可以建立一个总和的实体视图。然而，如果建立其他类型的实体视图时，create 语句就会失败，除非实体视图日志已经存在。

如果在创建实体视图时存在合适的实体视图日志，Oracle 将执行快速刷新。为了使 DML 改变和直接的加载都能有效，就要适当限制实体视图的刷新。

complete：指定刷新方法，如果指定了完全刷新，即使已经指定了快速刷新，Oracle 也执行完全刷新。

force：表示强行刷新，它是 fast、complete、force 三种刷新的缺省值。

（4）创建实体示例

例 8-3 创建实体汇总视图。

下面语句建立一个移植的实体视图，并指定缺省的刷新方法、模式及时间：

```
create materialized view mv1 refresh fast on commit
build immediate
as select t.month, p.prod_name, sum(f.sales) as sum_sales
from time t, product p, fact f
where f.cur_date = t.curdate and f.item = p.item
group by t.month, p.prod_name;
```

例 8-4 自动刷新的实体视图。

下面语句创建一个复杂的实体视图 all_emps，利用查询 dallas 和 balt 中的职工表：

```
create materialized view all_emps
pctfree 5 pctused 60
tablespace users
storage(initial 50K next 50K)
```

```
using index storage (initial 25K next 25K)
refresh start with round(sysdate + 1) + 11/24
next next_day(trunc(sysdate,'monday')+15/24,2)
as select * from fran.emp@dallas
union
select * from marco.emp@balt;
```

Oracle 在早上 11 点自动刷新,接着在周一的 15 点进行刷新。缺省刷新方法是 force,all_emps 视图包含一个 union,它是不支持快速刷新的,所以 Oracle 只能用完全(complete)刷新。

8.2.2 运行实体视图的条件

由于运行实体视图实际就是复制数据库,为了使系统能进行复制操作,需要启动后台进程 snp0,…,snp9 和 snpa…snpz。要启动后台进程,就要在 init.ora 参数文件中加上下面参数:

job_quere_processes= integer (integer >=1);

8.2.3 与实体视图有关的数据字典

实体视图是新的对象,它的信息将被存放在下面的数据字典中。

(1) dba_mview_aggregates 存放实体视图的基本信息

```
SQL> desc dba_mview_aggregates
```

名称	是否为空?	类型
owner	not null	varchar2(30)
mview_name	not null	varchar2(30)
position_in_select	not null	number
container_column	not null	varchar2(30)
agg_function		varchar2(8)
distinctflag		varchar2(1)
measure		long

SQL>

(2) dba_mview_analysis 存放实体视图的附加信息

(结构比较长,略去)

(3) dba_mview_detail_relations 存放实体视图的子查询等信息。

```
SQL> desc dba_mview_detail_relations
```

名称	是否为空?	类型
owner	not null	varchar2(30)
mview_name	not null	varchar2(30)
detailobj_owner	not null	varchar2(30)
detailobj_name	not null	varchar2(30)
detailobj_type		varchar2(9)

第8章 视图、序列、同义词管理

        detailobj_alias   varchar2(30)

（4）dba_mview_detail_joins 存放实体视图的列的连接关系信息

（5）dba_mview_detail_keys 存放实体视图的列或表达式的信息

（6）dba_mviews 存放实体视图的基本信息

8.3 管理序列

序列（sequence）是唯一一个发布数字的 Oracle 对象，在需要时，每次按 1 或一定增量增加。序列通常用于产生表中的唯一主键或唯一索引等。

序列是 Oracle 提供用于产生唯一号的一个简单方法。用序列技术可以实现许多一般程序所不能完成的工作，例如，产品加密的产品号等。

8.3.1 Oracle 序列号和高速缓存（cache）

Oracle 的参数文件 init.ora 中有一个参数 cache，它就是用于设置序列号的初始化参数。当设置 cache 值大于 0，并且在创建序列时设置了 cache 值时：

在实例启动后，Oracle 自动产生一组序列号放入缓存中以便加快访问速度；

当这组序列号被用完时，Oracle 将会自动产生另外一组序列号放在缓存中；

当实例关闭或异常退出时，该组还未用完的序列号将丢失，从而产生跳号现象。

为了避免序列号丢失现象的产生，可以设置初始化参数为 0，并创建序列时指定 cache 0。

8.3.2 建立序列

可以用 create sequence 来完成序列的创建，如：

    create sequence emp_no
    increment by 1
    start with 1
    nomaxvalue
    nocycle
    nocache;

建立序号的目的是使用序号，使用序号主要是在插入和查询时使用。

8.3.3 使用序列

例如：使用 sequence：

    insert into orders(orderno,custno)
        values(order_seq.nextval,1032);
    update orders set orderno=orderno=order_seq.nextval
        where orderno=10112;

每使用一次，nextval 自动增 1。currval 是多次使用的值，如果一开始就用，则其值为 0。一般情况下是在 nextval 使用之后才能使用 currval，可以用它来产生同样的号，例如有一批货号有多种商品和数量：

    insert into line_items(orderno,partno,quantity)
        values(order_seq.currval,20231,3);

```
insert into line_items(orderno,partno,quantity)
            values(order_seq.currval,29374,1);
```

【提示】 如果在建立序列的语句中未加上 nocache，则有可能在关闭系统再启动后产生跳号现象。如果系统要求不许跳号，则应在创建序列时在后面加 nocache。

8.3.4 修改序列

可以用 alter sequence 修改已经定义的序列。

例如将 emp_no 修改为步长为 2、最大值为 9999，语法如下：

```
alter sequence emp_no
increment by 2
maxvalue 9999
cycle;
```

8.3.5 查询序列视图

与序列有关的视图有：all_sequences, dba_sequences, user_sequences。

8.4 管理同义词

Oracle 的同义词(synonym)是模式的对象的别名。通过为对象建立同义词，可以隐藏对象的真实名称，方便访问。例如在分布环境下，用户只需要给出被访问对象的名字，而不需给出该对象是在哪个模式(用户)下。

8.4.1 创建同义词

只要具有 create any synonym 和 create public synonym 权限就可以创建同义词。创建同义词的语法是：

```
create [public] synonym [user.]synonym_name
for [user.]table [@database_link];
```

例如：为 scott 模式的 emp 表创建一个公共同义词。语法如下：

```
create public synonym emp for scott.emp;
```

8.4.2 删除同义词

只要有 create any synonym 和 drop any synonym 权限，就可以用 drop synonym 命令实现对同义词的删除。其语法如下：

```
drop public synonym [schema.]synonym_name;
```

例如：删除一个 emp 同义词。

```
drop synonym emp;
```

例如：为当前用户的所有对象建立公共同义词。

可用以下命令来完成创建一个脚本。

```
set echo off
set head off
set verify off
set linesize 200
set pages 0
```

set feedback off

set term on

undefine p_user

def p_user = &&p_user

prompt generating script to drop user

set term off

spool create_syn.sql

select 'drop public synonym '||object_name||';' from user_objects;

select ' create public synonym '||object_name||

' for sale.'||object_name||';' from user_objects;

spool off

start create_syn.sql

8.4.3 同义词数据字典

dba_synonyms:实例中所有同义词；

user_synonyms(=syn):用户的同义词。

第 9 章
管理用户与资源

作为数据库管理员,应该根据分析来确定用户需要什么才能满足他们的需要,而不是根据他们的请求。

在建立角色或授予用户权限时,都会提出下列问题:

用户需要什么?

用户完成工作需要什么?

有没有和当前用户所需的配置相同的当前建立的用户?

用户为进行工作所需要的最低访问级别是什么?

用户合理拥有的最高访问级别是什么?

当建立用户时都存在什么约束?

9.1 用户身份验证方法

Oracle 并不像 Informix 那样采用操作系统来管理用户,Oracle 采用的是确定用户的身份以及该用户是否具有访问权限。通常,Oracle 采用两种验证方法:口令身份验证和操作系统身份验证。

9.1.1 口令身份验证

Oracle 采用"/"后跟口令和不加"/"的口令提示输入方法。如:

```
$ sqlplus system/manager
SQL>
$ sqlplus
Enter username:system
Enter password:******
SQL>show user
User is "SYSTEM"
```

9.1.2 操作系统身份验证

如果用户有一个有效的操作系统账户,而且该账户和 Oracle 数据库账户具有相同的用户名,则该用户就可以访问数据库。

假设在 Unix 上建立了 lance 账户,在 Oracle 中也建立了 ops$lance 账户,则当 lance 连接到 Unix 后,用户不需具有 Oracle 的用户名和口令就能访问 Oracle,实际上 Oracle 是

第 9 章 管理用户与资源

从 Unix 中获得用户 lance,然后检查在 Oralce 中是否存在一个操作系统身份验证账户 ops＄lance,如果该用户存在,就可以访问 Oracle 了。

用户可以在命令行中加斜杠"/"来调用这种形式的登录,如:

%sqlplus/
SQL>show user
user is "ops＄lance"

Oracle 除了可以从 Unix 中得到用户名外,还可以从像 Dce,Kerberos,Sesame 这样的网络软件中接受身份验证。

9.2 建立用户

建立用户要考虑三个要素,即资源配置文件、缺省表空间、临时表空间。

建立用户有三种方法,分别为使用 enterprise manager,使用 security manager 和使用 create user 命令方式。

9.2.1 建立用户命令语法

建立用户语法如下:

create user username identified by password
or identified exeternally
or identified globally as ′cn＝user′
[deafult tablespace tablespace]
[temporary tablespace tablespace]
[quota [integer K[M]][unlimited] on tablespace
[,quota [integer K[M]][unlimited] on tablespace
[profiles profile_name]
[password expire]
[account lock or account unlock]

其中参数说明如下:

create user username:用户名;

identified by password:用户口令;

identified by exeternally:用户名在操作系统下验证,这个用户名必须与操作系统中所定义的用户相同;

identified globally as ′cn＝user:′用户名是由 Oracle 安全域中心服务器来验证,cn 名字标识用户的外部名;

[deafult tablespace tablespace]:缺省的表空间;

[temporary tablespace tablespace]:缺省的临时表空间;

[quota [integer k[m]][unlimited] on tablespace_name]:允许使用(K[M]字节);

[,quota [integer K[M]][unlimited] on tablespace:同上;

[profiles profile_name]:资源文件的名字;

[password expire]:立即将口令设成过期状态,用户在登录进入前必须修改口令;

[account lock or account unlock]:用户不被加锁。

9.2.2 建立用户例子

例 9-1 建立一个用户名为 zhao、口令为 zhaoabc 的用户,并使该用户能与 Oracle 系统进行连接。

步骤如下:

(1) 用 system 或 sys 登录;

(2) create user zhao identified by zhao default tablespace user_tab;

(3) grant connect,resource to zhao;

例 9-2 建立一个用户名并指定临时表空间。

语法如下:

  create user zhao identified by zhao_yuan_jie

  default tablespace users

  temporary tablespace temp quota 10M profile prfile1;

9.3 建立外部验证用户

外部识别(authenticated)的 Oracle 用户可以被客户端的操作系统验证,即在 Oracle 外放置了用于口令管理和用户验证的控制。此类登录不再需要 Oracle 口令。操作系统实现验证所需步骤如下:

① 在 initsid.ora 文件中设置 os_authent_prefix 参数,一般加上前缀 ops＄。如在 initsid.ora 文件上加:

…

os_authent_prefix="ops＄";

…

② 用 create user 命令建立外部用户:

  create user ops＄zhao identified by externally;

如果在 initsid.ora 文件的 os_authent_prefix=""(即没有设置为 ops＄),则:

  create user zhao identified by externally;

  create user ops＄zhao_yj identified by externally

  default tablespace users

  temporary tablespace temp

  quota unlimited on users

  quota unlimited on temp;

9.4 建立全局验证用户

在 Oracle 数据库里,可以将用户配置成不需要验证口令的方式,用以替代来自 x.509 企业目录服务的口令检查。这种类型的用户一般都是在大型企业里使用,中小型企业验证启用 Oracle 安全服务(OSS)来实现单独的注册。建立全局验证的用户需要用 gloablly as

＜directory_name＞语句。例如：

  create user scott identified globally as ′cn＝scott，
  ou＝division1，o＝sybex，c＝us′；

9.5 使用密码文件验证用户

  Oracle 除了上面的验证方法外，还提供密码文件验证。使用这样的验证方法可以从远程对 Oracle 系统进行管理，例如可以进行 startup 和 shutdown 操作等。如果希望采用密码文件进行验证，则需要用 orapwd 实用程序建立密码文件，下面是建立密码文件的例子。

  (1) 用 $ orapwd[enter]命令方式建立密码文件

  关于 orapwd 实用程序的用法另见随软件所赠的原版资料，当输入 orapwd 就按[enter]键，则会出现：

  usage:orapwd file=＜filename＞password=＜password. entries=＜users＞
  where file_name of password file (mand)，
  password－password for sys and internal (mand)，
  entries－maximum number of distinct dba and opers(opt)，
  there are no space around the equal－to(＝) character.

其中参数说明如下：

file:密码文件的路径和名字；

password:进入 sys 的管理员的口令；

entries:是可存放管理员账户的数目。

例如:创建一个密码文件。

  $ orapwd file＝$ Oracle_home/Oracle/intra. passwd
  password＝change_on_install_new entries＝30

以上命令建立一个密码文件 intra. passwd，可以记录 30 个数据库管理员的密码，它的口令为 change_on_install_new。

  (2) 在参数文件上设置远程允许权

允许从远程进行管理，还需要在 initsid. ora 参数文件上加下面参数：

  remote_login_passwordfile＝exclusive

  (3) 将 sysdba 角色的权限授予其他的用户

要想使其他的用户也能远程管理 Oracle,则需要从 sysdba 给其他用户进行授权。例如：

  SQL＞connect sys/change_on_install_new as sysdba；

(注意要以 sysdba 登录)

  SQL＞grant sysdba to zhao；

  SQL＞grant sysoper to scott；

  (4) 可以从本地或远程登录并进行管理

从本地登陆:SQL＞connect zhao/zhao as sysdba；

从远程登陆:connect zhao/zhao@intranet as sysdba；

上面的 sysdba 包含的权限是所有的系统权限；而 sysoper 包含的权限仅是 startup, shutdown, alter database, archive log, recover 和 restricted session。

9.6 修改与删除用户

9.6.1 修改用户

当用户创建完成后，管理员的工作主要是对用户的口令和限制参数进行修改。可以使用 alter user 命令用于修改用户的资源限制和口令等。其命令语法如下：

  alter user username identified by password
  or identified exeternally
  or identified globally as 'cn=user'
  [deafult tablespace tablespace]
  [temporary tablespace tablespace]
  [quota [integer K[M]][unlimited] on tablespace
  [,quota [integer K[M]][unlimited] on tablespace
  [profiles profile_name]
  [password expire]
  [account lock or account unlock]
  [default role role[,role]
  or [default role all [expet role[,role]]]or[default role note]

超出限额的提示：

ORA-01536: space quota exceeded for tablespace 'system'

例 9-3 增加资源给用户。

  sqlplus system/manager
  SQL>alter user sideny quota 10M on system;

例 9-4 查询用户的资源限额信息。

  SQL>select * from dba_ts_quotas;

tablespace	username	bytes	max_bytes	blocks	max_blocks
system	system	194560	0	190	0
users	scott	61440	-1024	60	-1
system	dak	71680	0	70	0
users	house	0	0	0	0
system	house	3.2e+07	0	31395	0

这里 max_blocks = -1 表示不受限制的意思。

例 9-5 修改用户资源。

  alter user avyrros
  identified externally
  default tablespace data_ts

temporary tablespace temp_ts

quota 100M on data_ts

quota 0 on test_ts

profile clerk；

例 9-6 修改用户口令：

alter user andy identified by swordfish；

9.6.2 删除用户

可以用 drop user 将不要的用户从数据库系统中删除。语法如下：

drop user user.name [cascade]；

例 9-7 如果加 cascade 则连同用户的对象一起删除。

SQL＞drop user zhao cascade；

【说明】 不要轻易使用 drop user 命令。只有在确认某个用户没有保留时才使用该命令。

如果确实要删除某个用户，而该用户拥有大量的表时，删除可能需要很长的时间。为了加快用户的删除速度，建议管理员先将该用户的对象删除(实际是废除)，然后再删除用户。下面是介绍删除技巧的一个例子。

例如：快速删除用户的对象和删除用户。

/＊本脚本提示要删除的用户名 ＊/

set echo off

set head off

set verify off

set linesize 200

set pages 0

set feedback off

set term on

undefine p_user

def p_user ＝ &&p_user

prompt generating script to drop user

set term off

spool drop_user.SQL

select ′truncate table ′ ‖ owner ‖′.′‖object_name ‖ ′;′

from dba_objects

where owner ＝ upper(′&p_user′)

and object_type ＝ ′table′

union

select ′drop table ′ ‖ owner ‖′.′‖object_name ‖ ′ cascade;′

from dba_objects

where owner ＝ upper(′&p_user′)

and object_type ＝ ′table′

```
        union
        select 'drop ' || owner ||'.'|| object_type || ' ' || object_name || ';'
        from dba_objects
        where owner = upper('&p_user')
and object_type in ('procedure','package','package body','function','sequence')
        order by 1 desc
        /
        spool off
        set term on
        prompt dropping user objects
        set term off
        start drop_user.sql
        set term on
        prompt dropping user
        set term off
        drop user &p_user cascade;
        set pages 24
        set head on
        set verify on
        set feedback on
        undefine p_user
        set term on
        set echo on
```

第 10 章 管理用户权限及角色

10.1 系统权限的授予与撤销

Oracle 把用户分为三级,即 connect user,resource user 及 DBA。具有 connect 权限的用户可以读写被授权的对象,但不能建立对象;具有 resource 权限的用户既可以读写数据可以创建对象(如表、视图等);具有 DBA 权限的用户可以拥有访问系统中任何对象的权力。

10.1.1 用户权限

作为 Oracle 的一般用户,其所有的权限见表 10-1。

表 10-1　　　　　　　　　　　一般用户权限表

权 限	描 述
create session	允许用户联到 Oracle 数据库,用户可访问 Oracle
alter session	允许用户发出 alter session 设置系统参数
force transaction	允许用户在本地数据库中提交或回滚分布数据库事务,一般不用设置该权限

10.1.2 开发者权限

一般不需要给开发者太大权限,有必要明确开发者的相应权限。一般开发者所具有的权限见表 10-2。

表 10-2　　　　　　　　　　　开发者的权限

权 限	描 述
create cluster	创建属于开发者自己的表聚簇,开发者也能撤销他们拥有的聚簇
create procedure	创建属于开发者的存储过程、软件包和函数,开发者也能撤销他们所拥有的这些对象
create database link	定义一个数据库连接,因为这是一个命名指向其他数据库的指针,所以这个特性类一个同义词,主要差别是可以存储远程系统中确立的 Oracle id 和口令作连接的一部分
create public synonym	为了引用一个诸如表或视图的数据库对象所创建的一个替代名,实例中的任何用户都能使用这个名称调用它所代表的对象,用户要访问对象仍需要对象权限

续表 10-2

权限	描述
drop public synonym	为了引用数据库而删除替代名称,该数据库对象可被实例中的所有用户使用
create sequence	创建一个开发者所有的序列,开发者也能撤销任何他们建立的序列
create snapshot	创建一个位于另一个 Oracle 实例中的表的本地拷贝,开发者也能撤销他们拥有的快照
create synonym	创建一个专用的同义词(仅供开发者使用),开发者也能撤销他们拥有的任何同义词
create table	开发者可以创建表和删除表
create trigger	开发者可以创建或删除他们拥有的触发器
create view	开发者可以创建或删除他们拥有的视图
unlimited tablespace	允许开发者在表空间中创建对象而不受表空间大小限制
create type	允许开发者创建新的对象类型
drop type	允许开发者删除对象类型
create library	允许开发者创建新的对象库
drop library	允许开发者删除对象库

10.1.3 DBA(数据库管理员)权限

在 Oracle 系统中最强大也是最危险的权限是 any,如果开发者被授予 create table 权限,则他仅有权建立和删除自己的表,但如果把 drop any table 权限授予开发者,则他就可以删除系统中任何表。这是一个关系重大的权限。因为按规定,数据库管理员执行破坏性的命令时应该考虑到这个问题。在许多情况下,这是很必要的,例如,有的开发者可能创建了许多无用的表,这时需要管理员具有删除任何表的权限。DBA 具有的权限见表 10-3。

表 10-3　　　　　　　　　　　　　DBA 权限表

权限	描述
analyze any	允许用户收集最优化统计,使结构有效或识别在数据库中的任何表,表聚簇中被移动和被链接的行
aduit any	允许用户对数据库中的任何对象进行审计
create any cluster	允许用户创建聚簇,并给数据库中的任何用户赋予所有权
alter any cluster	允许用户改变数据库中任何用户的聚簇
drop any cluster	允许用户删除数据库中任何用户的聚簇
create any index	允许用户在数据库中为任何表建立索引,并给数据库中任何用户授予所有权
alter any index	允许用户改变数据库中任何用户的索引
drop any index	允许用户删除数据库中任何用户的索引
grant any privilege	允许用户将数据库中任何权限授予任何用户,这是 DBA 授予系统的基本要求。注意:本权限并不包括用户授予对象的权限,只有对象的所有者才能授予对象的权限
create any procedure	允许用户创建过程、软件包或函数,并给数据库中等任何用户赋予所有权。拥有这个权限首先拥有 alter any table,backup any table,drop any table,lock any table,comment any table,select any table,delete any table 或 grant any table 中等某些权限,具体有哪些权限取决于实际要做什么工作

续表 10-3

权　限	描　述
alter any procedure	允许用户修改数据库中任何用户的拥有的任何过程软件包或函数.
drop any procedure	允许用户删除数据库中任何用户的拥有的任何过程软件包或函数.
execute any procedure	允许用户执行数据库中任何用户的拥有的任何过程软件包或函数。这个权限超越赋予所有者过程、软件包或函数的对象权限
alter any role	允许用户修改在数据库中创建的任何角色
drop any role	允许用户删除在数据库中创建的任何角色
grant any role	允许用户角色授予数据库中的另外用户
create any sequence	允许用户在数据库中创建的序列并给数据库中的任何用户赋予所有权
alter any sequence	允许用户修改数据库中任何用户拥有的序列
drop any sequence	允许用户删除数据库中任何用户拥有的序列
select any sequence	允许用户使用数据库中任何用户拥有的序列
create any snapshot	允许用户创建另一个实例中的表的本地拷贝,并给数据库中任何用户赋予所有权。这个用户必须有 create any table 的权限
alter any snapshot	允许用户编译数据库中任何用户拥有的快照
drop any snapshot	允许用户删除数据库中任何用户拥有的快照
create any synonym	允许用户创建专有的同义词并给数据库中任何用户赋予所有权
drop any synonym	允许用户删除数据库中任何用户拥有的同义词
create any table	允许用户创建表并给数据库中任何用户赋予所有权
alter any table	允许用户修改数据库中任何用户拥有的表的结构
drop any table	允许用户删除数据库中任何用户拥有的表
lock any table	允许用户锁住数据库中任何用户拥有的表(或表中的行)
comment any table	允许用户对数据库中任何用户拥有的表加注释
select any table	允许用户查询数据库中任何用户拥有的表
insert any table	允许用户向数据库中任何用户拥有的表插入新行
update any table	允许用户更新数据库中任何用户拥有的表
delete any table	允许用户删除数据库中任何用户拥有的表的记录
force any transaction	允许用户提交或回滚与数据中任何用户有关的分布式数据库事务
create any trigger	允许用户创建触发器并给数据库中任何用户赋予所有权
alter any trigger	允许用户修改(使起作用或不起作用或重新编译)数据库中任何用户拥有的触发器
drop any trigger	允许用户删除数据库中任何用户拥有的触发器
create any view	允许用户创建视图,并给数据库的任何用户赋予所有权。创建者必须拥有 alter any table,backup any table,drop any table,lock any table,comment any table,select any table ,insert any table,update any table 或 delete any table 中的某些权限。具体有哪些权限取决于用户要创建的视图。当用户要访问一个未被授权的表时,上面的权限首先要起作用
drop any view	允许用户删除数据库中任何用户拥有的视图

续表 10-3

权限	描述
create any type	允许用户在数据库中创建一个用户类型
drop any type	允许用户在数据库中删除一个用户类型
create any library	允许用户在数据库中创建一个库
drop any library	允许用户删除数据库中一个库

10.1.4 数据库维护者(DBA)权限

DBA 在维护数据方面所具有的权限见表10-4。

表 10-4　　　　　　　　　DBA 对数据库维护的系统权限

权限	描述
alter database	发出 alter database 命令,包括安装、打开数据库、管理日志文件和控制文件以及改变归档日志状态等
create profile	允许用户创建配置文件,在配置文件中可以设置某些 Oracle 资源使用限制(度)
alter profile	允许用户修改配置文件
drop profile	允许用户删除配置文件
alter resource cost	当数据库跟踪资源成本时,允许更改概要文件中的计算资源消耗的方式
create public database link	允许用户创建对别其他 Oracle 实例的链接,这个 Oracle 实例能被所有的用户访问
drop public database link	允许用户删除公共的数据库链接
create role	允许用户创建角色
create rollback segment	允许用户在表空间上创建回滚段
alter rollback segment	允许用户在表空间上改变回滚段的结构
drop rollback segment	允许用户在表空间上删除回滚段
alter system	允许用户发出 alter system 命令,该命令用来切换日志文件,检查数据文件,设置某些系统参数,切断对 Oracle 的连接以及其他类似的功能等
create tablespace	允许用户创建新的表空间。注意:该 Oracle 用户必须有访问操作系统的权限以及有足够的盘空间
alter tablespace	允许用户修改已建好的表空间,包括增加数据文件等
manage tablespace	允许用户对表空间执行热备份以及将表空间在联机之间进行切换
become user	切换成数据库的另一用户,这仅用于整个数据库的导入和输出。在 SQL*Plus 提示下此命令无效
alter user	允许改变任何用户的配置(包括改变口令)
drop user	允许从 Oracle 中删除用户
aduit system	允许对系统进行审计

10.2 对象权限的授权与撤销

一般情况下,先将对象的访问权授予某个角色,然后把角色授予用户。一般来说,如果系统并不复杂时常采用无角色的授权。但还是建议采用角色授权与用户授予角色的授权方式来管理系统。

10.2.1 grant 命令

  grant system_privilege | role to user | role | public
  [with admin option];
  grant object_privilege | all column on schema.object
  from user | role | public with grant option

其中参数说明如下:

system_privilege:系统权限或角色;

user:角色;

role:被授予的用户或角色;

object_privilege:对象的权限,可以是:alter、delete、execute、index、insert、references、select、update。

例如:

  grant create table to gavaskar;
  grant team_leader to crystal;
  grant insert,update on sales to larry with grant option;
  grant all to public;

10.2.2 revoke 命令

  revoke system_privilege | role from user | role | public
  revoke object_privilege | all on schema.object from user
  | role | public cascade constraints

其中参数说明如下:

system_privilege:系统权限或角色;

object_privilege:对象的权限,可以是 alter、delete、execute、index、insert、references、select、update。

例如:

  revoke alter tablespace from john;
  revoke grant any role from todd;
  revoke manager from imran;
  revoke insert on sales from javed;
  revoke all on marketing from terry;.

10.3 角色与授权

10.3.1 角色概念

角色是一个数据库实体,它包括一组权限。也就是说,角色是包括一个或多个权限的集合,它不被哪个用户拥有,它只能授予某些用户。这样,管理员可以使用 create role 语句建立一些不同级别的角色,这些角色不要与用户名相同。然后,根据各个用户的情况(比如他们所担当的工作)来授予不同的角色。

10.3.2 识别用户权限

Oracle 用户的权限包括系统权限(system privileges)和对象权限(object privileges)。

(1) 系统权限

到目前为止,Oracle 拥有超过 100 多项系统权限。这些权限可以根据需要专门授予。

① 系统权限的限制

由于系统权限有很强的功能,Oracle 建议用户在配置系统时要明确非 DBA 用户的权限。不要任何用户都有 any 权限,例如 update any table。为了安全,请在初始化参数文件中加 o7_dictionary_accessibility=false,这条语句可以限制 system 的一些权限。如果该参数为 true,则表示允许访问 sys 模式的对象。

② 频繁访问的字典对象

用户使用潜在的或管理权限(sysdba)可以访问数据字典。如果其他用户没有这样的权限,则需要进行以下授权:

select_catalog_role:使用户可以访问所有可导出的被授权的视图和表。

execute_catalog_role:可以执行数据字典的包。

delete_catalog_role:使用户可以删除 aud$ 表。

(2) 对象权限

每种对象都有不同的权限,这些权限都可以用 grant 命令来机械地授权。例如:

    grant all on emp to public;

同样,也可以用 revoke 语句来实现撤销权限。如

    revoke all on emp to public;

由于对象的不同,所要求的权限也不同,作为 Oracle 用户和管理员要了解对象与权限的关系。对象与权限的关系见表 10-5。

表 10-5　　　　　　　　　　　对象权限表

权限对象	alter	delete	execute	index	insert	read	reference	select	update
directory	no	no	no	no	no	yes	no	no	no
function	no	no	yes	no	no	no	no	no	no
procedure	no	no	yes	no	no	no	no	no	no
package	no	no	yes	no	no	no	no	no	no
db object	no	no	no	no	no	no	no	no	no
library	no	no	yes	no	no	no	no	no	no

第 10 章　管理用户权限及角色

续表 10-5

权限对象	alter	delete	execute	index	insert	read	reference	select	update
operator	no	no	yes	no	no	no	no	no	no
sequence	yes	no	yes	no	no	no	no	yes	no
table	yes	yes	no	yes	yes	no	yes	yes	yes
type	no	no	yes	no	no	no	no	no	no
view	no	yes	no	no	yes	no	no	yes	yes

（3）管理对象的系统权限

对于 Oracle 管理员来说，需要知道什么样的系统权限能管理哪些对象。表 10-6 给出管理不同对象所需的系统权限。

表 10-6　　　　　　　　　　不同对象的系统权限

对象类型	create	create any	alter	alter any	drop
cluster	yes	yes	no	yes	no
context	no	yes	no	no	no
database link	yes	no	no	no	no
public database link	yes	no	no	no	yes
dimension	yes	yes	no	yes	no
directory	no	yes	no	no	no
indextype	yes	yes	no	yes	no
index	no	yes	no	yes	no
library	yes	yes	no	no	yes
materialized view	yes	yes	no	no	no
operator	yes	yes	no	no	no
outline	no	yes	no	yes	no
procedure	yes	yes	no	yes	no
profile	yes	no	yes	no	yes
role	yes	no	no	yes	no
rollback segment	yes	no	yes	no	yes
sequence	yes	yes	no	yes	no

137

续表 10-6

对象类型	create	create any	alter	alter any	drop
snapsgot	yes	yes	no	yes	no
synonym	yes	yes	no	no	no
public synonym	yes	no	no	no	yes
table	yes	yes	no	yes	no
tablespace	yes	no	yes	no	yes
trigger	yes	yes	no	yes	no
type	yes	yes	no	yes	no
user	yes	no	yes	no	yes
view	yes	yes	no	no	no
cluster	yes	no	no	no	no
context	yes	no	no	no	no
database link	no	no	no	no	no
dimension	yes	no	no	no	no
directory	yes	no	no	no	no
indextype	yes	yes	no	no	no
index	yes	no	yes	yes	no
library	yes	no	no	no	no
materialized view	yes	no	yes	yes	no
operator	yes	yes	no	no	no
outline	yes	no	no	no	no
procedure	yes	yes	no	no	no
profile	no	no	no	no	no
role	yes	no	no	no	no
rollback segment	no	no	no	no	no
sequence	yes	no	no	no	yes
snapshot	yes	no	yes	yes	no
synonym	yes	no	no	no	no
public synonym	no	no	no	no	no
table	yes	no	no	no	yes
tablespace	no	no	no	no	no
trigger	yes	no	no	no	no
type	yes	yes	no	no	no
user	no	no	no	no	no
view	yes	no	no	no	no

10.3.3 管理用户角色

(1) 系统预定义的角色

系统在安装完成后就有若干用于系统管理的角色,这些角色叫预定义角色。系统预定义的角色见表 10-7。

表 10-7　　　　　　　　　　Oracle 系统的预定义角色

角色名	创建脚本	说　　　明
connect	sql.bsq	包括下面权限:alter session,create cluster,create database link,create sequence,create session,create synonym,create table,create view
resource	sql.bsq i	包括下面权限: create cluster,create indextype,create operator,create procedure,create sequence,create table,create trigger,create type
dba	sql.bsq	所有的管理权限
exp_full_database	catexp.sql	执行数据库导出所需的权限,包括: select any table,backup any table,execute anyprocedure,execute any type,administer resource manager,在 sys.incvid、sys.incfil、sys.incexp 表的 insert、delete、update;此外,还有 execute_catalog_r 与 select_catalog_role
imp_full_database	catexp.sql	提供执行全数据库导出所需要的权限,包括系统权限列表(用 dba_sys_privs)和下面角色:execute_catalog_role and select_catalog_role
delete_catalog_role	sql.bsq	删除权限
execute_catalog_role	sql.bsq	在所有目录包中有执行权(execute),见 hs_admin_role
select_catalog_role	sql.bsq	在所有表和视图上有 select 权,见 hs_admin_role
recovery_catalog_owner	catalog.sql	为恢复目录提供权限,包括:create session,alter session,create synonym,create view,create database link,create table,create cluster,create sequence,create trigger,create procedure
hs_admin_role	caths.sql	用于保护异类 HS(Heterogeneous Services)数据字典表(授权 select)和包(授权 execute),授权 select_catalog_role 和 execute_catalog_role
aq_user_role	catqueue.sql	Oracle 7.0 保留的 dbms_aq 和 dbms_aqin
aq_administrator_role	catqueue.sql	提供管理高级查询,包括 enqueue anyqueue、dequeue any queue,manage any queue,在 AQ 表的 select 权和 AQ 包的 execute 权
snmpagent	catsnmp.sql	用于企业管理器和智能代理,包括:analyze any 和在视图上授 select 权

系统预定义的角色可以从 dba_roles 数据字典中查询到。例如:

```
SQL> select * from dba_roles;
role            password          authenticat       com          o
.....................................................................
connect         no                none              yes          y
```

resource	no	none	yes	y
dba	no	none	yes	y
audit_admin	no	none	yes	y
audit_viewer	no	none	yes	y

……

已选择 84 行。

(2) 创建角色

create role 语法如下：

  create role rolename

   [[not identified|identified] [by password| externally|globally];

其中参数说明如下：

rolename：角色名；

identified by password：角色口令；

identified by exeternally：角色名在操作系统下验证；

identified globally：用户是由 Oracle 安全域中心服务器来验证，此角色有全局用户来使用。

例如：

  create role vendor identified globally；

  create role teller identified by cashflow；

(3) 给角色授权

一旦角色建立完成，就可以对角色进行授权，用 grant 语句实现。如果系统管理员具有 grant_any_privilege 权限，则可以对某个角色进行授权。例如将 create session、create synonym、create view 等授权给角色。

例如：

  grant create session，create database link to manager；

(4) 授予用户权限与角色

对用户进行授权，包括授予用户系统预定义的权限，也包括自己定义的角色。与一般的授权一样，都是用 grant 命令来授予用户权限与角色的。

例 10-1 下面语句将系统权限 create session 和 accts_pay 角色给 jward 用户。

  grant create session，accts_pay to jward；

例 10-2 下面语句将 emp 表的 select，insert 和 delete 权限授予 jfee，tsmith 用户。

  grant select，insert，delete on emp to jfee，tsmith；

(5) 删除角色

只要具有相应权限，就可以用 drop role 命令删除角色。例如：

  drop role manager；

(6) 角色与权限的查询

① 确定角色的权限

授予用户某个角色，则角色的权限也就授予了用户，管理员需了解角色被授予哪些权限，以便知道哪些角色权限能用或者应撤销哪些权限。

role_tab_privs:授予角色的对象权限;
role_role_privs:授予另一角色的角色;
role_sys_privs:授予角色的系统权限。

② 确定用户所授予的权限

为了维护用户,必须知道哪些 Oracle 账户被授予哪些权限,这些权限可能是直接授予,也可能是通过角色授予的。授予用户权限命令如下:

dba_tab_privs:包含直接授予用户账户的对象权限;
dba_role_privs:包含授予用户账户的角色;
dba_sys_privs:包含授予用户账户的系统权限。

例 10-3 以用户名为变量来查询用户 house1 被授予哪些权限。

SQL>select * from dba_tab_privs where grantee='&grantee';

或

SQL>select * from dba_tab_privs where grantee in (select username from dba_users);

为 grantee 输入值: house1

原(值) 1: select * from dba_tab_privs where grantee='&grantee'
新(值) 1: select * from dba_tab_privs where grantee='house1'

grantee	owner	table_name	grantor	privilege	grant
house1		house_fund	acct_rate	house_fund alter	no
house1		house_fund	acct_rate	house_fund delete	no
house1		house_fund	acct_rate	house_fund index	no
house1		house_fund	acct_rate	house_fund insert	no
house1		house_fund	acct_rate	house_fund select	no
house1		house_fund	acct_rate	house_fund update	no
house1		house_fund	acct_rate	house_fund reference	no

例 10-4 用下面语句可查询授权用户的系统权限。

SQL>select granted_role,default_role from dba_role_privs
where grantee='&grantee';

例 10-5 下面语句可查询通过角色授予用户账号的对象权限。

SQL>select rp.owner||'.'||rp.table_name,privilege
from role_tab_privs rp,dba_role_privs dp
where rp.role=dp.granted_role
and dp.grantee='&grantee';

例 10-6 如何确定在会话中的有效角色,session_roles 语句包含了一个会话(即当前用户)的所有有效角色。

SQL>select * from session_roles;

role
....

connect
resource
dba
select_catalog_role
hs_admin_role
execute_catalog_role
delete_catalog_role
exp_fill_database
imp_full_database

③ 怎样为用户删除缺省的角色

当将某一角色授予某个用户后，该角色即成为该用户的缺省角色，如想删除该角色，可以用 alter user 命令来实现。语法如下：

alter user user_name
{default role role_name |
all |
all except role_name |
none
}

例 10-7

SQL>create user zhao identified by zhao;

SQL>create role developer;

SQL>grant connect,developer to zhao;

这样 developer 即成了 zhao 的缺省角色,删除缺省角色 developer 语法如下：

SQL>alter user zhao default role all except developer;/*除 developer 外其他都保留。*/

④ 怎样使角色失效

使用 set role 命令可以使用口令失效。语法如下：

set role
{ role_name | [identified by password]|
all |
all except rolename
}

set role 不能在 PL/SQL 中使用,但可以在 visual basic,developer/2000、delphi 中使用。

例 10-8

SQL>create user zhao identified by zyj;

SQL>create role sale;

SQL>create role helpdesk identified by help_txt;

SQL>grant connect,sale,helpdesk to zhao;

SQL>

SQL>alter user zhao

default role all except help_txt；/* 使 help_txt 成为非缺省角色。*/

SQL> select role from session_roles；

SQL>set role help_txt identified by help_txt；

以上语句使角色 help_txt 生效，而 connect,sale 就自然无效了。

例 10-9　怎样使一个角色生效时其他角色不失效(需生效的均列出即可)。

SQL>set role connect,assistant,officeworker identified by charpter3；

10.4　有关的数据字典

与用户、角色权限有关的数据字典：

dba_users	实例中有效的用户及相应信息
dba_ts_quotas	用户对表空间的使用限制信息
user_resource_limits	用户资源的使用限制信息
dba_profiles	系统所有资源文件信息
resource_cost	系统每个资源的代价
v＄session	实例中会话的信息
v＄sesstat	实例中会话的统计
v＄statname	实例中会话的统计代码名字
dba_roles	实例中已经创建的角色的信息
role_tab_privs	授予角色的对象权限
role_role_privs	授予另一角色的角色
role_sys_privs	授予角色的系统权限
dba_role_privs	授予用户和角色的角色
session_roles	用户可用的角色的信息

第 11 章
多租户容器数据库

Oracle12c 推出了一个新特性,叫多租户(Multitenant),向云计算或者云数据库迈出重要一步,使 Oracle 数据库具有了"云计算"的某些特征。"多租户"能够便捷的管理数据库,比如数据库的移动等。

数据库多租户是一个数据库中的单一实例服务多个用户的架构。每个用户称之为一个租户。租户们是逻辑隔离、物理集成的。在一个典型的多租户数据库中,原本不共享也看不到彼此数据的租户,在运行统一系统、使用统一硬件和存储系统时,就可以分享同一数据库。

多租户功能是一个数据库整合平台,把一个单一的多租户容器数据库(CDB)当做很多的可插拔数据库(PDBs)使用,如图 11-1 所示。操作系统会将一个物理 CDB 视为数据库,而用户或租户则会将一个虚拟 PDB 视为数据库。

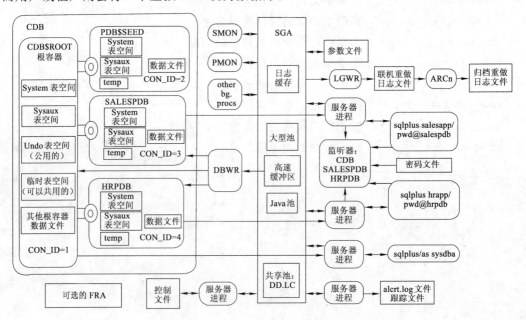

图 11-1 多租户容器数据库的体系结构

如需创建可插拔功能的 CDB,必须使用 CREATE PLUGGABLE DATABASE 语句,不是通过这种方式创建的数据库(非 CDB 数据库)无法容纳可插拔数据库。在 Oracle Database 12c 出现前,非 CDB 数据库是唯一的数据库类型。可插拔数据库的术语见表 11-1。

多租户架构通过对不同租户中的数据库内容进行分别管理,既可保障各租户之间所需的独立性与安全性,保留其自有功能,又能实现对多个数据库的合一管理,从而提高服务器的资源利用效率,减少成本、降低管理的复杂度。

表 11-1　　　　　　　　　　　可插拔数据库的术语

序号	术语	语义
1	容器数据库(CDB)	含有一个或多个可插拔数据库的数据库
2	可插拔数据库(PDB)	可以在 CDB 之间以无缝方式传输的一组数据文件和元数据
3	根容器	与 COB 中所有容器有关的主数据文件和 l 元数据组。根容器的名称为 CDB＄ROOT
4	容器	数据文件和元数据的集合。它可以是根容器、种子容器或可插拔数据库
5	种子可插拔数据库	数据文件和元数据的模版,可用于创建新的可插拔数据库。种子可插拔数据库的名称为 PDB＄SEED
6	插入	将可插拔数据库的元数据和数据文件与 CDB 关联起来
7	拔出	断开叫插拔数据库的元数据和数据文件与 CDB 的连接
8	克隆	通过复制另一个数据库(利子、PDB 或非 CDB),创建可插拔数据库
9	CON_ID	所有 CDB 容器的唯一标识符
10	CON_NAME	CDB 容器的名字标识符
11	CDB 数据字典视图	这些视图含有 CDB 中所有可插拔数据库的元数据。只有使用根容器的特权用户才能查看这些视图。要查询可插拔数据库的信息,必须使其处于 OPEN 状态

Oracle12c 的多租户架构,具有以下几个方面的优势:

① 更高的安全性。CDB 中的可插拔数据库与大型轮船中的集装箱类似。每个集装箱都安全地与其他集装箱分隔开并拥有独立的空间。如果你处在某个集装箱中,就不会感觉到轮船上有其他的集装箱。船长(就像连接根容器的 SYS 用户)知道船上有哪些集装箱,并且可以通过载货单(CDB 级的元数据视图)查看每个集装箱的货物。

② 适合的数据粒度。如有必要,可执行容器级的修复和维护操作。同样,也可以在不影响 CDB 中其他可插拔数据库的情况下,将可插拔数据库切换到脱机状态执行维护操作。

③ 更好的协同性。每个集装箱都高效共享轮船的公共资源,如引擎、船员和导航系统。可插拔数据库共享资源的情况与此类似,它们共享公用的 SGA、UNDO 表空间、FRA 参数文件、重做流(联机重做日志和归档重做日志)、后台进程和控制文件。通过共享数据库基础设施,可以产生规模效益;通过使许多数据库分担硬件和人力资源(DBA)成本,可以达到降低成本的目的。

④ 方便新建数据库。通过复制已经存在的数据库(种子容器、可插拔数据库和非 CDB 数据库),可以快速高效地创建可插拔数据库。

⑤ 高可传输性。轮船上的集装箱可以轻松运送到另一个运输工具上(另一艘轮船、火车或卡车),同样,可插拔数据库也可以轻松从 CDB 上拔下、插上或在不同 CDB 之间切换。目的 CDB 与源 CDB 是否使用相同版本的 Oracle 无关紧要。

11.1 容器数据库和插拔数据库

容器数据库 CDB(Container database))可以看作是数据库的模式,可插拔数据库 PDB(Pluggable Database)可看做是用户模式或外模式。

容器数据库和可插拔数据库共用 1 个实例、1 个 SGA、1 组后台进程、1 个 SPFILE、1 个 ALterlog、1 个 wallet、部分数据文件。系统只需对 CDB 分配内存和进程,CDB 对用户来讲是透明的,应用通过服务直接连接到 PDB,这种管理机制如图 11-2 所示。

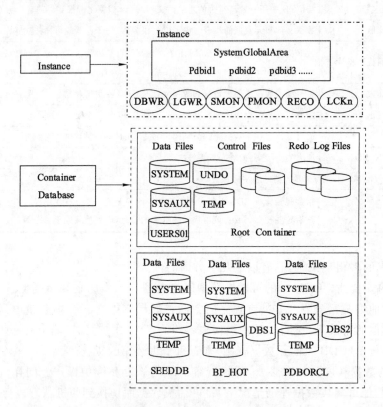

图 11-2　容器数据库与可插拔数据库

每个 CDB 都包含以下内容:

① 1 个根(Root)。Root 包含元数据和公用用户,例如 Oracle 提供的 PL/SQL 包的源码。公用用户是每个容器中都可以使用的数据库用户,Root 容器的名称为 CDB＄ROOT。

② 1 个种子数据库(PDB＄SEED)。种子数据库是系统提供的一个模板,可以用于快速创建新的 PDB,用户不能添加或者修改 PDB＄SEED 中的对象。

③ 0～252 个 PDB。PDB 由用户创建,包含支持特定特性的数据和代码。每个 PDB 可以支持一个应用,例如人力资源或者销售,并且由它自己的 PDB 管理员进行管理,创建 CDB 时不会创建 PDB,可以基于业务需求添加 PDB。

11.2 容器数据库的创建

Oracle 提供了多个用于创建(克隆)可插拔数据库的工具,如 SQL 命令 CREATE PLUGGABLE DATABASE、DBCA 实用程序和 Enterprise Manager Cloud Control。本章着重介绍使用 SQL 命令和 DBCA 实用程序的方法。如果不能使用 SQL 命令和 DBCA 实用程序创建可插拔数据库的方法,也可使用 Enterprise Manager 界面实现相同的目标。

通过 CREATE PLUGGABLE DATABASE 命令,可以使用下列资源创建可插拔数据库:

- 种子容器;
- 已经存在的可插拔数据库(包括本地和远程的);
- 非 CDB 数据库;
- 拔下的可插拔数据库;

通过 DBCA,你可以使用下列资源创建可插拔数据库:

- 种子容器;
- RMAN 备份;
- 拔下的可插拔数据库。

可以通过 CREATE PLUGGABLE DATABASE 命令复制种子容器的数据文件创建一个新的可插拔数据库,该命令的语法形式如下。

CREATE PLUSGGABLE DATABASE pdb_name
ADMIN USER admin_user_name
IDENTIFIED BY password [pdb_daba_roles]
[DEFAULT TABLESPACE tablespace_name
[DATAFILE data_file tempfile_spec] extend_managerment_clause]
[FILE_NAME_CONVERT = {[('filename_paltern','replacement_filename_paltern')] | [NONE]}
[STORAGE storage]
[PATH_PREFIX=['path_name'][NONE]]
[TEMPFILE REUSE]

创建可插拔数据库的语法的各子句及其意义如下。

ADMIN USER:创建用于执行本数据库管理任务的本地用户,该用户会被分配 PDB_DBA 角色。

DEFAULT TABLESPACE:缺省的表空间。

DATAFILE:指定表空间的数据文件。

MAX_SHARED_TEMP_SIZE:可插拔数据库公用临时表空间的最大尺寸。

FILE_NAME_CONVERT 设置种子容器数据文件及其副本的存储位置。

PATH_PREFIX:设置可插拔数据库新增的数据文件必须存储在该目录或其子目录中。

例 11-1 先使用 SYS 用户连接根容器,然后创建一个名为 customerdb 的可插拔数据库。

```
SQL> CONNECT / AS SYSDBA;
SQL> CREATE PLUGGABLEDATABASE customerdb
     ADMIN USER bp_hot IDENTIFIED BY oracle_customer
     FILE_NAME_CONVERT = ('F:\app\lntu_bphot\oradata\orcl\pdbseed',
     'F:\app\lntu_bphot\oradata\customer');
```
插接式数据库已创建。

在使用 OEM 创建可插拔数据库时，无需设置 FILE_NAME_CONVERT 子句，因为 Oracle 会自动确定可插拔数据库数据文件的名称和存储位置。

本例中的 FILE_NAME_CONVERT 子句含有两个字符串。一个用于设置种子容器数据文件的存储位置：'F:\app\lntu_bphot\oradata\orcl\pdbseed'，另一个用于设置新建可插拔数据库数据文件的存储位置：'F:\app\lntu_bphot\oradata\customer'。在使用这两个字符串时，应根据自己的环境修改它们，特别说明的是，这两个子句都不需要指定具体的数据文件名字，仅需给定路径即可。

应该注意的问题是，插拔式数据创建完成后，默认用户并不能直接连接该库并做数据处理，需打开以后方可进行相应的操作。以下的实验说明了这个问题。

例 11-2 可插拔数据库创建完成后，并非处在 open 状态，故需打开后方可使用。

步骤 1：

SQL> connect bp_hot/oracle_customer@customerdb;

ERROR：

ORA-01033：ORACLE initialization or shutdown in progress

进程 ID：0

会话 ID：0 序列号：0

警告：您不再连接到 Oracle。

步骤 2：

SQL> connect / as sysdba;

已连接。

步骤 3：

SQL> alter pluggable database customerdb open;

插接式数据库已变更。

步骤 4：

SQL> connect bp_hot/oracle_customer@customerdb;

已连接。

11.3 容器数据库的克隆

克隆，顾名思义是根据一个已经存在的数据库模板，复制另一个数据库，快速而方便地实现数据库的定义与创建。

11.3.1 克隆本地数据库

除了可以按照模板创建一个数据库外,还可以基于已有的 pdb 克隆一个新的可插拔数据库。克隆一个可插拔数据库的语法如下。

CREATEPLUSGGABLE DATABASE pdb_name
FROM src_pdb_name
[@dblink][pdb_storage_clause]
[file_name_convert]
[path_prefix_clause]
[tempfile_reuse_clause]
[SNAPSHOT]
[COPY]
;

创建可插拔数据库的语法的各子句及其意义如下。

FROM src_pdb_name:已经存在的模板数据库的名字。

[@dblink]:一般用于远程创建,基于一个连接,一般要给定数据库服务器、端口号、服务命名。

[pdb_storage_clause]:模板数据库的存储参数。

[file_name_convert]:源文件的磁盘、路径、文件名,包含扩展名,目标文件的磁盘、路径,注意,此处不需指定数据文件名,因为与模板数据文件同名。

[path_prefix_clause]:设置可插拔数据库新增的数据文件必须存储在该目录或其子目录中。

[tempfile_reuse_clause]:临时文件的设置。

[SNAPSHOT]:基于快照的数据库克隆。

[COPY]:是否拷贝模板文件,即数据。

例 11-3　以现有可插拔数据库 customerdb 为模板,创建新的可插拔数据库 productdb。

CREATE PLUGGABLE DATABASE productdb
FROM customerdb
FILE_NAME_CONVERT=('F:\app\lntu_bphot\oradata\customer\','F:\app\lntu_bphot\oradata\product')
STORAGE (MAXSIZE 2G MAX_SHARED_TEMP_SIZE 1G);

插接式数据库已创建。

本例是根据 FILE_NAME_CONVERT 子句给定的路径创建目标数据库,其中,'F:\app\lntu_bphot\oradata\customer\' 表示是模板数据库的数据文件路径,'F:\app\lntu_bphot\oradata\product' 表示目标数据库数据文件的路径,如果此路径不存在,Oracle 会创建一个同名路径,并将模板数据文件拷贝至该路径下。

注意此时新建 product 数据库的 OPEN_MODE 为 MOUNTED。同时,在创建该库之前,被克隆数据库 customerdb 的数据库的 OPEN_MODE 为 READ WRITE。

SQL> select con_id,dbid,NAME,OPEN_MODE from v$pdbs;

CON_ID　　　　　　DBID NAME　　　　　　OPEN_MODE

2	73317007	PDB$SEED	READ ONLY
3	784497962	PDBORCL	READ WRITE
4	1797531496	CUSTOMERDB	READ WRITE
5	1859136132	PRODUCTDB	MOUNTED

虽然被克隆数据库 CUSTOMERDB 的 OPEN_MODE 的状态为 READ WRITE，但为保证数据安全，仍建议应先连接根容器，然后将源可插拔数据库切换为只读模式：

SQL> alter pluggable database customerdb close;

SQL> alter pluggable database customerdb open read only;

11.3.2 远程克隆数据库

还可以通过克隆远程可插拔数据库创建可插拔数据库。应先在 CDB 中创建一个指向源可插拔数据库的链接，本地用户和在数据库链接中设置的用户都必须拥有 CREATE PLUGGABLE DATABASE 权限，且数据库链接是已经存在的。

CREATEPLUSGGABLE DATABASE pdb_name

FROM src_pdb_name

@dblink [pdb_storage_clause]

[file_name_convert]

[path_prefix_clause]

[tempfile_reuse_clause]

[SNAPSHOT]

[COPY]

;

与本地克隆数据库类似，主要区别体现在@dblink 子句，一般要给出远程数据库所在服务器的 IP 地址（如果在本地，可用计算机名）、端口号、服务命名。一般形式如下：

@服务器名:端口号/服务名。

例 11-4 远程 CDB 含有可插拔数据库 productdb，该可插拔数据库中含有一个拥有 CREATE PLUGGABLE DATABASE 权限的用户，据此克隆一个可插拔数据库 produce3，步骤如下。

步骤 1：使用 SYS 用户以本地方式连接根容器，并创建一个数据库链接。

C:\>sqlplus \ as sysdba

SQL>create database link con_productdb1

SQL>connect to sys identified by oracle using 'DESKTOP-62IR7T8:1521/productdb';

步骤 2：连接含有源可插拔数据库的 CDB：

SQL> connect / @DESKTOP-62IR7T8:1521/productdb as sysdba;

步骤 3：关闭源可插拔数据库，然后将其启动到只读模式：

SQL> alter pluggable database productdb close;

SQL> alter pluggable database productdb open read only;

步骤 4：使用 SYS 用户连接目的 CDB，然后通过克隆远程可插拔数据库，创建新的可插拔数据库：

CREATE PLUGGABLE DATABASE productdb3

　　FROM productdb@con_productdb1

　　FILE_NAME_CONVERT=('F:\app\lntu_bphot\oradata\product','F:\app\lntu_bphot\oradata\product3');

插接式数据库已创建。

11.3.3　基于一个 xml 文件的数据库复制

可扩展标记语言(XML)是一种简单的数据存储语言,使用一系列简单的标记描述数据,而这些标记可以用方便的方式建立,虽然可扩展标记语言占用的空间比二进制数据要占用更多的空间,但可扩展标记语言极其简单易于掌握和使用,在互联网时代提供了更强有力的数据存储和分析能力,如数据索引、排序、查找、相关一致性等,XML 的主要用途是数据传输,而 HTML 主要用于显示数据。

Oracle12c 充分利用了 XML 语言的强大的数据描述和传输功能,提供了基于一个 XML 类型文件的数据库复制,前提是该 XML 文件已经存在,其基本语法形式如下。

　　CREATEPLUSGGABLE DATABASE pdb_name

　　[AS][CLONE]

　　USEING filename

　　[source_file_convert]

　　[[[NOCOPY][COPY | MOVE] file_name_convert]]

　　[pdb_storage_clause]

　　[path_prefix_clause]

　　[tempfile_reuse_clause]

　　;

各子句意义如下。

USEING filename:源 XML 的路径,文件名,应该注意的是,文件的扩展名必须是 XML。

[[[NOCOPY][COPY | MOVE] file_name_convert]]:克隆数据库与源数据库的关系,不进行数据拷贝、拷贝数据、数据移至目标数据库。

[source_file_convert]:源文件的磁盘、路径、文件名,包含扩展名,目标文件的磁盘、路径,注意,此处不需指定数据文件名,因为与模板数据文件同名。

[pdb_storage_clause]:模板数据库的存储参数。

[path_prefix_clause]:设置可插拔数据库新增的数据文件必须存储在该目录或其子目录中。

[tempfile_reuse_clause]:临时文件的设置。

例 11-5　基于可扩展标记语言文件(XML)创建一个可插拔数据库 product1。

SQL> create pluggable database Productdb1 using 'F:\app\lntu_bphot\oradata\productdb1.xml' nocopy;

插接式数据库已创建。

本例是依据已经存在的'F:\app\lntu_bphot\oradata\productdb.xml'文件创建一个productdb1 的数据库,这个文件一般是在对模板数据库从根容器拔下而创建形成的,指定

nocopy 表示仅复制数据文件,但不复制数据。

例 11-6 基于可扩展标记语言文件(XML)创建一个可插拔数据库 productdb2。

CREATE PLUGGABLE DATABASE productdb2
USING'F:\app\lntu_bphot\oradata\productdb.xml'
COPY
FILE_NAME_CONVERT
('F:\app\lntu_bphot\oradata\productdb','F:\app\lntu_bphot\oradata\productdb2');

本例与上例不同处在于给定了 FILE_NAME_CONVERT 参数,其中,第一个参数给定了源数据库的数据文件模板的位置,第二个参数给定了目标数据库的数据文件的位置。

11.4 容器数据库的查看

查看容器数据库、可插拔数据库主要应用的系统视图有 V$CONTAINERS、V$DATABASE、V$PDBS 等,此外,还可以应用虚表 DUAL、函数 SYS_CONTEXT 等进行查看。

例 11-7 查看系统中 CDB、PDB、PDB$SEED。

SQL>select con_id,name from v$containers;

```
    CON_ID NAME
    ...............................
    1 CDB$ROOT
    2 PDB$SEED
    3 PDBORCL
```

11.4.1 根容器数据库的查看

例 11-8 查看当前的根容器数据库数据字典是 V$DATABASE,可通过下面的查询命令,确认 CDB 是否已经成功创建以及识别根容器。

SQL> SELECT NAME, CDB, CON_ID CONDB_ID FROM V$DATABASE;

```
NAME              CDB             CONDB_ID
...............   ...............  ...............
ORCL              YES             0
```

例 11-9 应用 show 命令查看容器数据库。

show con_id con_name user;

```
CON_ID
...............................
1
CON_NAME
...............................
CDB$ROOT
USER 为 "SYS"
```

例 11-10 应用函数 SYS_CONTEXT 查看容器数据库。

第 11 章 多租户容器数据库

SELECT SYS_CONTEXT('USERENV','CON_ID') AS con_id,
SYS_CONTEXT('USERENV','CON_NAME') AS con_name,
SYS_CONTEXT('USERENV','SESSION_USER') AS con_user
FROM DUAL;

结果如下：

CON_ID	CUR_CONTAINER	CUR_USER
1	CDB＄ROOT	SYS

SYS_CONTEXT 是一个函数，用于查看数据库的状态参数。

例 5 应用 SYS_CONTEXT 函数查看当前服务器名字、数据库名字、主机名、实例名。

SELECT
SYS_CONTEXT('USERENV','SERVICE_NAME') as service_name,
SYS_CONTEXT('USERENV','DB_UNIQUE_NAME') as db_unique_name,
SYS_CONTEXT('USERENV','INSTANCE_NAME') as instance_name,
SYS_CONTEXT('USERENV','HOST') asseve r_host
from dual;

显示结果如下：

SERVICE_NAME	B_UNIQUE_NAME	INSTANCE_NAME	SEVER_HOST
SYS＄USERS	orcl	orcl	WorkGroup\DESKTOP－62IR7T8

关于 SYS_CONTEXT 的其它状态参数，参见 Oracle 函数部分的有关内容。

11.4.2 可插拔数据库的查看

可插拔数据库的查看，一般使用视图 V＄PDBS。

例 11-11 查看当前系统的已插入数据库情况

SQL> select con_id,dbid,NAME,OPEN_MODE from v＄pdbs;

CON_ID	DBID	NAME	OPEN_MODE
2	2637521688	PDB＄SEED	READ ONLY
3	855619664	PDBORCL	READ WRITE
4	1489991484	BP_HOT	READ WRITE

由上例可见，在 Oracle12c 中，样板数据库（PDB@SEED）看作是一个 pdb，并且处于 READ ONLY 状态，应该注意的问题是，一个 pdb 的 open_mode 与与以前版本数据库的 open 状态是有区别的，它本身有几个参数，参数及意义如表 11-2 所示。

表 11-2　　　　　　　　　　OPEN_MODE 参数及其含义

序号	OPEN_MODE	描述
1	READ ONLY	允许只读操作
2	READ WRITE	允许读写操作，并计入 redo log。
3	MIGRATE	允许升级 pdb。
4	MOUNTED	实例、数据库完成装载

如何在 OPEN_MODE 的各参数间互相转换，请参见本章可插拔数据库管理的有关内容。

11.5 管理可插拔数据库

本节内容包括可插拔数据库服务与监听配置，数据库的连接与切换，当前状态查看，以及拔出与插入，启动与关闭等。

11.5.1 可插拔数据库的服务与监听配置

如果直接连接到 PDB 用户，则需建立该数据库的用户连接，建议首先添加一个专用服务，且这个服务命名是唯一的，否则容易产生混淆，导致错误的发生。直接连接到可插拔数据库的语法形式如下：

CONNECT username/password @ server_ip(本地可用计算机名)：端口号/pdb_name [as sysdba]；

可以通过 Oracle12c 安装时自带的 Net Manager、Net Configration Assitant 应用创建连接，也可通过手工改动 tnsnames.ora 文件，添加相应服务代码来实现数据库服务的注册，一般该文件位于'HOME\NETWORK\ADMIN\tnsnames.ora'，假定添加 PDBORCL 的服务，不失一般性，所添加的代码如下：

```
PDBORCL =
  (DESCRIPTION =
    (ADDRESS_LIST =
      (ADDRESS = (PROTOCOL = TCP)(HOST = DESKTOP-62IR7T8)(PORT = 1521))
    )
    (CONNECT_DATA =
      (SERVER = DEDICATED)
      (SERVICE_NAME = pdborcl)
    )
  )
```

同样，在监听器上需注册该数据库的服务，以便客户端在有链接请求时，监听器监听到客户端请求后，按照服务器地址、端口号、服务名进行匹配。对于上述的服务命名，监听器的代码建议如下：

```
SID_LIST_LISTENER=
(SID_LIST=
  (SID_DESC =
    (GLOBAL_DBNAME = orcl)    #CDB 信息
    (SID_NAME = orcl)
  )

  (SID_DESC =
```

```
(GLOBAL_DBNAME = pdborcl) #PDB 信息
(SID_NAME = orcl)
)
)
```

一般而言,SID_NAME 为 CDB 的服务,在该容器下新建的 PDB 数据库,不应该改变这个服务命名。

11.5.2 容器数据打开及关闭

在连接到根容器的前提下,启动数据库的 startup 命令行的作用是启动 CDB,如满足存取非 CDB 数据的需要,仍然需启动可插拔数据库。

例 11-12 打开可插拔数据库。

步骤 1:

SQL> connect / as sysdba;

SQL> startup;

步骤 2:查看视图 v$pdbs,可插拔数据库 pdborcl 处于 mounted 状态,故不能存取数据,需打开后方可。

SQL>select con_id,dbid,NAME,OPEN_MODE from v$pdbs;

CON_ID	DBID	NAME	OPEN_MODE
2	2637521688	PDB$SEED	READ ONLY
3	855619664	PDBORCL	MOUNTED
4	1489991484	BP_HOT	MOUNTED

步骤 3:启动可插拔数据库。

SQL> alter pluggable database pdborcl open;

插接式数据库已变更。

如果想启动所有的可插拔数据库,可按照如下的命令行操作

SQL> alter pluggable database all open;

插接式数据库已变更。

步骤 4:此时,查看视图 v$pdbs,可插拔数据库 pdborcl、bp_hot 皆处于 READ WRITE 状态,可进行数据库的存取操作。

SQL> select con_id,dbid,NAME,OPEN_MODE from v$pdbs;

CON_ID	DBID	NAME	OPEN_MODE
2	2637521688	PDB$SEED	READ ONLY
3	855619664	PDBORCL	READ WRITE
4	1489991484	BP_HOT	READ WRITE

例 11-13 关闭可插拔数据库。

SQL> alter pluggable database pdborcl close immediate;

插接式数据库已变更。

如果想关闭所有的可插拔数据库,可按照如下的命令行操作

SQL>alter pluggable database all close;

插接式数据库已变更。

查看视图 v$pdbs,可插拔数据库 pdborcl、bp_hot 皆处于 MOUNTED 状态,不能进行数据库的存取操作。

SQL> select con_id,dbid,NAME,OPEN_MODE from v$pdbs;

CON_ID	DBID	NAME	OPEN_MODE
2	2637521688	PDB$SEED	READ ONLY
3	855619664	PDBORCL	MOUNTED
4	1489991484	BP_HOT	MOUNTED

11.5.3 容器数据库的切换

使用公用用户(如 SYS)连接 CDB 中的容器后(可以是根容器,也可以是可插拔数据库),可以使用 ALTER SESSION 命令切换到另一个容器数据库,应该说明的是,该用户必须有权限访问目标容器。切换容器数据库的语法如下。

ALTER SESSION SET CONTAINER = container_name;

例 11-14 将连接切换到可插拔数据库 BP_HOT。

SQL> connect / as sysdba;

SQL> alter session set container=BP_HOT;

会话已更改。

例 11-15 将连接切换回根容器 CDB$ROOT:

SQL> alter session set container=cdb$root;

在切换容器时,无需重启监听器和密码文件。当你需要解决某个可插拔数据库的问题,然后切换回根容器,在容器之间切换的功能就显得尤为重要。

事实上,alter session set 的命令还有其它形式,完成连接参数设置、归档文件激活等功能,详见该命令的有关说明。

11.5.4 可插拔数据库的插入与拔出

可插拔数据库可以插入一个根容器,同样的,也可以从一个根容器中拔出,便于在不同的数据库服务器中进行迁移操作,在可移植性上,Oracle12c 又多了一个选择。

欲拔出数据库,首先应以公共用户的身份连接到根容器上,且该用户具有插入和拔出的相应权限。此时,不能连接拔出的目标数据库,否则会出现"ORA-65040:不允许从可插入数据库内部执行该操作"的报错信息。

例 11-16 将 bp_hot 数据库从根容器中拔出。

步骤1:连接到公共用户。

SQL> SQL> connect/@orcl as sysdba;

已连接。

步骤2:拔出数据库。此时,系统将数据库的定义写在指定的 XML 文件中。

SQL> Alter pluggable database pb_hot unplug into'd:\bp_hot.xml';

插接式数据库已变更。

步骤3:查询插拔数据库的状态。

```
SQL> select pdb_id,pdb_name,dbid,STATUS,CREATION_SCN from dba_pdbs;
```

PDB_ID	PDB_NAME	DBID	STATUS	CREATION_SCN
4	PDBORCL	855619664	NORMAL	2380730
2	PDB$SEED	69567158	NORMAL	2233971
3	BP_HOT	1489991484	UNPLUGGED	2490874

可插拔数据库 BP_HOT 的 STATUS 的"UNPLUGGED"。表示处于非插入状态。

此外，STATUS 还有 2 个参数，其中，"NORMAL"表示可正常存取数据，"NEW"表示刚刚创建完成的数据库。

例 11-17 将 bp_hot 数据库重新插入到根容器中。

步骤 1：应首先将该库逻辑删除，否则会出错。

```
SQL> drop pluggable database bp_hot;
```

插接式数据库已删除。

步骤 2：利用已经创建完成的 bp_hot.xml，将 bp_hot 数据库重新插入根容器。

```
SQL> create pluggable database bp_hot using 'd:\bp_hot.xml' nocopy;
```

插接式数据库已创建。

步骤 3：查看视图 dba_pdbs，刚刚创建的数据库 bp_hot 处于"new"状态。

```
SQL> select pdb_id,pdb_name,dbid,STATUS,CREATION_SCN from dba_pdbs;
```

CON_ID	DBID	NAME	OPEN_MODE
2	2637521688	PDB$SEED	READ ONLY
3	855619664P	DBORCL	MOUNTED
4	1489991484	BP_HOT	NEW

步骤 4：如欲进行 DML 操作，需打开数据库。

```
SQL> alter pluggable database bp_hot open;
```

插接式数据库已变更。

步骤 5：查看数据库状态。

```
SQL> select pdb_id,pdb_name,dbid,STATUS,CREATION_SCN from dba_pdbs;
```

PDB_ID	PDB_NAME	DBID	STATUS	CREATION_SCN
3	PDBORCL	855619664	NORMAL	2380730
2	PDB$SEED	2637521688	NORMAL	2233971
4	BP_HOT	1489991484	NORMAL	2928365

此时，BP_HOT 数据库的状态已经是"NORMAL"。

11.5.5 可插拔数据库的删除

你有时可能需要删除可插拔数据库。当你不再需要某个可插拔数据库时就需要删除它，或者你要移动从 CDB 拔下的可插拔数据库时，需要从源 CDB 中删除它。可以通过两种方式删除可插拔数据库。

• 物理删除，可插拔数据库及其数据文件都被删除。

- 逻辑删除，可插拔数据库被删除但保留其数据文件。

如果你能够确定永远不再使用某个数据库，可以删除它及其数据文件。如果你想要将可插拔数据库移动到另一个 CDB 中，就不应该删除它的数据文件。

要删除可插拔数据库，应先使用管理员特权账号连接根容器，关闭你要删除的可插拔数据库，最后删除可插拔数据库。

SQL> connect / as sysdba;

SQL> alter pluggable database pdborcl close immediate;

例 11-18 删除可插拔数据库及其数据文件。

SQL> drop pluggable database pdborcl including datafiles;

这个命令成功执行后，系统会显示下面的信息：.

Pluggable database dropped.

例 11-19 删除可插拔数据库，但保留数据文件。

SQL> drop pluggable database pdborcl;

这会断开可插拔数据库与 CDB 的联系，但是可插拔数据库的数据文件仍旧会保留在磁盘上。

11.6 多租户架构下的用户管理

多租户架构下的用户有两种：本地用户和公共用户。本地用户是指在可插拔数据库中创建的用户，创建本地用户的方法与以前版本相同。公用用户是在 Oracle Database 12c 中引入的新概念，而且仅存在于可插拔环境中。公用用户是指存在于根容器和所有可插拔数据库中的用户。初始时必须在根容器中创建这种用户，它们会在根容器、现存的可插拔数据库和将来创建的可插拔数据库中管理和应用这些数据库。

相应的，Oracle12c 的版本也把 DBA 角色分为 CDB_DBA 和 PDB_DBA 两种。其中，CDB_DBA 具有管理根容器数据库的权限，PDB_DBA 具有管理可插拔数据库的权限。

11.6.1 创建公共用户

公共用户的名称必须以 C##或者 c##开头。下面的例子可以在所有可插拔数据库中创建一个公用用户。

例 11-20 创建一个公共用户。

SQL> connect / as sysdba;

SQL> create user c##pub_dba identified by oracle;

用户已创建。

应该为公共用户赋予所有可插拔数据库的权限，应该注意的是，在连接根容器时为公用用户赋予了权限，那么该权限不会传递到可插拔数据库中。如果你需要为公用用户赋予能够传递到可插拔数据库的权限，可创建公用角色并将之分配给公用用户。

公共用户有哪些用处呢？在对可插拔数据库执行常规的 DBA 维护任务时，使用公用用户就无需使用拥有 SYSDBA 权限的用户。例如，你可以创建一个拥有创建用户、赋予权限等特权的 DBA 账号，从而无需使用 SYS 之类的账号（这类账号拥有所有数据库中的所有权限)。在这种情况中,你可以创建一个拥有适当权限的公用 DBA 角色和一个公用 DBA 用户,然后将这个公用角色分配给公用 DBA。

11.6.2 创建本地用户

可以用以前版本的用户创建方法创建一个本地用户,并赋予 PDB_DBA 的角色,使之能够有效的管理可插拔数据库。

例 11-21 创建一个本地用户 user_bphot,并赋予管理 bp_hot 的权限。

步骤 1:SQL> connect /@DESKTOP-62IR7T8:1521/bp_hot as sysdba;

步骤 2:SQL> create user user_bphot identified by oracle default tablespace sysaux quota 100m on sysaux;

用户已创建。

步骤 3:SQL> grant pdb_dba to user_bphot;

授权成功。

应该说明的是,本地用户的创建只能使用本地资源,对于以 PDB$SEED 为模板创建的可插拔数据库,如果用户没有自行添加表空间,则仅能使用的表空间为 system 和 sysaux。

可以用 USER_ROLE_PRIVS 来查看用户获得的角色情况。

select * from user_role_privs;

结果如下:

USERNAME	GRANTED_ROLE	ADM	DEL	DEF	OS_	COM
USER_BPHOT	PDB_DBA	NO	NO	YES	NO	NO

注意上面的查询,用户 USER_BPHOT 具有了 PDB_DBA 角色,但不具有 ADM 角色。

11.7 多租户架构下的数据文件管理

每个 PDB 都有自己的一组表空间,包含 SYSTEM、SYSAUX、私有临时表空间、自己的生产表空间,默认所有 PDB 共用同一个 SPFILE 参数文件,但可以给每个 PDB 指定不同的初始化参数。PDB 与 PDB 之间都是相互独立的,可以自由管理。注意创建多少个 PDB 一定要在负载承受之内。

例 11-22 查看容器数据库 CDB 的数据文件。

应用的数据字典是 cdb_data_files,等同于 dba_data_files。

SQL>connect / as sysdba;

SQL>select file_name from cdb_data_files;

运行结果如下。

FILE_NAME

H:\LNTU_BPHOT\ORADATA\ORCL\SYSAUX01.DBF

H:\LNTU_BPHOT\ORADATA\ORCL\UNDOTBS01.DBF

H:\LNTU_BPHOT\ORADATA\ORCL\USERS01.DBF

H:\LNTU_BPHOT\ORADATA\ORCL\BP_HOT\SYSTEM01.DBF

H:\LNTU_BPHOT\ORADATA\ORCL\BP_HOT\SYSAUX01.DBF
H:\LNTU_BPHOT\ORADATA\ORCL\PDBORCL\EXAMPLE01.DBF
H:\LNTU_BPHOT\ORADATA\ORCL\PDBORCL\SAMPLE_SCHEMA_USERS01.DBF
H:\LNTU_BPHOT\ORADATA\ORCL\PDBORCL\SYSAUX01.DBF
H:\LNTU_BPHOT\ORADATA\ORCL\PDBORCL\SYSTEM01.DBF

已选择 10 行。

从上面的例子可以看到，连接到根容器时，命令的显示结果是把根容器 ORCL、可插拔数据库 PDBORCL、BP_HOT 的数据文件都包含在其中。

例 11-23 查看本地数据库的数据文件。

SQL> connect bp_hot/oracle@bp_hot;
SQL> select file_name from cdb_data_files;
FILE_NAME

H:\LNTU_BPHOT\ORADATA\ORCL\BP_HOT\SYSTEM01.DBF
H:\LNTU_BPHOT\ORADATA\ORCL\BP_HOT\SYSAUX01.DBF

从上面的实例可以得到，连接到可插拔数据库 BP_HOT 时，命令的显示结果是仅显示 BP_HOT 的数据文件。

而对于表空间的管理，也验证了数据文件和表空间的对应性。

例 11-24 查看容器数据库 CDB 的所对应的表空间。

SQL>connect / as sysdba;
SQL> select tablespace_name from user_tablespaces;
TABLESPACE_NAME

SYSTEM
SYSAUX
UNDOTBS1
TEMP
USERS

例 11-25 查看可插拔数据库 BP_HOT 使用的表空间。

SQL> connect user_bphot/oracle@bp_hot as sysdba;
已连接。
SQL> select tablespace_name from user_tablespaces;
TABLESPACE_NAME

SYSTEM
SYSAUX
TEMP

第三编

PL/SQL 程序设计

第 12 章 PL/SQL 程序设计基础

PL/SQL 是 Procedure Language & Structured Query Language 的缩写。Oracle 的 SQL 是支持 ANSI(American National Standards Institute)和 ISO 92(International Standards Organization)标准的产品。PL/SQL 是对 SQL 存储过程语言的扩展。从 Oracle 6 以后,Oracle 的 RDBMS 附带了 PL/SQL,它现在已经成为一种过程处理语言,简称 PL/SQL(发音:peaell sequel)。

12.1 PL/SQL 程序概述

Oracle 5 之前版本是没有 PL/SQL 产品的。由于当时数据库与程序的接口基本上都使用高级语言(简称 3GL),如 Fortran、Cobol 和 C/C++等。所以一般编程都是以高级语言为主,将数据库作为辅助的存储数据的工具。后来由于数据库和软件技术的发展出现了第 4 代开发工具,称为 4GL。4GL 虽然在编程方面功能强大,但在与数据库接口上仍然采用 SQL 语句(现在 4GL 与数据库的通信仍用 SQL 语句来实现)。4GL 的优点体现在界面处理上,但在数据库的数据处理上仍有欠缺。鉴于数据库在 SQL 方面的优势,Oracle 公司在 Oracle 6 版本以后开发了 PL/SQL 产品。起初它仅是一个辅助产品,用来弥补 SQL 语句本身不进行过程编程的不足,但是后来由于数据库技术的发展,有些应用业务处理要求进行大量的数据处理,比如银行的年终结息,商场的日结、月结等。这类处理基本上不要求进行实时的人—机交互,而只关心最后结果。由于这类业务需求的增长,许多数据库公司纷纷在自己的数据库引擎上增加了存储过程这一功能。例如,Sybase 的相应产品叫存储过程;IBM 也叫存储过程,Oracle 不但可以将类似 PL/SQL 的程序写进数据库系统中,而且可以将用 C 语言写的程序加进数据库中。在市场需求的推动下,Oracle 便在后来的版本中增强了 PL/SQL 的功能。目前,许多后台应用的处理程序几乎是用 PL/SQL 编写,而不是用 C 语言编写,这可以从目前的大量 PL/SQL 存储包和 Oracle 9i 的 iAS 看出来。

12.1.1 SQL 与 PL/SQL

与其他的开发工具类似,在 Oracle 的 PL/SQL 工具中,可以使用标准 SQL 的部分子集。

目前的 PL/SQL 包括两部分,一部分是数据库引擎部分;另一部分是可嵌入到许多产品(如 C 语言,JAVA 语言等)工具中的独立引擎。可以将这两部分称为:数据库 PL/SQL 和工具 PL/SQL。两者的编程非常相似,都具有编程结构、语法和逻辑机制。工具 PL/SQL

另外还增加了用于支持工具(如 Oracle Forms)的句法,如:在窗体上设置按钮等。本章主要介绍数据库 PL/SQL 内容。PL/SQL 主要有如下优点:

(1) 有利于客户/服务器环境应用的运行

对于客户/服务器环境来说,真正的瓶颈是网络。无论网络多快,只要客户端与服务器进行大量的数据交换,应用运行的效率自然就会受到影响。如果使用 PL/SQL 进行编程,将这种具有大量数据处理的应用放在服务器端来执行,自然就省去了数据在网上的传输时间。

(2) 适合于客户环境

PL/SQL 分为数据库 PL/SQL 和工具 PL/SQL。对于客户端来说,PL/SQL 可以嵌套到相应的工具中,客户端程序可以执行本地包含 PL/SQL 部分,也可以向服务发 SQL 命令或激活服务器端的 PL/SQL 程序运行。

12.1.2 PL/SQL 可用的 SQL 语句

PL/SQL 是 Oracle 系统的核心语言,现在 Oracle 的许多部件都是由 PL/SQL 写成的。在 PL/SQL 中可以使用的 SQL 语句有:insert、update、delete、select into、commit、rollback、savepoint 等。

【说明】 在 PL/SQL 中只能用 SQL 语句中的 DML 部分,不能用 DDL 部分,如果要在 PL/SQL 中使用 DDL(如 create table 等)的话,只能以动态的方式来使用。

Oracle 的 PL/SQL 组件在对 PL/SQL 程序进行解释时,可同时对其所使用的表名、列名及数据类型进行检查,可在 SQL*Plus、高级语言、Oracle 的开发工具中使用。

其他的开发工具如 Power Builder 等也可以调用 PL/SQL 编写的过程和函数。

12.1.3 运行 PL/SQL 程序

PL/SQL 程序的运行是通过 Oracle 中的一个引擎来进行的。这个引擎可能在 Oracle 的服务器端,也可能在 Oracle 应用开发的客户端。引擎执行 PL/SQL 中的过程性语句,然后将 SQL 语句发送给数据库服务器执行,数据库服务器再将结果返回给执行端。例如下面的脚本表示了一个存储过程:

```
create or replace procedure fundstat1(start_year_month in varchar2 ,
end_year_month in varchar2 ) is
    year_month      varchar2(7);        年月
    stat_date       date;               统计时间
    bank_code       varchar2(20);       经办行代码
    no_id           number(2);          经办行序号
    ...
    ——声明光标,用于在各经办行信息表(bank_code)中取出每一个经办行名称
    cursor get_bank is select bank_code , bank_name,no_id
    from bank_code order by no_id;
begin
    set transaction use rollback segment hdhouse_rs;—— sco 上的回退段
        begin
            if (substr(end_year_month,5,2) >= 1
```

           ...
           end;
        end;
则在 SQL*Plus 下可以用下面命令启动运行:
    SQL>execute funstat1('2001.01','2001.02');
类似的,在 Power Builder 和 Developer 2000 下可以用下面语句来启动运行:
    execute fundstat1('2001.01','2001.03');
或 date1:='2001.01';date2:='2001.03';
    execute fundstat1(date1,date2);

12.2 PL/SQL 块结构

PL/SQL 块中可以包含子块,子块可以位于 PL/SQL 中的任何部分。子块也即 PL/SQL 中的一条命令。已定义的对象有一定的作用范围。PL/SQL 程序由三个块组成:声明部分、执行部分、异常处理部分。块的结构如下:

    declare   /* 声明部分,在此声明变量、类型及光标 */
    begin   /* 执行部分,过程及 SQL 语句,即程序的主要部分 */
    exception   /* 执行异常部分,错误处理 */
    end;

其中执行部分是必须的。

PL/SQL 程序块可以分为 4 类,包括:① 无名块:动态构造,只能执行一次;② 命名块:加了标号的块;③ 子程序:存储在数据库中的存储过程、函数及包等,当在数据库上建立好后可以在其他程序中调用;④ 触发器:当操作数据库时,会触发一些事件,从而自动执行相应的程序。

12.3 标识符

PL/SQL 程序设计中的标识符定义与 SQL 标识符定义的要求相同,要求和限制有:标识符名不能超过 30 个字符,第一个字符必须为字母,不分大小写,不能用"-"(减号),不能是 SQL 保留字。

例如:合法的标识符。
declare
v_name varchar2(20); /* 存放 name 列的值 */
v_sal number(9,2);   /* 存放 sal 列的值 */
……
例如:不合法的标识符。
    declare
    v-name varchar2(20);   存放 name 列的值
    2001_sal number(9,2);   存放 sal 列的值

```
mine&yours number;              非法的标识符
debit-amount number(10,4);      非法的标识符
on/off char(1);                 非法的标识符
user id varchar2(20);           非法的标识符(不能用空格)
```

【说明】 一般,变量名与表中字段名不能完全一样,否则可能得到不正确的结果。

变量命名在 PL/SQL 中有特别的讲究,建议在系统的设计阶段就要求所有编程人员共同遵守一定的规范,使得整个系统的文档符合规范要求。表 12-1 中列出了建议的命名方法。

表 12-1　　　　　　　　　　　建议的标识符命名方法

变 量 名	意 义
v_variablename	程序变量
e_exceptionname	自定义的异常标识
t_typename	自定义的类型
p_parametername	存储过程、函数的参数变量
c_contantname	用 contant 限制的变量

12.4　PL/SQL 变量类型

在前面的介绍中,有系统的数据类型,也可以自定义数据类型。

12.4.1　变量类型

在 Oracle12c 中,Oracle 类型和 PL/SQL 中的变量类型的合法使用见表 12-2。

表 12-2　　　　　　　　　　　**Oracle12c 中的系统数据类型**

类型	子类	说明	范围	Oracle 限制
char	character string rowid nchar	定长字符串 接受 nls 数据	0→32767, 可选缺省为 1	255
varchar2	varchar string nvarchar2	可变字符串	0~32767, 4 000	2 000
binary_integer		带符号整数,为整数计算优化性能		
number(p,s)	dec double precision integer int numeric real small int	小数,number 的子类型 高精度实数 整数,number 的子类型 整数,number 的子类型 与 number 等价 与 number 等价 整数,比 integer 小		
long		变长字符串	0~214 748 364 7	32 767 字符

续表 12-2

类 型	子 类	说 明	范 围	Oracle 限制
date		日期型	公元前 4712 年 1 月 1 日至公元 4712 年 12 月 31 日	
boolean		布尔型	true,false,null	不使用
rowid		存放数据库行号		

示例：
```
declare
order_no         number(3);
cust_name        varchar2(20);
order_date       date;
emp_no           intcgcr:=25;    —缺省为 25
pi               constant number:=3.14159;
begin
    null;
end;
```

12.4.2 复合类型(记录和表)

Oracle 在 PL/SQL 中除了提供前面介绍的各种类型外,还提供一种称为复合类型的类型——记录类型。

定义记录类型的语法如下：

```
type  record_type  is record(
    field1  type1  [not null]  [:= exp1],
    field2  type2  [not null]  [:= exp2],
    ...    ...
    fieldn  typen  [not null]  [:= expn]);
```

例 12-1

```
declare
    type t_rec1 is record(
    field1 number,
    field2 varchar2(5));
    type t_rec2 is record(
    field1 number,
    field2 varchar2(5));
    v_rec1 t_rec1;
    v_rec2 t_rec2;
begin
——  赋值(要求类型一致)
    v_rec1:=v_rec2;       ——类型赋值不匹配
```

```
        v_rec1.field1:=v_rec2.field1;
        v_rec1.field2:=v_rec2.field2;
    end;
```
可以用 select 语句对记录变量进行赋值，只要保证记录字段与查询结果列表中的字段相配即可。

例 12-2
```
    declare
    ——用 %type 类型定义与表相配的字段
        type  t_studentrecord  is record(
        firstname    sutdents.first_name%,
        lastname    sutdents.last_name%,
        major sutdents.major%);
    ——声明接收数据的变量
        v_student t_studentrecord;
    begin
        select first_name,last_name,major into v_student
        from students
        where id=10000;
    end;
```

12.4.3 使用%rowtype

PL/SQL 可以声明与数据库行有相同类型的记录。

例：节选自在线代码 select.sql
```
    declare
        type t_studenttable is table of stadents%rowtype
        index by binary_integer;
    ——v_students 的每一元素是一个记录
        v_students t_studentstable;
    begin
    ——将结果存到数组变量中
        select * into v_students(10001) from student
        where id=1100;
    end;
```

12.4.4 LOB 类型

Oracle 提供了 LOB(Large OBject)类型,用于存储大的数据对象的类型。Oracle 目前主要支持 BFILE,BLOB,CLOB 及 NCLOB 类型。

BFILE

存放大的二进制数据对象,这些数据文件不放在数据库里,而是放在操作系统的某个目录里,数据库的表里只存放文件的目录。

BLOB

存储大的二进制数据类型。每个变量存储大的二进制对象的位置。大二进制的大小小于等于 4 GB。

CLOB

存储大的字符数据类型。每个变量存储大字符对象的位置,该位置指到大字符数据块。大字符的大小小于等于 4 GB。

NCLOB

存储大的 NCHAR 字符数据类型。每个变量存储大字符对象的位置,该位置指到大字符数据块。大字符的大小小于等于 4 GB。

12.4.5 用户定义的子类型

在 Oracle7.2 后的版本中,可以定义一种称为子类型的类型。子类型可以使真正类型的名字变为另外的名字(注意:仅仅是一种真正类型的另外叫法)。子类型的声明使用 subtype 命令。如:

subtype character is char;
subtype integer is number(38,0);

这里子类型 character 与类型 char 一样,所以 character 是一个不受约束的子类型。但是 integer 是基本类型 number 的一个子类型,所以 integer 是受约束的子类型。

(1) 定义子类型

语法如下:

subtype subtype_name is base_type[(constraint)] [not null];

例如:

```
declare
    subtype birthdate is date not null;         基于 date 类型
        subtype counter is natural;              基于 natural 子类型
        type namelist is table of varchar2(10);
        subtype dutyroster is namelist;          基于 table 类型
        type timerec is record (minutes integer, hours integer);
        subtype finishtime is timerec;           基于 record 类型
        subtype id_num is emp.empno%type;        基于 column 类型
```

(2) 使用子类型

一旦定义子类型,就可以在声明的地方使用子类型。

```
declare
    subtype counter is natural;
    rows counter;
    declare
    subtype accumulator is number;
    total accumulator(7,2);
```

例如:

```
declare
    subtype numeral is number(1,0);
```

```
        x_axis numeral；    ——大小范围：—9～9
        y_axis numeral；
    begin
        x_axis :=10；    —— 触发 value_error
        ...
    end；
```

(3) 类型的兼容性

① 一个无约束的子类型可以与基本类型交换，如：

```
    declare
        subtype accumulator is number；
        amount number(7,2)；
        total accumulator；
    begin
        ...
        total := amount；
        ...
    end；
```

② 相同类型的子类型也可以互换，如：

```
    declare
        subtype sentinel is boolean；
        subtype switch is boolean；
        finished sentinel；
        debugging switch；
    begin
        ...
        debugging := finished；
        ...
    end；
```

③ 不同类型的子类型也可以互换，如：

```
    declare
        subtype word is char(15)；
        subtype text is varchar2(1500)；
        verb word；
        sentence text(150)；
    begin
        ...
        sentence := verb；
        ...
    end；
```

12.5 运算符

与其他语言一样,为了完成所要求的各种处理,PL/SQL 需要以下运算符和表达式(表 12-3)。

鉴于 Oracle 与其他高级语言的运算符及其定义有着较大程度的相似,所以,本节仅仅给出 Oracle 三大类运算符及其简单定义,由于高级语言的运算符较为简单通用,因此,本节的实例部分从略。

表 12-3　　　　　　　　　　运算符及其定义

关系运算符		算术运算符		逻辑运算符	
运算符	意　义	运算符	意　义	运算符	意　义
=	等　于	+	加　号	is null	是空值
<>,! -	不等于	-	减　号	between	介于两者之间
<	小　于	*	乘　号	in	在一列值中间
>	大　于	/	除　号	and	逻辑与
运算符	意　义	运算符	意　义	运算符	意　义
<=	小于或等于	:=	赋值号	or	逻辑或
>=	大于或等于	=>	关系号	not	逻辑非
		..	范围		
		||	字符连接		

12.6 变量赋值

在 PL/SQL 编程中,变量赋值是一个值得注意的地方,语法如下:

　　variable :=expression ;

其中,variable 是一个 PL/SQL 变量,expression 是一个 PL/SQL 表达式。

12.6.1 字符及数字运算特点

(1) 空值加数字仍是空值

$$null+<数字>=null$$

(2) 空值加(连接)字符,结果为字符

$$null\ ||\ <字符串>=<字符串>$$

(3) 布尔值不仅有 TRUE,FALSE,还有 NULL,共三个值

例如:

```
DECLARE
    done BOOLEAN;
    the following statements are legal:
BEGIN
```

```
done:=FALSE;
WHILE NOT done LOOP
...
END LOOP;
```

12.6.2 数据库数据的赋值

数据库赋值是通过 select 语句来完成的。每执行一次 select 语句便执行一次赋值。一般要求被赋值的变量与 select 中的列名要一一对应。例如：

```
declare
    emp_id emp.empno%type;
    emp_name emp.ename%type;
    wages number(7,2);
begin
    ...
    select ename, sal + comm
    into emp_name, wages from emp
    where empno = emp_id;
    ...
end;
```

不能将 select 语句中的列赋值给布尔变量，例如：

```
declare
    v_string1    varchar2(10);
    v_string2    varchar2(15);
    v_numeric    number;
begin
    v_string1:='hello';
    v_string2:= v_string1;
    v_numeric:= -12.4;
end;
```

12.6.3 可转换的数据类型赋值

一般而言，数据类型的转换通过 Oracle 给定的内部函数来完成，这些函数可在标准的 select ... into ... 语句中使用。

(1) char 转换为 number

使用 to_number 函数来完成字符到数字的转换，如：

  v_total:= to_number('100.0') + sal;

(2) numbert 转换为 char

使用 to_char 函数可以实现数字到字符的转换，如：

  v_comm:= to_char('123.45') || '元';

(3) 字符转换为日期

使用 to_date 函数可以实现字符到日期的转换，如：

v_date:=to_date('2001.07.03','yyyy.mm.dd');

（4）日期转换为字符

使用 to_char 函数可以实现日期到字符的转换，如：

v_to_day:= to_char(sysdate,'yyyy.mm.dd hh24:mi:ss');

可以在 SQL＞下输入下面命令来验证以上的语句：

select to_char(sysdate,'yyyy')||'年'||to_char(sysdate,'mm')||'月'||to_char(sysdate,'dd')||'日' from dual;

to_char(sysdate,'yyyy')||'年'||to_char(sysdate,'mm')||'月'||to_char(sysdate,'dd')||'日'

2001 年 07 月 02 日

SQL＞ alter session set nls_date_format ='yyyy"年"mm"月"dd"日"';

SQL＞ select sysdate from dual;

sysdate

2001 年 04 月 24 日

SQL＞ select to_number('133')+200 from dual;

to_number('133')+200

333

SQL＞ select to_char('321')||'元' from dual;

to_char('321')||'元'

----

321 元

SQL＞ select to_date('2001.07.03','yyyy.mm.dd') from dual;

to_date('22001.07.03','yyyy.mm.dd')

03－7 月－01

12.7 条件语句

条件语句主要有三种形式。

(1) 格式 1

  if＜布尔表达式＞then

    PL/SQL 和 SQL 语句；

  end if；

(2) 格式 2

  if ＜布尔表达式＞ then

    PL/SQL 和 SQL 语句

```
        else
        其他语句;
        end if;
    (3) 格式3
        if<布尔表达式> then
            PL/SQL 和 SQL 语句;
        elsif<其他布尔表达式> then
        其他语句;
        end if;
```
【说明】 elsif 不能写成 elseif。

示例(节选自在线代码 if1.sql):
```
    declare
        v_numberseats rooms.number_seats%type;
        v_comment varchar2(35);
    begin
        select number_seats into v_numberseats
        from rooms where room_id=99999;
    if v_numberseats<50 then
        v_comment:='fairly small';
    elsif v_numberseats<100 then
        v_comment:='a little bigger';
    else
        v_comment:='lots of room';
    end if ;
    end;
```

12.8 循环

像其他高级语言一样,PL/SQL 的循环结构也有当型循环和直到型循环两种基本形式。其结构主要有三种:loop 循环、while 循环和 for 循环。

12.8.1 loop 循环
```
    loop
            要执行的语句;
    end loop;
```
例 12-3
```
    declare
          x   number;
    begin
          x:=0;
```

第 12 章 PL/SQL 程序设计基础

```
    loop
      x:=x+1;
      dbms_output.put_line(to_char(x));
      exit when x=10;
    end loop;
    end;
```
——此循环将执行到 exit 语句为止

例 12-4（节选自在线代码 simple.sql）
```
    declare
       v_counter binary_integer := 1;
    begin
      loop
        insert into temp_table
        values( v_counter,'loop index');
        v_counter:= v_counter+1;
      if v_counter > 50 then
        exit;
        end if;
      end loop;
    end;
```

例 12-5（节选自在线代码 exitwhen.sql）
```
    declare
       v_counter binary_index := 1;
    begin
      loop
        insert into temp_table
        values ( v_counter,' loop index ');
        v_counter:=v_counter+1;
        exit when v_counter >50;
      end loop;
      end;
```

12.8.2 while 循环

```
    while<布尔表达式>loop
       要执行的语句;
    end loop;
```

例 12-6
```
    declare
        x number;
    begin
```

```
        x:=1;
        while x<10 loop
        dbms_output.put_line(to_char(x)||'还小于10');
        x:=x+1;
    end loop;
    end;
```

例 12-7（节选自在线代码 while1.sql）
```
        declare
            v_counter binary_integer :=1;
        begin
            while v_counter<=50 loop
            insert into temp_table
            values(v_counter,'loop index');
            v_counter:=v_counter+1;
            end loop;
        end;
```

12.8.3 数字式循环

for 循环

for 循环计数器 in 下限...上限
loop
    要执行的语句；
end loop;

for loop_counter in [reverse] low_bound ... high_bound loop
sequence_of_statements;
end loop;

例 12-8
```
        begin
            for i in 1 .. 10 loop
            dbms_output.put_line('in='||to_char(i));
            end loop;
        end;
```

例 12-9
```
        declare
            v_counter number:=7;
        begin
            insert into temp_table (num_col)
            values (v_counter);
            for v_counter in 20 .. 30 loop
            insert into temp_table(num_col)
```

values (v_counter);
end loop;
insert into temp_table (num_col)
values(v_counter);
end;

【说明】 如果在 for 中用 inverse 关键字,则循环索引将从最大值向最小值进行迭代。

12.9 注释

在 PL/SQL 里,可以使用两种符号来写注释,即:使用双"—"(减号)加注释,它的作用范围是 1 行。如:

　　v_sal number(12,2); ——工资变量

使用"/* 　 */"来进行多行注释,如:

/* 文件名:stattistcs_sal.sql

功能:统计整个部门工资

作者:王哲元

修改日期:2001.07.03 */

或

/*******************************/

文件名:statistcs_sal.SQL

功能:统计整个部门工资

作者:王哲元

修改日期:2001.07.03

/*******************************/

【说明】 存放在数据库中的 PL/SQL 程序,一般系统自动将程序头部的注释去掉。只有在 procedure 之后的注释才被保留;另外,程序中的空行也自动被去掉。

为了标准化,最好使用"/*...*/"这样的注释语句。因为这样的注释更为通用。

12.10 dbms_output 的使用

PL/SQL 本身没有提供任何输入功能,但 PL/SQL 2.0 以后的版本提供了内装包 dbms_output 输出功能,PL/SQL 2.3 还提供了 utl_file 包用于对操作系统文件执行读出和写入操作。

dbms_output 包属于 sys 账户,但在创建时已将 execute 权限授予 public 用户,所以任何用户都可以直接使用而不加 sys 模式。

12.10.1 dbms_output 中的过程

dbms_output 包中的 put 例程是:put,put_line, new_line;

dbms_output 包中的 get 例程是:get_line,get_lines, enable 及 disable.

例如:

```
declare
    /* demonstrates using put_line and get_line. */
        v_data dbms_output.chararr;
        v_numlines number;
    begin
        --enable the buffer first
        dbms_output.enable(1000000);
        --put some data in the buffer first, so get_lines will
        --retrieve something
        dbms_output.put_line('line one');
        dbms_output.put_line('line two');
        dbms_output.put_line('line three');
        --set the maximum number of lines which we want to retrieve
        v_numlines := 3;
        /* get the contents of the buffer back. note that v_data is
        declared of type dbms_output.chararr, so that it matches
        the declaration of dbms_output.get_lines. */
        dbms_output.get_lines(v_data, v_numlines);
        for v_counter in 1..v_numlines loop
            insert into temp_table (char_col)
            values (v_data(v_counter));
        end loop;
    end;
```

buffer_size 是内部缓冲区初始大小，缺省为 20 000 B，最大为 1 000 000 B。

12.10.2 使用 dbms_output

用 set serveroutput on size buffer_size；buffer_size 变量指缓冲区的大小，即语句为：

set serveroutput on size 1000000；

另外，每一行的大小也受到限制，如行的长度要小于等于 255 B。否则得到如下错误提示：

ORA-20000:ORU-10027:buffer overflow,limit of <buf_limit> bytes.
ORA-20000:ORU-10028:line length overflow, limit of 255 bytes per line.

12.11 在 PL/SQL 使用 SQL 语句

在 PL/SQL 程序中主要用 SQL(Structured Query Language）进行编程,本节主要讨论在 PL/SQL 中使用 SQL 语句及保证数据一致性的事务控制语句等。

SQL 语句类别见表 12-4。

表 12-4　　　　　　　　　　　　　SQL 语句类别

类　别	SQL 语句
数据操纵语句	SELECT,INSERT,UPDATE,DELETE SET TRANSACTION,EXPLAIN PLAN
数据定义语句	DROP,CREATE,ALTER,GRANT,REVOKE
事务控制	COMMIT, ROLLBACK,SAVEPOINT
会话控制	ALTER SESSION,SET ROLE
系统控制	ALTER SYSTEM
嵌入式 SQL	CONNECT,DETCLARE CURSOR,ALLOCATE

12.11.1　在 PL/SQL 使用 DML 语句

（1）在 PL/SQL 中使用 SQL

在 PL/SQL 程序中只能使用 DML 和事务控制，不能使用 DDL 语句。虽然 EXPLAIN PLAN 被归为 DML 类，但也不能使用。

（2）在 PL/SQL 中使用 DDL

在 PL/SQL V2.1 以后的版本可以采用动态的方法来使用 DDL 语句。

（3）使用 select 语句

在 PL/SQL 中，select 语句的结果集只能返回 1 行，如果匹配了多行，则提示
　　ORA-01427:single-row query returns more than one row.

要想返回 1 行结果集，应该采用光标方法。

例：

DECLARE

　　V_studentRecord students％ROWTYPE;

　　V_department classes.department％TYPE;

　　V_course classes,course％TYPE;

Begin

——返回一条记录

　　Select ＊ into v_studentRecord

　　From students where id＝10000;

——返回两个字段

　　select department, course

　　into v_department, v_course

　　from classes

　　where room_id＝99997;

END;

注：可以在 where 后加 where rownum＜2 来实现只取一行。此时不回出现上面的提示。

（4）使用 INSERT 语句

insert 语句可以包括一个 select 语句，但要求选择列表要与插入列表相匹配。
——节选自在线代码 insert.sql

```
DECLARE
    V_studentID students.id%TYPE;
BEGIN
    ——返回一新的 id 号
    SELECT student_sequence.NEXTVAL
    INTO v_StudentID from dual;
    ——插入一新行到表中
    INSERT INTO students(id,first_name,last_name)
    VALUES( v_studentsID,'Timothy','Taller');
    ——插入第二行到表中
    INSERT INTO students( id, first_name, last_name )
    VALUES ( student_sequence.NEXTVAL,'Patrick','Poll');
END;
```

(5) 使用 UPDATE 语句

Update 语句可以包括一个 select 语句，但要求选择列表要与插入列表相匹配。如果在 WHERE 后加 CURRENT OF cursor_name，则表示更新当前光标所在的行。

——节选自在线代码 update.sql

```
DECLARE
      V_Mjor students.major%TYPE
      V_creditincrease NUMBER :=3 ;
BEGIN
    V_Major := 'History';
    UPDATE students
    SET current_credits = current_credits + v_creditincrease
WHERE major = v_Major;
END;
```

(6) 使用 DELETE 语句

如果在 WHERE 后加 CURRENT OF cursor_name，则表示删除当前光标所在的行。

——节选自在线代码 delete.sql

```
DECLARE
V_studentcutoff NUMBER;
BEGIN
    V_studentcutoff := 10;
DELETE FROM students
    WHERE current_credits = 0
    AND major='Economics';
END;
```

12.11.2 事务控制

事务(transaction)是一系列作为一个单元被成功或不成功执行的 SQL 语句。

例如银行的事务:从一个账号上汇出款到另一账号上去(汇入):

UPDATE accounts SET balance = balance − transaction_amount
　　WHERE account_no = from_acct;
UPDATE accounts SET balance = balance + transaction_amount
　　WHERE account_no = to_acct;

如果第一条语句成功,而第二条语句失败,则产生款已汇出而对方没有收到的不一致的结果,我们可以将两条语句合并为一个事务来避免这种情况发生。这两条语句要不就一块成功,要不就一块失败(用 commit, rollback)。

(1) COMMIT 和 ROLLBACK

当向数据库发出 commit 语句,那该事务就被终结了,并且:

- 事务完成的所有工作永久化;
- 其他事务可以看到此事务所作的修改;
- 事务所需要执行的所有加锁(lock)处理被释放;

当向数据库发出 rollback 语句,那该事务就被终结了,并且:

- 事务完成的所有工作被取消(undo);
- 事务所需要执行的所有加锁(lock)处理被释放。

(2) 保留点 SAVEPOINT

rollback 会撤销整个事务,使用 savepoint 可以做到部分撤销事务。

```
BEGIN
    INSERT INTO temp_table ( char_col ) values('insert one');
    SAVEPOINT A;
    INSERT INTO temp_table ( char_col ) values('insert two');
    SAVEPOINT B;
    INSERT INTO temp_table ( char_col ) values('insert three');
    SAVEPOINT C;
    /* 可在此给出 rollback to B 之类的语句 */
    COMMIT;
END;
```

第 13 章
光标的使用

在 PL/SQL 程序中,对于处理多行记录的事务经常使用光标来实现。

13.1 光标概念

为了处理 SQL 语句,Oracle 必须分配一片叫上下文(context area)的区域来处理所必需的信息,其中包括要处理的行的数目,一个指向语句被分析以后的表示形式的指针以及查询的活动集(active set)。

光标是一个指向上下文的句柄(handle)或指针。通过光标,PL/SQL 可以控制上下文区和处理语句时上下文区会发生些什么事情。

13.1.1 处理显式光标

在 PL/SQL 程序中定义的光标称作显式光标。下面是显式光标的使用介绍。

(1) 显式光标处理

显式光标处理需四个 PL/SQL 步骤:

cursor   光标名称   is   查询语句;
open   光标名称;
fetch   光标名称   into   变量列表;
close   光标名称;

例如:
```
    declare
        cursor c1 is
        select ename, sal from emp where rownum<11;
        v_ename varchar2(10);
        v_sal number(7,2);
    begin
        open  c1;
        fetch c1 into v_ename, v_sal;
        while c1%found
    loop
        dbms_output.put_line(v_ename||to_char(v_sal));
```

```
    fetch  c1  into v_ename, v_sal;
    end loop;
    close c1;
end;
```

(2) 光标属性

%found　　　　布尔型属性,当最近一次读记录时成功返回,则值为 true。
%nofound　　　布尔型属性,与%found 相反。
%isopen　　　　布尔型属性,当光标已打开时返回 true。
%rowcount　　　数字型属性,返回已从光标中读取得的记录数。

(3) 参数化光标

在声明光标时,将未确定的参数说明成变量,在使用光标时给出光标变量的具体值(相当于实参)使得语句可以按照给出的条件进行查询。

例如:

```
declare
    cursor c1 (view_num number) is
    select view_name from all_views
    where rownum<=view_num
order by view_name ;
    vname varchar2(40);
begin
    for i1 in c1 (20) loop
    dbms_output.put_line( i1.view_name ) ;
    end loop;
end;
```

13.1.2　处理隐式光标

所有的 SQL 语句在上下文区内部都是可执行的,因此,都有一个光标指向上下文区,此光标就是所谓的 SQL 光标(SQL cursor)。与显式光标不同,SQL 光标不被程序打开和关闭。

例 13-1(节选自在线代码 no mat1.sql)

```
begin
    update rooms set number_seats = 100
        where room_id = 99980;
    ――如果更新没有匹配则插入一新行
    if SQL%notfound then
        insert into rooms ( room_id, number_seats )
        values ( 99980, 100 );
    end if;
end;
```

例 13-2(节选自在线代码 no mat2.sql)

```
begin
    update rooms set number_seats = 100
        where room_id = 99980;
        ——如果更新没有匹配则插入一新行
    if SQL%rowcount = 0 then
        insert into rooms (room_id, number_seats)
        values (99980, 100);
    end if;
end;
```

例 13-3（节选自在线代码 nodata.sql）

```
declare
    v_roomdata rooms%rowtype;
begin
    select * into v_roomdata from rooms
    where room_id = -1;
    if SQL%nofound then
    insert into temp_table (char_col)
    values ('not found!');
    end if;
    exception
    when no_data_found then
    insert into temp_table (char_col)
    values ('not found! exception handle.');
end;
```

13.2 光标循环

在高级语言编程和 PL/SQL 编程中，经常使用"提取循环（fetch loop）"方法来实现逐行提取所需数据。

13.2.1 简单循环

可以使用 loop 和 end loop 来实现简单循环。但这样的循环需要在循环体内说明跳出循环的语句，否则就会出现无限循环现象。

——节选自在线代码 simple.sql

```
declare
    v_studentid students.id%type;
    v_firstname students.first_name%type;
    v_lastname students.last_name%type;
    cursor c_historystudents is
    select id, first_name, last_name from students
```

```
    where major = 'history';
    begin
      open c_historystudents ;
      loop
        fetch c_historystudents into v_studentid, v_firstname,
          v_lastname ;
        exit when c_historystudents%nofound ;
        insert into registered_students(student_id, department,course)
          values ( v_studentsid,'his',301 );
        insert into temp_table ( num_col, char_col )
          values ( v_studentid, v_firstname||' ' || v_lastname ) ;
      end loop;
      close c_historystudents;
      commit;
    end;
```

【说 明】 exit when 语句是紧跟在 fetch 语句后面的。

13.2.2 while 循环

与简单循环不一样,while 循环是先判断后执行。只有满足条件 while 循环才能执行其循环体内的语句,而简单循环至少执行一次。

例如:

```
    declare
    cursor c_historystudents is
    select  id, first_name, last_name from students
    where    major = 'history';
    begin
      open  c_historystudents ;
      loop
        fetch  c_historystudents  into  v_studentData;
        while  c_historystudents%found   loop
        insert  into registered_students(student_id, department,course)
          values ( v_studentsid,'his',301 );
        insert  into temp_table ( num_col, char_col )
          values ( v_studentid, v_firstname||' ' || v_lastname ) ;
        /*返回下一行,%found 循环前检查*/
        fetch  c_historystudents  into  v_studentData;
      end loop;
    close c_historystudents;
    commit;
    end;
```

13.2.3 光标 for 循环

除上面的循环外,一种可以控制次数的循环就是 for 循环。

```
declare
cursor  c_historystudents  is
    select id,first_name,last_name
     from students
     where  major='history';
begin
for  v_studentdata  in  c_historystudents  loop
  insert  into registered_students(student_id,department,course)
     values ( v_studentsID.id,'his',301 );
  insert into temp_table (num_col,char_col)
  values(v_studentID.id,v_firstname|''|v_lastname);
  ——循环前隐含检查 %nofound
end loop;
——自动关闭光标
commit;
end;
```

13.2.4 关于 no_data_found 和 %notfound

一般初学者对 Oracle 的 no_data_found 和 %notfound 两个保留字的用法不甚了解,主要因为它们在意义上有些类似。其实它们的用法是有区别的,总结如下:

① select ... into 语句触发 no_data_found;

② 当一个显式光标的 where 子句未找到时触发 %notfound;

③ 当 update 或 delete 语句的 where 子句未找到时触发 SQL%notfound。

在光标的提取(fetch)循环中要用 %notfound 或 %found 来确定循环的退出条件,不要用 no_data_found。

13.2.5 select for update 光标

为了确保正在处理(查询)的行不被其他用户改动,Oracle 提供一个 for update 子句锁住所选择的行。语法如下:

select ... from ... for update [of column_reference] [nowait];

如果另一个会话已对活动集中的行加了锁,那么 select ... for update 操作一直等待到其他的会话释放这些锁后才能进行,对于这种情况,如果加 nowait 子句且这些行被另一个会话锁定,则使用该命令立即返回并给出如下提示:

ORA—0054:resource busy and acquire with nowait specified.

如果使用 for update 声明光标,则可在 delete、update 语句中使用 where current of 子句。

例如:

```
declare
    v_numcredits   classes.num_credits%type;
```

第13章　光标的使用

```
        cursor  c_registeredstudents  is
            select * from students
                where  in ( select student_id from registered_students
                    where department ='his' and course = 101 )
                for update of current_credits;
    begin
            for  v_studentinfo  in c_registeredstudents  loop
             select  num_credits  into v_numcredits  from  classes
             where  department ='his'  and  course=101;
            update  students
                set  current_credits = current_credits + v_numcredits
                where  current of c_registeredstudents;
            end loop;
    commit;
    end;
```

13.3 光标变量

前面所给出的光标都是显式静态光标。Oracle 从 PL/SQL release2.2 版以后声明的光标可以不是静态的,光标变量允许开发人员编写的程序在运行时与不同的语句相关联。光标变量在运行时可以取不同的值,以达到灵活的目的。

13.3.1 声明光标变量

声明光标变量的语法如下:

  type type_name is ref cursor return return_type;

13.3.2 光标变量分配存储空间

由于光标变量是一种引用类型,在使用前需要为其分配一片内存区,用下面语句完成分配:

  exec SQL allcate :variable;

13.3.3 打开光标变量

如果要将一个光标变量与一个特定的 select 语句关联,则需用 open 命令将其打开,语法如下:

  open cursor_variable for select_statements;

13.3.4 关闭光标变量

关闭光标变量的语法如下:

  close cursor_variable;

13.3.5 光标变量的使用

示例:光标变量在 PL/SQL 中的使用方法。

  create or replace procedure showcursorvariable
   /* 变量声明 */

```
    (p_table in varchar2) as
    /* 定义光标变量类型 */
    type t_classesrooms is ref cursor;
    /* 光标变量引用 */
    v_cursorvar t_classesrooms;
    /* 处理输出变量 */
    v_department   classes.department%type;
    v_course       classes.course%type;
    v_roomid       rooms.room_id%type;
    v_description  rooms.description%type;
begin
/* 根据输入参数来打开光标变量 */
    if p_table = 'classes' then
        open v_cursorvar for
            select department, course
                from classes;
    elsif p_table = 'rooms' then
        open v_cursorvar for
            select room_id, description
                from rooms;
    else
/* 输入错误值则触发错误 */
        raise_application_error(-20000,
            'input must be ''classes'' or ''rooms''');
    end if;
    /* 处理循环,当处理完退出 */
    loop
        if p_table = 'classes' then
            fetch v_cursorvar into
                v_department, v_course;
            exit when v_cursorvar%notfound;
            insert into temp_table (num_col, char_col)
                values (v_course, v_department);
        else
            fetch v_cursorvar into
                v_roomid, v_description;
            exit when v_cursorvar%notfound;
            insert into temp_table (num_col, char_col)
                values (v_roomid, substr(v_description, 1, 60));
```

```
        end if;
    end loop;
    /* 关闭光标变量 */
    close v_cursorvar;
    commit;
end showcursorvariable;
```

第 14 章 错误处理

一个优秀的程序应该能够正确处理各种出错情况,并尽可能从错误中恢复。Oracle 提供异常情态(exception)和异常处理(exception handler)功能来实现错误的处理。

14.1 异常处理概念

异常处理(exception)是用来处理正常执行过程中未预料到的事件,程序块异常处理预定义和自定义错误,如果 PL/SQL 程序块一旦产生异常而没有指出如何处理时,程序就会自动终止运行。

异常处理部分一般放在 PL/SQL 程序体的后半部,结构为:

```
exception
    when first_exception then <code to handle first exception>
    when second_exception then <code to handle second exception>
end;
```

异常处理可以按任意次序排列,但 others 必须放在最后。

14.1.1 预定义的异常处理

有两种类型的异常情态:用户定义(user_define)和预定义(predefined)。预定义说明的 Oracle 异常见表 14-1。

表 14-1　　　　　　　　　预定义的 Oracle 异常及其说明

错误号	异常信息	说　明
ORA－0001	dup_val_on_index	试图破坏一个唯一性限制
ORA－0051	timeout_on_resource	在等待资源时发生超时
ORA－0061	transaction_backed_out	由于发生死锁事务被撤销
ORA－1001	invalid_cursor	试图使用一个无效的光标
ORA－1012	not_logged_on	没有连接到 Oracle
ORA－1017	login_denied	无效的用户名/口令
ORA－1403	no_data_found	没有找到数据
ORA－1422	too_many_rows	select into 返回多行

续表 14-1

错误号	异常信息	说　　明
ORA－1476	zero_divide	试图被零除
ORA－1722	invalid_number	转换一个数字失败
ORA－6500	storage_error	内存不够引发的内部错误
ORA－6501	program_error	内部错误
ORA－6502	value_error	转换或截断错误
ORA－6504	rowtype_mismatch	主光标变量与 PL/SQL 变量有不兼容行类型
ORA－6511	cursor_already_open	试图打开一个已存在的光标
ORA－6530	access_into_null	试图为 null 对象的属性赋值
ORA－6531	collection_is_null	试图将 exists 以外的集合（collection）方法应用于一个 null PL/SQL表上或 varray 上
ORA－6532	subscript_outside_limit	对嵌套或 varray 索引的引用超出声明范围
ORA－6533	subscript_beyond_count	对嵌套或 varray 索引的引用大于集合中元素的个数

14.1.2 触发异常情态

当与一个异常情态相关的错误出现时，就会触发该异常情态。用户定义的异常情态是通过显式使用 raise 语句来触发。

——节选自在线代码 handle.sql

　　作者：Scott Urman.

　　中文注释：王哲元

例如：

```
declare
    e_toomanystudents exception;    ――类型为 exception,用于指示错误条件
    v_currentstudents number(3);    ――当前注册学生号
    v_maxstudents number(3);        ――允许注册学生的最大号
begin
    /* 找出学生注册的当前号数和允许的最大号数 */
    select current_students, max_students
      into v_currentstudents, v_maxstudents
      from classes
      where department = 'his' and course = 101;
    /* 比较当前号数和最大号数 */
    if v_currentstudents>v_maxstudents then
/* 太多的学生注册,则触发异常 */
        raise e_toomanystudents;
    end if;
exception
    when e_toomanystudents then
        /* 当太多的学生注册,就插入错误解释信息 */
```

insert into log_table (info) values ('history 101 has '
||v_currentstudents ||'students: max allowed is ' || v_maxstudents);
end;

14.1.3 处理异常情态

当引发一个异常情态时,程序就转到 exception 块异常情态部分,执行错误处理代码。语法如下:

```
exception
    when exception_name1 then
        sequence_of_statements1;——给出异常名以编号
    when exception_name2 then
        sequence_of_statements2;
    when others then
        sequence_of_statements3;
end;
```

对上例而言,对于不确定的错误使用 sqlerrm 将其显示出。

——节选自在线代码 sqlerrm.sql

作者:Scott Urman.

中文注释:王哲元

```
exception
    when e_toomanystudents then
    /* 如果在 his-101 中有太多的学生注册,则插入日志信息解释已经发生的情况 */
        insert into log_table (info) values ('history 101 has ' || v_currentstudents |
        | 'students: max allowed is ' || v_maxstudents);
    when others then
    /* 所有其他错误的处理 */
        v_errorcode:=sqlcode;
        v_errortext:=substr(sqlerrm,1,200);
        insert into log_table (code, message, info) values
        (v_errorcode, v_errortext, 'Oracle error occurred');
    end;
```

14.1.4 用户定义的异常处理

可以使用 raise_application_error 创建自己的错误处理,其语法如下:

raise_application_error(error_number,error_message,[keep_errors]);

这里的 error_number 的取值范围是-20 999～-20 000 之间的参数,error_message 是相应的提示信息(<512 B),keep_errors 为可选,如果 keep_errors=true,则新错误将被添加到已经引发的错误列表中,如果 keep_errors=false(缺省),则新错误将替换当前的错误列表。

——节选自在线代码 register.sql

作者：Scott Urman.
中文注释：王哲元
```
create or replace procedure register (
    p_studentid in students.id%type,
    p_department in classes.department%type,
    p_course in classes.course%type) as
  v_currentstudents number;    ——班上学生的当前号
  v_maxstudents number;        ——班上学生的最大号
begin
  /* 找出学生的当前号和最大号 */
  select current_students, max_students
    into v_currentstudents, v_maxstudents
    from classes
    where course = p_course
    and department = p_department;
  /* 确认另外的学生是否有足够的教室 */
  if v_currentstudents + 1 > v_maxstudents then
    raise_application_error(-20000, 'can''t add more students to ' ||
       p_department || ' ' || p_course);
  end if;
  /* 在本班加一个学生 */
  classpackage.addstudent(p_studentid, p_department, p_course);
exception
  when no_data_found then
  /* 教室信息不存在,触发错误处理 */
    raise_application_error(-20001, p_department || ' ' || p_course ||
       ' doesn''t exist!');
end register;
```

14.2 异常情态传播

由于异常情态可以在声明部分和执行部分出现，不同部分引发的异常情态是不同的。

14.2.1 在执行部分引发异常情态

异常情态在执行部分引发时，有下列情况：

如果当前块对该异常情态设置了处理器则执行它并成功完成该块的执行，然后控制转给包含块。如果当前块没有该处理器，则通过在包含块中引发它来传播异常情态。然后对该包含块执行 PL/SQL 的异常操作）。

14.2.2 在声明部分引发异常情态

如果在声明部分引发异常情态，即在声明部分出现错误，那么该错误就能影响到其他的块。在如下的 PL/SQL 程序中：

```
declare
    abc number(3):='abc';
    ...
begin
    ...
    exception
    when others then
    ...
end;
```

由于 abc number(3):='abc';语句出错，尽管在 exception 中说明了 when others then 语句，但 when others then 语句也不会被执行。但是如果在该错误语句块的外部有一个异常情态，则该错误就能被捕获，如：

```
begin
    declare
    abc  number(3):='abc';
    ...
    begin
    ...
    exception
    when others then
    ...
    end;
    exception
    when others then
    ...
end;
```

14.3 异常处理编程

在一般的应用处理中，建议程序人员用异常处理，因为如果程序中不声明任何异常处理，则在运行出错时，程序就被终止，并且也不提示任何信息。下面是使用系统提供的异常来编程的例子。

例如：(这是真实例子的一部分)

```
procedure delete_shift_fund(cur_accno varchar2,
    cur_procdate varchar2,rtn out number) is

    begin
        set transaction use rollback segment hdhouse_rs;
```

```
            delete from shift_fund where out_acc_no=cur_accno;
            delete from shift_lst where acc_no=cur_accno and
                  to_char(proc_date,'yyyymmdd')=cur_procdate;
            commit;
            rtn:=1;
      exception
      when value_error then
            rtn:=-1;
            rollback;
      end;
```

在上例中,用到了 when value_error then 语句,表示可能出现值赋值的错误。

14.4 在 PL/SQL 中使用 sqlcode,sqlerrm

由于 Oracle 的错误信息最大长度是 512 B,为了得到完整的错误提示信息,可与 sqlerrm 和 substr 函数一起使用。

sqlcode 函数返回错误代码数字;

sqlerrm 函数返回错误文本信息。

如: sqlcode=100 → sqlerrm='no data found'

　　sqlcode=0 → SQLerrm='normal, successful completion'

例 14-1

```
    declare
      ...
      err_msg   varchar2(100);
      begin
      /*  得到所有 Oracle 错误信息    */
      for err_num in 1..9999 loop
        err_msg:=sqlerrm(err_num);
      insert into errors values(err_msg);
    end loop;
    end;
```

例 14-2　——节选自在线代码 sqlerrm2.sql

　　　　作者：Scott Urman.

　　　　中文注释:王哲元

```
    declare
      v_errortext   log_table.message%type;
    begin
      /* sqlerrm(0) */
      v_errortext := substr(sqlerrm(0), 1, 200);
```

```
    insert into log_table (code, message, info)
       values (0, v_errortext, 'sqlerrm(0)');
    /* sqlerrm(100) */
    v_errortext := substr(sqlerrm(100), 1, 200);
    insert into log_table (code, message, info)
       values (100, v_errortext, 'sqlerrm(100)');
    /* sqlerrm(10) */
    v_errortext := substr(sqlerrm(10), 1, 200);
    insert into log_table (code, message, info)
       values (10, v_errortext, 'sqlerrm(10)');
    /* sqlerrm with no argument */
    v_errortext := substr(sqlerrm, 1, 200);
    insert into log_table (code, message, info)
       values (null, v_errortext, 'sqlerrm with no argument');
    /* sqlerrm(-1) */
    v_errortext := substr(sqlerrm(-1), 1, 200);
    insert into log_table (code, message, info)
       values (-1, v_errortext, 'sqlerrm(-1)');
    /* sqlerrm(-54) */
    v_errortext := substr(sqlerrm(-54), 1, 200);
    insert into log_table (code, message, info)
       values (-54, v_errortext, 'sqlerrm(-54)');
end;
```

【说明】 虽然在 PL/SQL 编程中例外处理不是必须的,但建议编程人员要养成在 PL/SQL 编程中指定相应的例外(错误处理)。最好针对可能明显出现的错误加以描述。

第15章 存储过程和函数

用Oracle编写的程序一般分为两类：一种是可以完成一定功能的程序，叫存储过程；另一种是在使用时给出一个或多个值，处理完后返回一个或多个结果的程序，叫函数。这两种程序都存放在Oracle数据库字典中。下面分别介绍这两种程序的编写方法。

15.1 存储过程

与其他的数据库系统一样，Oracle的存储过程是用PL/SQL语言编写的能完成一定处理功能并存储在数据库字典中的程序。

15.1.1 创建过程

（1）建立内嵌过程

在Oracle server上建立的内嵌过程，可以被多个应用程序调用，可以向内嵌过程传递参数，也可以向内嵌过程传回参数。

（2）创建过程语法

```
create [or replace] procedure procedure_name
    [（argument [ { in| out|in out } ] type,
      argument[ { in | out | in out } ] type
    { is| as }
    <类型.变量的说明>
    （注：不用declare语句 ）
    begin
    <执行部分>
    exception
      <可选的异常处理说明>
    end；
```

这里的in表示输入参数，即向存储过程传递参数；out表示输出参数，即从存储过程返回参数；而in out表示传递参数和返回参数。

【说明】 在存储过程内的变量类型只能指定其类型，不能指定长度；在as或is后声明要用到的变量名称和变量类型及长度；在as或is后声明变量不要加declare语句。

例如：

```
create or replace procedure modetest (
    p_inparameter      in number,
    p_outparameter     out number,
    p_inoutparameter in out number) is
    v_localvariable    number;
begin
    /* 分配 p_inparameter 给 v_localvariable. */
    v_localvariable := p_inparameter;
    /* 分配 7 给 p_inparameter,这是不合法的,因为声明是 in */
    p_inparameter := 7;
    /* 分配 7 给 p_outparameter,这是合法的,因为声明是 out */
    p_outparameter := 7;
    /* 分配 p_outparameter 给 v_localvariable,这是非法的 */
    v_localvariable := p_outparameter;
    /* 分配 p_inoutparameter 给 v_localvariable,这是合法的,因为声明是 in out */
    v_localvariable := p_inoutparameter;
    /* 分配 7 给 p_inoutparameter,这是合法的,因为声明是 in out */
    p_inoutparameter := 7;
end modetest;
```

15.1.2 使用过程

存储过程建立完成后,只要通过授权,用户就可以在 sqlP*Plus、Oracle 开发工具或第三方开发工具中调用。Oracle 使用 execute 语句来实现对存储过程的调用。

exec[ute]procedure_name(parameter1, parameter2,…);

例如:

```
create package emp_data as
    type emprectyp is record (
        emp_id number(4),
        emp_name varchar2(10),
        job_title varchar2(9),
        dept_name varchar2(14),
        dept_loc varchar2(13));
    type empcurtyp is ref cursor return emprectyp;
    procedure get_staff (
        dept_no in number,
        emp_cv in out empcurtyp);
end;
create package body emp_data as
    procedure get_staff (
```

        dept_no in number,

        emp_cv in out empcurtyp) is

    begin

        open emp_cv for

            select empno, ename, job, dname, loc from emp, dept

            where emp. deptno = dept_no

            order by empno;

        end;

    end;

    column empno heading number

    column ename heading name

    column job heading jobtitle

    column dname heading department

    column loc heading location

    set autoprint on

    variable cv refcursor

    execute emp_data. get_staff(20,cv)

15.1.3 开发存储过程步骤

目前,几大数据库没有统一的编写存储过程的工具,虽然它们的编写风格有些相似,但由于没有标准,所以各种数据库的开发调试过程也不一样。用 PL/SQL 编写存储过程、函数、包及触发器的步骤如下。

（1）编辑存储过程源码

使用文字编辑处理软件编辑存储过程源码,若用类似 Word 文字处理软件进行编辑时,要将源码存为文本格式。

（2）对存储过程程序进行解释

用 SQL*Plus 或用调试工具对存储过程程序进行解释；

在 SQL>下调试,可用 start 或 get 等 Oracle 命令来启动解释。如:

    SQL>start c:\stat1. sql

如果使用调试工具,可直接编辑和点击相应的按钮即可生成存储过程。

（3）调试源码直到正确

一般不能保证所写的存储过程一次就正确。所以,调试是每个程序员必须进行的工作之一。在 SQL*Plus 下调试主要用的方法是:

① 使用 show error 命令来提示源码的错误位置；

② 使用 user_errors 数据字典来查看各存储过程的错误位置。

15.1.4 与存储过程相关数据字典和权限

（1）user_source:用户的存储过程、函数的源代码字典；

（2）all_source:所有用户的存储过程、函数的源代码字典。

（3）user_errors:用户的存储过程、函数的源代码存在错误的信息字典。

相关的权限：

(1) create any procedure;

(2) drop any procedure。

如果某个用户没有权限来创建存储过程,则需要 DBA 将权限授予该用户。如:

  SQL>grant create any procedure to user1;

15.1.5 示例

例 15-1 创建一个存储过程,完成给定的员工号,删除该员工。

```
create or replace procedure delemp(v_empno in emp.empno%type) as
no_result exception;
begin
    delete from emp where empno=v_empno;
    if SQL%notfound then
        raise no_result;
    end if;
    dbms_output.put_line('编码为'||v_empno||'的员工已被除名!');
exception
    when no_result then
        dbms_output.put_line('你需要的数据不存在!');
    when others then
        dbms_output.put_line('发生其他错误!');
end;
```

例 15-2 创建一个存储过程,在给定的部门号以后,求出该部门的所有员工的工资和。

```
create or replace procedure sum_sal(deptid in emp.deptno%type,sum_salary out
number) as
begin
select sum(sal) into sum_salary from emp where deptno=deptid;
dbms_output.put_line(deptid||'的工资和为'||sum_salary);
exception
when no_data_found then
    dbms_output.put_line('你需要的数据不存在!');
when others then
    dbms_output.put_line('发生其他错误!');
end;
```

调用方法如下:

```
declare
v_deptid number;
v_sum number;
begin
v_deptid:=30;
sum_sal(v_deptid, v_sum);
```

dbms_output.put_line('30 号部门工资总和:'||v_sum);
end;

例 15-3 给指定的员工加薪。

```
create or replace procedure mon_addsal(p_empno in emp.empno%type,p_addsal
in emp.comm%type) as
no_result exception;
begin
update emp
   set comm=p_addsal
   where empno=p_empno;
if SQL%notfound then
raise no_result;
end if;
dbms_output.put_line(p_empno||'的本月加薪额度为'||p_addsal);
exception
when no_result then
    dbms_output.put_line('该员工不存在!');
when others then
    dbms_output.put_line('未知错误!');
end;
```

15.2 创建函数

Oracle 的函数是一个独有的对象,它也是由 PL/SQL 语句编写而成,不同的地方是:存储过程可以不返回任何值,而函数必须有返回值。与创建存储过程类似,创建函数的语法如下:

建立内嵌函数

CREATE FUNCTION 语法如下:

```
create [or replace] function function_name
   [(argument [ { in| in out }]type,
     argument[ { in | out | in out } ] type]
   return return_type { is| as }
   begin
      function_body
      exception
      ...
   end;
```

例 15-4

create or replace function text_len(t varchar2,l number)

```
        return varchar2 as
        tmp varchar2(20);
        begin
            tmp:=substr(t,1,1);
            return to_char(l)||''''||tmp;
        end;
```

例 15-5 创建一个函数,给定部门号后,求出该部门的所有员工的工资和。

```
    create or replace function f_sum_sal(deptid in emp.deptno%type) return number
    as
    v_sumsal number;
    begin
        select sum(sal)+sum(nvl(comm,0)) into v_sumsal from emp where deptno
        =deptid;
        return v_sumsal;
        exception
        when no_data_found then
            dbms_output.put_line('你需要的数据不存在!');
        when others then
            dbms_output.put_line('发生其他错误!');
    end;
```

调用过程:

```
    declare
        v_sum_sal number;
    begin
        v_sum_sal:=f_sum_sal(20);
        dbms_output.put_line('总工资是'||v_sum_sal);
    end;
```

15.3 函数中的例外处理

与编写其他 PL/SQL 程序一样,在编写存储过程和函数时,也需要对可能出现的各种错误进行描述,以保证存储过程和函数在运行中出现错误时,能按照定义的要求进行处理。

15.3.1 使用系统定义的例外处理

如果在编写时没有给出 exception 的话,一旦出现例外的情况,Oracle 就自动终止程序的运行。如果编写的程序没有给出例外处理,则当程序出错时用户无法得到提示,调试者也无法修改程序。所以,一般无论多简单的程序最好都要给出例外处理程序。

15.3.2 使用用户自定义的例外处理

(1) 自定义的用户例外处理

PL/SQL 可以让用户定义自己的例外。与预定义不同,用户定义的例外必须声明且必须用 raise 语句来激活。

例外必须在 PL/SQL 块、子程序或包中进行声明，但不能在一个块里声明两次，可以在两个块中对同一个例外进行声明。

(2) 使用 exception_init 处理自定义例外

在 PL/SQL 程序中，除了列出的系统错误代码外，实际上还有许多错误。这些内部异常(错误)必须用 others 或 exception_init 来处理。实际程序是一个编译指示器，它通过一个附加说明传给编译器。伪指令在编译时处理，不在运行时处理。

```
declare
    deadlock_detected exception；
    pragma exception_init(deadlock_detected，-60)；
begin
    ...
    exception
    when deadlock_detected then
        ——处理错误
end；
```

(3) 使用 raise_application_error 处理

```
create procedure raise_salary (emp_id number, amount number) as
    curr_sal number；
begin
    select sal into curr_sal from emp where empno = emp_id；
    if curr_sal is null then
        /* 发布用户定义的错误信息 */
        raise_application_error(-20101,'salary is missing')；
    else
        update emp set sal = curr_sal + amount where empno = emp_id；
    end if；
end raise_salary；
```

15.4　存储过程的导出

下面给出从 dba_source 数据字典查询存储过程、包、函数的查询语句的几种例子。

例 15-6　以交互的方式导出指定类型(存储过程、包和函数)和名字的对象的源程序。

```
select decode(rownum,1,'create or replace '|| rtrim(rtrim(us.text,chr(10))),
       rtrim(rtrim(us.text,chr(10)))) text
from dba_source us
where us.name = '&1' and us.type = '&2'
order by us.line；
```

这里"1"表示可以输入包、存储过程、函数的名称(大写)；"2"可以输入 package、function、procedure(大写)。

下面是运行的交互画面：

```
SQL> select decode(rownum,1,'create or replace '|| rtrim(rtrim(us.text,chr
(10) )), rtrim(rtrim(us.text,chr(10)))) text
    from dba_source us
    where us.name='&1' and us.type = '&2'
    order by us.line;
输入 1 的值:calendar
原值    4: where     us.name = '&1'
新值    4: where     us.name = 'calendar'
输入 2 的值: package
原值    5: and       us.type = '&2'
新值    5: and       us.type = 'package'
text
--------------------------------------------------
create or replace package        calendar
...
```

例 15-7 导出某个用户的所有用 PL/SQL 编写的存储过程、包、函数。

```
SELECT      DECODE(ROWNUM,1,'CREATE OR REPLACE'||
RTRIM(RTRIM(us.text,CHR(10) )), RTRIM(RTRIM(us.text,CHR(10)
))) text
    FROM       dba_source us
    WHERE      owner ='&owner'
    AND        us.type in ('PACKAGE','PROCEDURE','FUNCTION')
    ORDER BY   us.type , us.name , us.line;
```

这里的 Owner 是希望导出的用户的名字。下面是运行的实际画面：

```
SQL> select decode(rownum,1,'create or replace '||
  2  rtrim(rtrim(us.text,chr(10) )), rtrim(rtrim(us.text,chr(10) ))) text
  3  from dba_source us
  4  where owner ='&owner'
  5  and us.type in ( 'package','procedure','function' )
  6  order by us.type,us.name , us.line;
输入 owner 的值:sys
原值    4: where     owner ='&owner'
新值    4: where     owner ='sys'
text
--------------------------------------------------
create or replace function client_ip_address
return varchar2 is...
```

第 16 章 触 发 器

触发器是许多关系数据库系统都提供的一项技术。在 Oracle 系统里,触发器类似过程和函数,都有声明、执行和异常处理过程的 PL/SQL 块。触发器在数据库里以独立的对象存储,它与存储过程不同的是,存储过程通过其他程序启动运行或直接启动运行,而触发器由一个事件来启动运行,即触发器是当某个事件发生时自动地隐式运行。并且,触发器不能接收参数。所以运行触发器就叫触发或点火(firing)。

16.1 触发器类型

在 Oracle 里,触发器事件指的是对数据库的表进行的 insert、update 及 delete 等操作或对视图进行类似的操作。除此之外,还可以触发 Oracle 系统事件,如数据库的启动与关闭等,主要有以下三种类型的触发器。

(1) DML 触发器

Oracle 可以用 DML 语句进行触发,可以在 DML 操作前或操作后进行触发,并且可以对每个行或语句上操作进行触发。

(2) 替代触发器

由于在 Oracle 里,不能直接对由两个以上的表建立的视图进行操作,所以给出了替代触发器。

(3) 系统触发器

第三种类型的触发器叫系统触发器。它可以在 Oracle 数据库系统的事件中进行触发,如 Oracle 系统的启动与关闭等。

16.2 创建触发器

创建触发器的一般语法是:

    create [or replace]trigger trigger_name
    [before|after]trigger_event on table_reference
    [for each row [when trigger_condition]]
    trigger_body;

当一个基表被修改(insert,update,delete)时要执行内嵌过程。执行时根据其所依附的基表改动自动触发,与应用程序无关,数据库触发器可以保证数据的一致性和完整性。

每张表最多可建立12个触发器,它们是:

① before insert;

② before insert for each row;

③ after insert;

④ after insert for each row;

⑤ before update;

⑥ before update for each row;

⑦ after update;

⑧ after update for each row;

⑨ before delete;

⑩ before delete for each row;

⑪ after delete;

⑫ after delete for each row。

16.2.1 创建 DML 触发器

触发器名与过程名和包的名字不一样,它是单独的名字空间,因而触发器可以和表或过程有相同的名字,但在一个模式中触发器名不能相同。

(1)触发器的限制

① 触发器中不能使用控制语句 commit,rollback,savepoint 语句;

② 由触发器所调用的过程或函数也不能使用控制语句;

③ 触发器中不能使用 long,long raw 类型;

④ 触发器所访问的表受到原表的约束限制,即后面的"变化表"。

(2)访问表更新前后的值

当触发器被触发时,要使用被插入,更新或删除的记录中的列值,有时要使用操作前后的列值。实现方法为使用如下代词:

:new　修饰符访问操作完成后列的值

:old　修饰符访问操作完成前列的值

例16-1　建立一个触发器,当职工表 emp 表被删除一条记录时,把被删除记录写到职工表删除日志表中去。

```
create or replace trigger scott.del_emp
    before delete on scott.emp for each row
begin
    --将修改前数据插入到日志记录表 del_emp 中,供监督使用
    insert into emp_his( deptno , empno, ename , job ,mgr , sal , comm , hire-
date)
        values(:old.deptno, :old.empno, :old.ename , :old.job,
            :old.mgr, :old.sal, :old.comm, :old.hiredate);
end;
```

16.2.2 创建替代(instead_of)触发器

Instead_of 语句用于对视图的 DML 触发。视图有可能是由多个表联结(join)而成,并非所有的联结都是可更新的,但可以按照所需的方式执行更新,如:

  create view room_summary as
    select building,sum(number_seats) total_seats
    from rooms group by building;

在此视图中直接删除是非法的。

  SQL>delete from room_summary where building='building 7';
  delete from room_summary where building='building 7';

执行的结果显示如下:

  error at line 1:
  ORA-01732:data manipulation operation not legal on this view。

但是可以创建 instead_of 触发器来执行 delete 操作所需的处理,即删除 rooms 表中所有基准行。

  create trigger room_summary_delete
    instead of delete on room_summary
    for each row
  begin
    ――删除表 room 中基准行,这些行构成单个视图行
    delete from rooms where building:=old.building;
  end room_summary_delete;

16.2.3 创建系统触发器

系统触发器可以在 DDL 或数据库系统上被触发。DDL 指的是数据定义语言,如 create,alter 及 drop 等。而数据库系统事件包括数据库服务器的启动或关闭,用户的登录与退出,数据库服务错误等。系统触发器的种类和事件出现的时机(前或后)见表 16-1。

创建系统触发器的语法如下:

  create or replace trigger [sachema.] trigger_name
  {before|after}
  {ddl_event_list|database_event_list}
  on { database | [schema.] schema }
  [when_clause] trigger_body;

其中 ddl_event_list:一个或多个 DDL 事件,事件间用 or 分开;database_event_list:一个或多个数据库事件,事件间用 or 分开;

表 16-1   系统触发器的种类和事件出现的时机(前或后)

事 件	事件名称	允许的时机	说 明
启动	startup	之后	实例启动时激活
关闭	shutdown	之前	实例正常关闭时激活
服务器错误	servererror	之后	只要有错误就激活
登录	logon	之后	成功登录后激活

续表 16-1

事件	事件名称	允许的时机	说明
注销	logoff	之前	开始注销时激活
创建	create	之前,之后	在创建之前或之后激活
撤销	drop	之前,之后	在撤销之前或之后激活
变更	alter	之前,之后	在变更之前或之后激活

系统触发器可以在数据库级(database)或模式(schema)级进行定义。数据库级触发器在任何事件发生时都能激活触发器,而模式触发器只有在指定的模式的触发事件发生时才触发。

例 16-2 建立一个触发器,当用户 usera 登录时,自动记录一些信息。

```
create or replace trigger loguseraconnects
after logon on schema
begin
  insert into example.temp_table
    values(1,'loguseraconnects fired!');
end loguseraconnects;
```

例 16-3 建立一个触发器当用户 userb 登录时,自动记录一些信息。

```
create or replace trigger loguseraconnects
after logon on schema
begin
    insert into example.temp_table
      values(2,'loguseraconnects fired!');
end loguserbconnects;
```

例 16-4 建立一个触发器,当所有用户登录时,自动记录一些信息。

```
create or replace trigger logallconnects
after logon on schema
begin
  insert into example.temp_table
    values(3,'logallconnects fired!');
end logallconnects;
SQL>connect usera/usera
——已连接。
SQL>connect userb/userb
——已连接。
SQL>connect scott/tiger
——已连接。
SQL>select * from temp_table;
    num_col          char_col
```

3	logallconnects fired!
2	loguserbconnects fired!
3	logallconnects fired!
3	logallconnects fired!
1	loguseraconnects fired!

16.2.4 触发器触发次序

Oracle 对事件的触发共有 16 种,但是它们的触发是有次序的,基本触发次序如下:

(1) 执行 BEFORE 语句级触发器,对于受语句影响的每一行:

- 执行 BEFORE 语句行级触发器;
- 执行 DML 语句;
- 执行 AFTER 行级触发器。

(2) 执行 AFTER 语句级触发器

16.2.5 使用触发器谓词

Oracle 提供三个谓词 inserting,updating,deleting 用于判断触发了哪些操作。谓词的行为如表 16-2 所列。

表 16-2　　　　　　　　　　　触发器谓词

谓　　词	行　　为
inserting	如果触发语句是 insert 语句,则为 true,否则为 false
updating	如果触发语句是 update 语句,则为 true,否则为 false
deleting	如果触发语句是 delete 语句,则为 true,否则为 false

例如:——节选自在线代码 Rschange.sql 选自:RSchange.sql
　　　　作者:Scott Urman.
　　　　中文注释:王哲元
```
create or replace trigger logrschanges
   before insert or delete or update on registered_students
   for each row
declare
   v_changetype char(1);
begin
   /* insert 用'i', delete 用'd', update 用'u' */
   if inserting then
      v_changetype := 'i';
   elsif updating then
      v_changetype := 'u';
   else
      v_changetype := 'd';
```

Oracle 数据库管理与应用

```
        end if;
        /* 在 rs_audit 记录所有的改变,使用 sysdate 来产生系统时间邮戳,
    使用 user 返回当前用户的标识    */
        insert into rs_audit
            (change_type, changed_by, timestamp,
             old_student_id, old_department, old_course, old_grade,
             new_student_id, new_department, new_course, new_grade)
        values
            (v_changetype, user, sysdate,
             :old. student_id, :old. department, :old. course, :old. grade,
             :new. student_id, :new. department, :new. course, :new. grade);
    end logrschanges;
```

16.3 触发器的删除和无效

当触发器创建完成后,程序员和 DBA 管理员要经常查看数据库实例中的触发器。对于不必需的触发器,要删除或使其无效,从而提高系统的性能。

删除触发器的命令语法如下：

    drop trigger   trigger_name;

例如:从数据字典中删除某个触发器。

    SQL> select trigger_name from user_triggers;
    trigger_name
    ----

    set_nls
    SQL> drop trigger set_nls;

这时,触发器已删除。

使触发器无效的命令是 alter trigger,语法如下:

    alter trigger trigger_name [disable | enable];

如:

    SQL> alter trigger updatemajorstats disable;
    SQL> alter table students disable all triggers;

16.4 创建触发器的限制

编写触发器程序时有些限制,程序人员应注意以下情况:

(1) 代码大小

一般来说触发器的代码必须小于 32 KB;如果大于这个限制,可以将其拆成几个部分来写。

(2) 触发器中语句的有效性

触发器的有效语句包括 DML SQL 语句,但不能包括 DDL 语句。rollback,commit,savepoint 语句也不能使用。但是,对于"系统触发器(system triggers)"可以使用 create/alter/drop table 和 alter …compile 语句。

(3) long,long raw 和 lob 的限制

① 不能插入数据到 long 或 long raw;

② 来自 long 或 long raw 的数据可以转换成字符型(如 char 和 varchar2),但是只允许 32 KB;

③ 使用 long 或 long raw 不能声明变量;

④ 在 long 或 long raw 列中不能用:new 和 :parent;

⑤ lob 中的:new 变量不能修改,例如:

　　:new.column:= …

(4) 引用包变量的限制

如果 update 或 delete 语句被检测到与当前的 update 语句冲突,则 Oracle 执行 rollback 到 savepoint 上并重新启动更新。这样的情况可能要出现多次才能成功。

16.5　触发器的导出

各个用户的触发器的源码存放在 dba_triggers 数据字典中。要导出触发器的源码,需要了解触发器每个列的具体意义。因为创建触发器时,被解释的触发器被 Oracle 分解成不同的部分分别存放在不同的列中,所以导出过程就是一个逆过程。导出过程语法如下:

```
select 'create or replace trigger '||trigger_name||
' '||substr(trigger_type,1,17)||
' '||triggering_event||
' on '||table_owner||'.'||table_name||' '||
decode(instr(trigger_type,'statement'),0,' '||
trigger_type ),trigger_body
from user_triggers
order by trigger_name;
```

第 17 章
包的创建和使用

17.1 引言

把相关的过程和函数归类到一起并赋予一定的管理功能和使用功能就叫包。把相关的模块归类成为包可使开发人员利用面向对象的方法进行内嵌过程的开发,从而提高系统性能。

包中包含过程和函数,它们共享公共变量、公共局部函数和过程。

一个包由两个分开的部分组成,即:

① 包说明(package specification):定义包所包含的过程、函数、数据类型和变量;

② 包主体(package body):包中对象的代码。

包说明和包主体分开编译,并作为两部分分开的对象存放,详见数据字典 user_source, all_source, dba_source。

一般而言,包的开发步骤如下:

① 将每个存储过程调试正确;

② 用文本编辑软件将各个存储过程和函数集成在一起;

③ 按照包的定义要求将集成的文本的前面加上包头;

④ 按照包的定义要求将集成的文本的前面加上包体;

⑤ 使用 SQL*Plus 或开发工具进行调试。

17.2 包的定义

要将相关的一组存储过程和函数存放在一起,必须创建相应的包。定义包的语法如下:

```
create [or replace] package package_name
[authid {current_user | definer}]
{is | as}
[pragma serially_reusable;]
[collection_type_definition ...]
[record_type_definition ...]
[subtype_definition ...]
```

```
[collection_declaration...]
[constant_declaration...]
[exception_declaration...]
[object_declaration...]
[record_declaration...]
[variable_declaration...]
[cursor_spec...]
[function_spec...]
[procedure_spec...]
[call_spec...]
[pragma restrict_references(assertions)...]
end [package_name];
[create [or replace] package body package_name {is | as}
[pragma serially_reusable;]
[collection_type_definition...]
[record_type_definition...]
[subtype_definition...]
[collection_declaration...]
[constant_declaration...]
[exception_declaration...]
[object_declaration...]
[record_declaration...]
[variable_declaration...]
[cursor_body...]
[function_spec...]
[procedure_spec...]
[call_spec...]
[begin
sequence_of_statements]
end [package_name];]
```

17.3 包的说明

17.3.1 包的头部说明

包的头部的说明主要是对包所要包含的存储过程、函数进行说明。严格来说，就是对形成包的所有存储过程和函数的名字、变量等进行说明，以便在包体部分进行描述。包头的创建语法如下：

```
create [or replace] package package_name
[authid {current_user | definer}]
```

```
{is | as}
[pragma serially_reusable;]
[collection_type_definition ...]
[record_type_definition ...]
[subtype_definition ...]
[collection_declaration ...]
[constant_declaration ...]
[exception_declaration ...]
[object_declaration ...]
[record_declaration ...]
[variable_declaration ...]
[cursor_spec ...]
[function_spec ...]
[procedure_spec ...]
[call_spec ...]
[pragma restrict_references(assertions) ...]
end [package_name];
```

17.3.2 包体的说明

包体是独立于包头的一个数据库对象，也就是说，在编写整个存储包时，虽然将包头和包体写在一个文件(一个程序)中并在 SQL＞下进行解释生成包程序。但是经过 Oracle 的 PL/SQL 解释过的程序会被分成包头、包体及存储过程、函数部分。当查询数据库字典时，可以看到 Oracle 数据库是将包头和包体分开的。包体的创建语法如下：

```
[create [or replace] package body package_name {is | as}
[pragma serially_reusable;]
[collection_type_definition ...]
[record_type_definition ...]
[subtype_definition ...]
[collection_declaration ...]
[constant_declaration ...]
[exception_declaration ...]
[object_declaration ...]
[record_declaration ...]
[variable_declaration ...]
[cursor_body ...]
[function_spec ...]
[procedure_spec ...]
[call_spec ...]
[begin
sequence_of_statements]
```

end [package_name];]

例 17-1 创建包的例子。

自 clpack.sql

作者：Scott Urman.

中文注释：王哲元

```
create or replace package classpackage as
——加一新的学生到指定的班
    procedure addstudent(p_studentid in students.id%type,
                    p_department in classes.department%type,
                    p_course in classes.course%type);
——在指定的班删除某个学生
    procedure removestudent(p_studentid in students.id%type,
                    p_department in classes.department%type,
                    p_course in classes.course%type);
——触发删除学生的例外处理
e_studentnotregistered exception;
——使用表类型来处理学生信息
type t_studentidtable is table of students.id%type
    index by binary_integer;
——在指定的班上返回 PL/SQL 表学生内容
    procedure classlist(p_department in classes.department%type,
                    p_course in classes.course%type,
                    p_ids out t_studentidtable,
                    p_numstudents in out binary_integer);
end classpackage;
create or replace package body classpackage as
——加一新的学生到指定的班
    procedure addstudent(p_studentid in students.id%type,
                    p_department in classes.department%type,
                    p_course in classes.course%type) is
begin
    insert into registered_students (student_id, department, course)
        values (p_studentid, p_department, p_course);
    commit;
end addstudent;
——从指定班中删除一个学生
procedure removestudent(p_studentid in students.id%type,
                    p_department in classes.department%type,
                    p_course in classes.course%type) is
```

```
      begin
        delete from registered_students
          where student_id = p_studentid
          and department = p_department
          and course = p_course;
        ——检查delete操作是否成功,如果无匹配的行,则触发错误处理
        if SQL%notfound then
          raise e_studentnotregistered;
        end if;
        commit;
      end removestudent;
      ——在指定的班和课程上返回学生学号
      procedure classlist(p_department in classes.department%type,
                         p_course in classes.course%type,
                         p_ids out t_studentidtable,
                         p_numstudents in out binary_integer) is
        v_studentid registered_students.student_id%type;
        ——声明取已经注册学生的信息的光标
        cursor c_registeredstudents is
          select student_id
            from registered_students
            where department = p_department
            and course = p_course;
      begin
    /* p_numstudents变量为表索引,开始为0;每次循环时增加。
   循环结束时,它存放有取到的行数量。并且以p_ids返回行数 */
        p_numstudents := 0;
        open c_registeredstudents;
        loop
          fetch c_registeredstudents into v_studentid;
          exit when c_registeredstudents%notfound;
          p_numstudents := p_numstudents + 1;
          p_ids(p_numstudents) := v_studentid;
        end loop;
      end classlist;
    end classpackage;
```

17.4 删除过程、函数和包

对那些不再需要的存储过程、函数或包,只要具有 drop any procedure 权限,就可以删除它们。

(1) 删除过程

可用 drop procedure 命令对不需要的过程进行删除,语法如下:

　　drop procedure [user.]procedure_name;

与 drop procedure 有关的内容请参见 alter procedure 和 create procedure。

(2) 删除函数

可用 drop function 命令删除不需要的函数,语法如下:

　　drop function [user.]function_name;

与 drop function 有关的内容请参见 alter function 和 create function。

(3) 删除包

可用 drop package 命令删除不需要的包,语法如下:

　　drop package [body][user.]package_name;

与 drop package 有关的内容请参见 Alter package 和 Create package

17.5 包的管理

当将包已经创建在数据库中之后,就开始面临包的管理问题。由于包的源代码存放在 Oracle 的数据字典里,不像在文件系统下直接可以方便地浏览和拷贝,所以包的管理对 DBA 来说更具挑战性。下面是作者在日常工作中对包的管理的一点小结。

17.5.1 包有关的数据字典

与 Oracle 系统的包有关的数据字典有 dba_source 和 dba_errors。

(1) dba_source 数据字典

dba_source 数据字典存放有整个 Oracle 系统的所有包、存储过程、函数的源代码。它的列及说明如表 17-1 所示。

表 17-1　　　　　　　　　　　　dba_source 列的说明

列名	数据类型	是否空	说　　明
owner	varchar2(30)	not null	对象的主人
name	varchar2(30)	not null	对象名称
type	varchar2(12)		对象类型,可以是 PROCEDURE,FUNCTION,PACKAGE,TYPE,TYPE BODY,PACKAGE BODY
line	number	not null	行号
text	varchar2(4000)		源代码

(2) dba_errors 数据字典

Oracle 数据库管理与应用

dba_errors 存放所有对象的错误列表。编程人员和 DBA 可以从中查看错误的对象名及错误内容。它的列说明如表 17-2 所示。

表 17-2　　　　　　　　　　dba_errors 列的说明

列　名	数据类型	是否空	说　明
owner	varchar2(30)	not null	对象的主人
name	varchar2(30)	not null	对象名称
type	varchar2(12)		对象类型,如 PROCEDURE,FUNCTION,PACKAGE,TYPE,TYPE BODY ,PACKAGE BODY
sequence	number	not null	顺序号
line	number	not null	行号
position	number	not null	错误在行中的位置(列)
text	varchar2(4000)		错误代码

17.5.2　包源代码的导出

当进行应用系统的移植、分析、升级等操作时都需要将包的源代码导出。一般情况下，Oracle 不提供这样的操作。这里给出一个简单的导出方法供 PL/SQL 程序人员参考。

例 17-2　自动产生重新创建所有 PL/SQL 的命令。

```
    select decode(rownum, 1, 'create or replace '||
    rtrim(rtrim(us.text, chr(10) )),
    rtrim(rtrim(us.text, chr(10) ))) text
    from user_source us
    order by us.name , us.type , us.line;
```

例 17-3　存储过程源代码的提取。

```
/*  文件名:exp_plsql.sql
功能:导出存储过程的源代码
使用方法:在 SQL>用 start 运行 exp_plsql.sql 文件,如:
SQL>start c:\exp_plsq.sql
在提示输入:
在"导出对象名字:"中输入 PL/SQL 过程的名字
在"导出文件名"中输入路径和导出的文件名 */
    accept proc_name char prompt '导出对象名字:'
    accept file_name char prompt '导出文件名:'
    set pagesize 10000
    set verify off
    set termout off
    set feedback off
    col dummy_col new_value max_len noprint
```

```
select max(length(text)) dummy_col from dba_source
where upper(name) = upper('&proc_name');
set linesize &max_len
spool & file_name
select name||' ('||type||')' "infos about" from dba_source
where upper(name) = upper('&proc_name') and rownum < 2;
select text "SQL-code" from dba_source
where  upper(name) = upper('&proc_name');
spool off
set verify on
set termout on
set feedback on
SQL> start c:\exp_plsql.txt
导出对象名字:f81_index_object
导出文件名:c:\exp2
```

第 18 章
PL/SQL 编程技巧

18.1 用触发器实现日期格式的自动设置

前面给出了如何设置 nls_date_format 环境参数来实现日期格式的设置。但是，在设置了 nls_date_format 后，如果退出实例再登录后，nls_date_format 又回到默认的格式。为了按照自己所习惯的格式进行设置而不影响其他用户的习惯，可以编写一个触发器来实现动态的设置。

例如：用户 zhao 喜欢格式为"yyyy/mm/dd"；用户 scott 喜欢"yyyy.mm.dd"，则可以用 after logon（登录后触发）来编写程序，当用户登录成功后，日期格式就变为自己喜欢的格式。

```
create or replace trigger set_nls
after logon
on database
declare
    c1 integer;
    r1 integer;
begin
    if sys_context('userenv','session_user') = 'zhao' then
        c1 := dbms_sql.open_cursor();
        dbms_sql.parse(c1,'alter session set nls_date_format='||chr(39)||'yyyy/mm/dd'||chr(39), dbms_sql.native);
        r1 := dbms_sql.execute(c1);
        dbms_sql.close_cursor(c1);
    elsif sys_context('userenv','session_user') = 'scott' then
        c1 := dbms_sql.open_cursor();
        dbms_sql.parse(c1,'alter session set nls_date_format='||chr(39)||'yyyy.mm.dd'||chr(39), dbms_sql.native);
        r1 := dbms_sql.execute(c1);
        dbms_sql.close_cursor(c1);
```

end if;

end;

执行上述语句后,只要是用户 zhao 或 scott 登录到 Oracle,都会引起 nls_date_format 的改变,如下面的查询结果:

SQL> show user

user 为"zhao"

SQL> select sysdate from dual;

sysdate

2008/11/11

再登录到 scott 用户,结果为:

SQL> select sysdate from dual;

sysdate

2008.11.11

需要注意的是,这个触发器对开始登录成功后(after logon)的第一个用户有效,如果这个用户不退出本次会话而用 connect 命令连接到其他的用户的话,则不会触发该触发器。

18.2 如何避免 too_many_rows 错误

许多使用 PL/SQL 编写程序的程序员都会遇到 too_many_rows 这样的错误提示。这是因为在 PL/SQL 中,每次查询只允许一条记录取出放到变量中,如果被查询的条件满足一条以上的话,就会出现这样的错误。但如果查询时没有满足条件的记录,则也会出现 no_data_found 错误。解决这两个问题的办法如下。

假设要查询的 emp 表有下面结果:

SQL> select * from emp;

ename	sal	deptno	tel
王哲元	9000	10	1360 136 5681
张三	8888	10	123456
李四	7000	10	654321

已选择 3 行。

例 18-1 没有声明例外的 PL/SQL 代码,先设置 set serveroutput on,以保证能显示信息。

```
declare
  v_sal      number(9,2);
  v_ename varchar2(20);
begin
  begin
```

Oracle 数据库管理与应用

```
        select ename, sal into v_ename, v_sal from emp
        where sal >= 8888;
        dbms_output.put_line('姓名:'|| v_ename ||',工资:'||to_char(v_sal));
    end;
    begin
        select ename, sal into v_ename, v_sal from emp
        where sal = 9000;
        dbms_output.put_line('姓名:'|| v_ename ||',工资:'||to_char(v_sal));
    end;
end;
```

从上面的查询条件来看,由于有两条记录被满足 sal>=8888,并且程序中没有声明例外处理情况,所以出现错误后第二条语句也就不执行了。执行显示信息如下:

```
SQL> declare
  2     v_sal         number(9,2);
  3     v_ename varchar2(20);
  4     begin
  5       begin
  6         select ename, sal into v_ename, v_sal from emp
  7         where sal >= 8888;
  8       dbms_output.put_line('姓名:'|| v_ename ||',工资:'||to_char(v_sal));
  9       end;
 10       begin
 11         select ename, sal into v_ename, v_sal from emp
 12         where sal = 9000;
 13       dbms_output.put_line('姓名:'|| v_ename ||',工资:'||to_char(v_sal));
 14       end;
 15     end;
 16  /
declare
*
error 位于第 1 行:
ORA-01422:实际返回的行数超出请求的行数。
ORA-06512:在 line 6。
```

例 18-2 在上面代码的每个 begin...end 之间加上例外处理(exception)后,在运行前,先设置 set serveroutput on 以保证能显示信息。代码脚本如下:

```
declare
    v_sal number(9,2);
    v_ename varchar2(20);
    begin
```

· 222 ·

```
      begin
        select ename,sal into v_ename,v_sal from emp
          where sal >= 8888;
      dbms_output.put_line('姓名:'|| v_ename ||',工资:'||to_char(v_sal) );
      exception
        when no_data_found then
          dbms_output.put_line('sal >= 8888 出现 no_data_found ');
        when too_many_rows then
        dbms_output.put_line('sal >= 8888 出现 too_many_rows');
      end;
        begin
          select ename,sal into v_ename,v_sal from emp
            where sal = 9000;
        dbms_output.put_line('姓名:'|| v_ename ||',工资:'||to_char(v_sal) );
        exception
          when no_data_found then
            dbms_output.put_line('sal = 9000 出现 no_data_found ');
          when too_many_rows then
          dbms_output.put_line('sal = 9000 出现 too_many_rows');
end;
    end;
      /
```

上面的代码执行显示如下:

```
SQL> declare
  2    v_sal       number(9,2);
  3    v_ename varchar2(20);
  4    begin
  5      begin
  6        select ename,sal into v_ename,v_sal from emp
  7          where sal >= 8888;
  8  dbms_output.put_line('姓名:'|| v_ename ||',工资:'||to_char(v_sal) );
  9      exception
 10        when no_data_found then
 11          dbms_output.put_line('sal >= 8888 出现 no_data_found ');
 12        when too_many_rows then
 13          dbms_output.put_line('sal >=8888 出现 too_many_rows');
 14      end;
 15      begin
 16        select ename,sal into v_ename,v_sal from emp
```

```
17          where sal = 9000;
18    dbms_output.put_line('姓名:'|| v_ename ||',工资:'||to_char(v_sal) );
19    exception
20      when no_data_found then
21        dbms_output.put_line('sal = 9000 出现 no_data_found');
22      when too_many_rows then
23        dbms_output.put_line('sal = 9000 出现 too_many_rows');
24    end;
25  end;
26  /
sal >= 8888 出现 too_many_rows
姓名:王哲元,工资:9000
PL/SQL 过程已成功完成。
SQL>
```

从显示的信息来看,虽然第一个语句出现错误,但是在显示出错信息"sal >= 8888 出现 too_many_rows"之后,接着执行下一个语句,并且显示出了结果。

18.3 如何解决 too_many_rows 问题

如果在写程序时,并不知道要查询的表满足条件的记录是否是多于 1 条以上,是否会出现"too_many_rows"的错误提示。为了解决这个问题,建议无论所查询的表的记录有多少,都要采用光标来处理。可将上例改成为下面的完整例子:

例如:使用光标实现多条记录的查询。

```
declare
  v_sal       number(9,2);
  v_ename varchar2(20);
  cursor c1 is select ename, sal from emp where sal >= 8888;
  begin
    open c1;
    fetch c1 into v_ename, v_sal;
  while c1%found loop
    dbms_output.put_line('姓名:'|| v_ename ||',工资:'||to_char(v_sal) );
    fetch c1 into v_ename, v_sal;
  end loop;
  end;
/
```

执行的结果如下:

```
SQL> declare
  2    v_sal number(9,2);
```

```
   3     v_ename varchar2(20);
   4     cursor c1 is select ename,sal from emp where sal>=8888;
   5     begin
   6        open c1;
   7        fetch c1 into v_ename,v_sal  ;
   8     while c1%found loop
   9     dbms_output.put_line('姓名:'|| v_ename ||',工资:'||to_char(v_sal) );
   10       fetch c1 into v_ename,v_sal;
   11    end loop;
   12    end;
   13    /
```
姓名:王哲元,工资:9000
姓名:张三,工资:8888
PL/SQL 过程已成功完成。

此外,还可以采用循环来实现多条记录的查询。

18.4 如何在 PL/SQL 中使用数组

在 PL/SQL 中,要想使用数组来存放数据,不能像高级语言那样将变量声明成数组类型,而是使用 PL/SQL 中规定的类型来实现。即要创建表描述类型和表说明变量类型,用下面语句定义表类型:

type(类型名) is
  table of（数据类型)
index by binary_integer;

看下面例子:
```
declare
/*创建表描述类型*/
type t_ename is table of emp.ename%type
index by binary_integer;
type t_sal is table of emp.sal%type
index by binary_integer;
/*创建变量描述类型*/
v_ename t_ename;
v_sal    t_sal ;
begin
     /*将结果存到数组变量中*/
select ename,sal into v_ename(1) ,v_sal(1) from emp where sal=9000;
select ename,sal into v_ename(2) ,v_sal(2) from emp where sal=8888;
dbms_output.put_line(v_ename(1) ||':'||to_char(v_sal(1)));
```

```
    dbms_output.put_line(v_ename(2)||′:′||to_char(v_sal(2)));
end;
/
```
执行的结果显示如下：

王哲元:9000

张三:8888

PL/SQL 过程已成功完成

18.5 如何使用触发器完成数据复制

Oracle 企业版支持分布环境,如果已经建立了分布式环境的话,只要用 create database link 语句创建相应的数据库连接,就可以使用 after insert 命令来实现将一个源基表的记录插入到远程数据库中。

```
    create or replace trigger emp_ins
    after insert on emp for each row
    begin
        insert into emote_emp@dbink_emp2
        values(:new.deptno, :new.ename, :new.sal …);
    end;
```

同样,如果叶源基表进行删除,则也可以写一个 after delete 触发器:

```
    create or replace trigger emp_del
    after delete on emp for each row
    begin
        delete from remote_emp@dbink_emp2
        where deptno = :old.deptno;
    end;
```

18.6 在 PL/SQL 中实现 Truncate

前面介绍过,在 SQL>下可以用 TRUNCATE 命令来快速删除一个表的所有记录,但是一般在 PL/SQL 程序中,不能直接使用 TRUNCATE 命令。许多程序员感叹,要是能在 PL/SQL 中能使用 TRUNCATE 那该多方便。下面是笔者所提供的一个例子,供 PL/SQL 编程爱好者参考。

步骤如下:

(1) 先创建一个存储过程,代码如下:

```
CREATE or replace procedure truncate_tab(table_name in varchar2) as
    Cursor_name Integer;
Begin
    Cursor_name:=DBMS_SQL.OPEN_CURSOR;
```

第18章 PL/SQL 编程技巧

　　DBMS_SQL.PARSE(Cursor_name,'Truncate table '||table_name||' drop storage', dbms_sql.native);
　　DBMS_SQL.CLOSE_CURSOR(Cursor_name);
Exception
　　When Others then DBMS_SQL.CLOSE_CURSOR(Cursor_name);
　　RAISE;
End truncate_tab;
/

（2）在 SQL> 下运行上面代码的提示如下：

SQL> CREATE or replace procedure truncate_tab(table_name in varchar2) as
　2　CursorId Integer;
　3　Begin
　4　Cursor_name:=DBMS_SQL.OPEN_CURSOR;
　5　DBMS_SQL.PARSE(Cursor_name,'Truncate table '||table_name||' drop storage', dbms_sql.native);
　6　DBMS_SQL.CLOSE_CURSOR(Cursor_name);
　7　Exception
　8　When Others then DBMS_SQL.CLOSE_CURSOR(Cursor_name);
　9　RAISE;
　10　End truncate_tab;
　11　/

过程已创建。

SQL> select * from abc;

RQ　　　　　　　　　　　NAME
-----------------------　　-------------------------
02-2月-02　　　　　　　　zhaoyuan

已选择 1 行。

上面查询已经知道 表 ABC 有一条记录,现在执行 truncate_tab 来删除表 ABC 的所有记录：

（3）执行 TRUNCATE_TAB 过程来删除表中记录：

SQL> exec truncate_tab('ABC');

PL/SQL 过程已成功完成。

SQL> select * from abc;

未选定行

SQL>

第四编

备份与恢复

第 19 章 备份与恢复

19.1 备份概论

可以说，从计算机系统问世的那天起，就有了备份这个概念，计算机以其强大的处理能力取代了很多人为的工作，但是，计算机系统并不时刻安全可靠，主板上的芯片、电路、内存、电源等任何一项设备出现故障，都会导致计算机系统不能正常工作。当然，这些损坏可以修复，不会导致应用和数据的丢失。但是，如果计算机的硬盘损坏，将会导致数据丢失，此时必须用备份恢复数据。

目前已经存在很多备份策略，如 RAID 技术、双机热备、集群技术等。系统的备份的确能解决数据库备份的问题。若磁盘介质损坏，只需从镜像上面做简单地恢复，或简单地切换机器就可以了。

但是，上面所说的系统备份和恢复策略是从硬件的角度来考虑的，这种策略需要一定的代价。选择备份策略的依据是：丢失数据的代价与确保数据不丢失的代价之比。有时，硬件的备份根本满足不了需要，假如误删了一个表，想恢复的时候，数据库的备份就变得重要了。Oracle 提供了强大的数据库备份与恢复策略，这里只讨论 Oracle 备份策略，以下的备份都是指 Oracle 的数据库备份，恢复将在下一章介绍。

所谓备份，就是把数据库复制到转储设备的过程。其中，转储设备是指用于放置数据库拷贝的磁带或磁盘。

能够进行什么样的恢复依赖于有什么样的备份。作为 DBA，在进行数据的可恢复性备份时应考虑以下几个方面：

① 使数据库的失效次数减到最少，从而使数据库保持最大的可用性；
② 当数据库不可避免地失效后，要使恢复时间减到最少，从而使恢复的效率达到最高；
③ 当数据库失效后，要尽量确保不丢失数据，从而使数据具有最大的可恢复性。

数据恢复最重要的工作是设计充足频率的硬盘备份过程。备份过程应该满足系统要求的可恢复性。例如，如果数据库有较长的关机时间，则可以每周进行一次冷备份，并归档重做日志，对于 24×7 的系统，只能热备份。企业都在想办法采取切实有效的方案，降低维护成本。只要仔细计划，并想办法达到数据库可用性的底线，花少量的钱进行成功的备份与恢复也是可能的。

19.2 备份的种类

(1) 冷备份

冷备份是一种最简单直接的备份方式,也称为脱机备份,但是必须关闭数据库,这对于当前 24×7 的有效性并不可取。

(2) 联机热备

联机热备是在数据库打开时执行的备份方式,进行联机备份比进行脱机备份的进程复杂。

(3) 逻辑备份

逻辑备份是对脱机备份和联机备份类型的补充,因为它无法回滚,所以不能替代数据库文件的备份。

19.2.1 冷备份

关闭数据库,采取操作系统拷贝命令来完成对数据库的备份,然后启动数据库。

例如:将名为 lyj 的数据库作一个冷备份,备份的文件放置在/mnt/backup_wy/目录下。

首先找出控制文件、数据文件和 redo 日志文件的存储位置

SQL> select name from v$controlfile;

NAME

/u3/oradata/lyj/control01.ctl
/u3/oradata/lyj/control02.ctl
/u3/oradata/lyj/control03.ctl

SQL> select status,name from v$datafile;

STATUS	NAME
SYSTEM	/u3/oradata/lyj/system01.dbf
ONLINE	/u3/oradata/lyj/tools01.dbf
ONLINE	/u3/oradata/lyj/rbs01.dbf
ONLINE	/u3/oradata/lyj/temp01.dbf
ONLINE	/u3/oradata/lyj/users01.dbf
ONLINE	/u3/oradata/lyj/indx01.dbf

SQL> select * from v$logfile;

GROUP#	STATUS	MEMBER
1		/u3/oradata/lyj/redo01.log
2		/u3/oradata/lyj/redo02.log
3		/u3/oradata/lyj/redo03.log

关闭数据库:

SQL> shutdown
数据库已经关闭。
已经卸载数据库。
Oracle 例程已经关闭。

将数据文件、控制文件和 redo 日志文件从上面查找出来的位置拷贝到/mnt/backup_wy/目录下作为备份：

[Oracle|15:38:09|/u3/oradata/lyj] $ cp *.ctl /mnt/backup_wy/
[Oracle|15:38:29|/u3/oradata/lyj] $ cp *.log /mnt/backup_wy/
[Oracle|15:38:43|/u3/oradata/lyj] $ cp *.dbf /mnt/backup_wy/

重新开启数据库：startup。

19.2.2 热备份

Oracle 数据库有两种运行方式：一是归档方式（archivelog），归档方式的目的是当数据库发生故障时最大限度恢复数据库，可以保证不丢失任何已提交的数据；二是不归档方式（noarchivelog），只能恢复数据库到最近的回收点（冷备份或是逻辑备份）。根据数据库的高可用性和用户可承受丢失的工作量的多少，对于生产型数据库，应采用归档方式；正在开发和调试的数据库可以采用不归档方式。

如何改变数据库的运行方式，在创建数据库时，就决定了数据库初始的存档方式。一般情况下为 noarchivelog 方式。当数据库创建好以后，根据情况把需要运行在归档方式的数据库改成 archivelog 方式。

（1）改变不归档方式为归档方式

① 关闭数据库，备份已有的数据，改变数据库的运行方式是对数据库的重要改动，所以要备份数据库，对可能出现的问题做出保护。

② 修改初始化参数，使能自动存档。修改（添加）初始化文件 init[sid].ora 中的参数。

log_archive_start=true   #启动自动归档
log_archive_format=arc%t%s.arc #归档文件格式
log_archive_dest=/arch12/arch   #归档路径

最多可以有 5 个归档路径，并可以归档到其他服务器，如备用数据库（standby database）服务器。

③ 启动 instance 到 mount 状态，即加载数据库但不打开数据库。

　　$>SQL

SQL>connect internal；
SQL>startup mount；

④ 发出修改命令

SQL>alter database archivelog；
SQL>alter database open；

（2）改变归档状态为不归档状态

与以上步骤相同，但有些操作不一样，主要是体现在以上的②操作中，现在为删减或注释该参数，在④操作中，命令为：

SQL>alter database noarchivelog；

Oracle 数据库管理与应用

注意，从归档方式转换到非归档方式后一定要做一次数据库的全冷备份，防止意外事件的发生。

(3) 实施热备份

下面以 lyj 数据库为例说明如何热备一个数据库：

① 备份控制文件

  SQL> alter database backup controlfile to 'mnt/backup_wy/controlfile';

语句已处理。

用完整的文件夹路径和文件的名称'mnt/backup_wy/controlfile'将备份控制文件存储在此路径下。

② 备份数据文件

执行一个数据库的联机备份时，需要一次复制一个表空间的数据文件，在对一个表空间文件复制之前需要执行 alter tablespace tablespace_name begin backup；

为表空间复制完文件后，需要执行下列命令：

  alter tablespace tablespace_name end backup；

使用这些 begin 和 end 命令的原因是当数据库被复制时，Oracle 需要保持数据文件头的连贯状态，发出 begin 命令时，Oracle 停止更新受影响的数据文件的文件头上的检查点。在整个表空间备份模式中，Oracle 将全部数据块写入 redo 日志文件并记录这个表空间中的数据变化。

通过下面语句找出所有表空间的名字：

SQL>select * from v$tablespace;

TS#	NAME
0	SYSTEM
1	TOOLS
2	RBS
3	TEMP
4	USERS
5	NDX

然后对这些表空间进行备份，将数据文件备份到 mnt/backup_wy/controlfile 目录下：

  SQL> alter tablespace system begin backup；

  语句已处理。

  SQL> alter tablespace tools begin backup；

  语句已处理。

  SQL> alter tablespace rbs begin backup；

  语句已处理。

  SQL> alter tablespace temp begin backup；

  语句已处理。

  SQL> alter tablespace users begin backup；

  语句已处理。

SQL> alter tablespace indx begin backup ;

语句已处理。

[Oracle|17:01:53|/u3/oradata/lyj]$ cp *.dbf /mnt/backup_wy/

SQL> alter tablespace system end backup ;

语句已处理。

SQL> alter tablespace tools end backup ;

语句已处理。

SQL> alter tablespace users end backup ;

语句已处理。

SQL> alter tablespace temp end backup ;

语句已处理。

SQL> alter tablespace indx end backup ;

语句已处理。

SQL> alter tablespace rbs end backup ;

语句已处理。

③ 归档当前的联机 redo 日志文件

备份完所有的数据文件后,需要归档当前的联机 redo 日志文件,因为恢复时需要这些文件。归档时允许和所有其他的归档日志文件一起进行备份。

SQL> *

语句已处理。

这条命令将 Oracle 转换到一个新的日志文件。然后 Oracle 归档所有未被归档的日志文件,还可以使用另外两条命令达到相同的效果:

SQL> alter system switch logfile ;

语句强制转换日志。

SQL> alter system archive log all ;

上述语句导致 Oracle 所有已写满但仍未归档的 redo 日志文件归档。

④ 备份归档日志文件

一旦已经归档了当前联机的日志文件,最后一步就是备份所有归档日志文件到/mnt/backup_wy/目录下,因为还原数据库时需要这些文件。

[Oracle|17:42:46|/u2/oratest/admin/lyj/arch]$ cp arch_*.* /mnt/backup_wy/

19.2.3 EXP/IMP 逻辑备份

导入/导出是 Oracle 的最古老的两个命令行工具了,其实,EXP/IMP 不是一种好的备份方式,只能说它是一个好的转储工具,特别是在小型数据库的转储,表空间的迁移,表的抽取,检测逻辑和物理冲突等中更为实用。当然,我们也可以把它作为小型数据库的物理备份后的一个逻辑辅助备份。

对于越来越大的数据库,特别是 TB 级数据库和越来越多数据仓库的出现,EXP/IMP 越来越力不从心了,这个时候,数据库的备份都转向了 RMAN 和第三方工具。下面简要介绍一下 EXP/IMP 的使用。

(1) 使用方法

exp parameter_name=value;

or exp parameter_name=(value1,value2...);

只要输入参数 help=y 就可以看到所有帮助

如：

c:\>set nls_lang=simplified chinese_china.zhs16gbk

c:\>exp －help

export：release 7.1.6.0.0 － production on 星期四 4 月 10 19：09：21 2003

(c) copyright 1999 Oracle corporation. all rights reserved.

通过输入 exp 命令和用户名/口令后输入如下命令：

示例：exp scott/tiger

或者，也可以通过输入跟有各种参数的 EXP 命令来控制"导出"的运行方式，要指定参数，可以使用关键字。

格式：exp keyword=value；或 keyword=(value1,value2,...,valueN);

示例：exp scott/tiger grants=y tables=(emp,dept,mgr)

或 tables=(t1：p1,t1：p2),如果 t1 是分区表,userid 必须是命令行中的第一个参数。

关键字	说明(默认)	关键字	说明(默认)
userid	用户名/口令	full	导出整个文件(n)
buffer	数据缓冲区的大小	owner	所有者用户名列表
file	输出文件(expdat.dmp)	tables	表名列表
compress	导入一个范围(y)	recordlength	记录的长度
grants	导出权限(y)	inctype	增量导出类型
indexes	导出索引(y)	record	跟踪增量导出(y)
rows	导出数据行(y)	parfile	参数文件名
constraints	导出限制(y)	consistent	交叉表一致性
log	屏幕输出的日志文件	statistics	分析对象(estimate)
direct	直接路径(n)	triggers	导出触发器(y)
feedback	显示每 x 行(0)的进度	filesize	各转储文件的最大尺寸
query	选定导出表子集的子句		

注意上面的 set nls_lang=simplified chinese_china.zhs16gbk,通过设置环境变量可以让 EXP 的帮助以中文显示,如果使用 set nls_lang=american_america 字符集,帮助以英文显示。

增量和累计导出必须在全库方式下才有效,而且,大多数情况下,增量和累计导出并不是很有效。Oracle 从 12c 开始,不再支持增量导出和累计导出。

(2) 表空间传输

表空间传输是 Oracle 8i 新增加的一种快速在数据库间移动数据的一种办法,是把一个数据库上的格式数据文件附加到另外一个数据库中,而不是把数据导出成 dmp 文件,这在有些时候是非常管用的,因为传输表空间移动数据就像复制文件一样快。

关于表空间传输有一些规则,即:

① 源数据库和目标数据库必须运行在相同的硬件平台上；
② 源数据库与目标数据库必须使用相同的字符集；
③ 源数据库与目标数据库一定要有相同大小的数据块；
④ 目标数据库不能有与迁移表空间同名的表空间；
⑤ sys 的对象不能迁移；
⑥ 必须传输自包含的对象集。

有一些对象，如物化视图，基于函数的索引等不能被传输。

可以用以下的方法来检测一个表空间或一套表空间是否符合传输标准：

  exec sys.dbms_tts.transport_set_check('tablespace_name',true);
  select * from sys.transport_set_violation;

如果没有行选择，表示该表空间只包含表数据，并且是自包含的。对于有些非自包含的表空间，如数据表空间和索引表空间，可以一起传输。

以下为简要的使用步骤，如果想参考详细的使用方法，也可以参考 Oracle 联机帮助。

① 设置表空间为只读（假定表空间名字为 app_data 和 app_index）。

  alter tablespace app_data read only;
  alter tablespace app_index read only;

② 发出 exp 命令，即

  SQL>host exp userid="""sys/password as sysdba"""
  transport_tablespace=y tablespace=(app_data,app_index)

以上需要注意的是，为了在 SQL 中执行 EXP，userid 必须用 3 个引号。在 unix 中也必须注意避免"/"的使用。在 816 和以后，用户用 sysdba 角色登录才能操作。这个命令在 SQL 中必须放置在一行（这里是因为显示问题放在了两行）。

③ 拷贝数据文件到另一个地点即目标数据库，可以使用 cp(unix)或 copy(Windows)或通过 ftp 传输文件（一定要在 bin 方式）。

④ 把本地的表空间设置为读写。

⑤ 在目标数据库附加该数据文件。

  imp file=expdat.dmp userid="""sys/password as sysdba"""
    transport_tablespace=y
     "datafile=(c:\temp\app_data,c:\temp\app_index)"

⑥ 设置目标数据库表空间为读写。

  alter tablespace app_data read write;
  alter tablespace app_index read write;

(3) 导出/导入与字符集

Oracle 的多国语言设置是为了支持世界范围的语言与字符集，一般对语言提示、货币形式、排序方式和 char、varchar2、clob、long 字段的数据的显示等有效。Oracle 的多国语言设置最主要的两个特性就是国家语言设置与字符集设置，国家语言设置决定了界面或提示使用的语言种类，字符集决定了数据库保存与字符集有关数据（如文本）时的编码规则。正如刚才上面的一个小例子，环境变量 nls_lang 的不同，导致 EXP 帮助发生变化，这就是多国语言设置的作用（nls_lang 包含国家语言设置与字符集设置，这里起作用的是国家语言设置,而不是字符集设置)。

Oracle 字符集设定,分为数据库字符集和客户端字符集环境设置。在数据库端,字符集在创建数据库的时候设定,并保存在数据库 props＄表中,对于 Oracle 8i 以上产品,已经可以采用"alter database character set 字符集"来修改数据库的字符集,但也仅仅是从子集到超集。不要通过 update props＄来修改字符集,如果是不支持的转换,可能会失去所有与字符集有关的数据,也就是支持的转换,可能导致数据库不能正常工作。字符集分为单字节字符集与多字节字符集,US7ASCII 就是典型的单字节字符集,在这种字符集中 length＝lengthb,而 ZHS16GBK 就是常用的双字节字符集,在这里 lengthb＝2×length。

客户端的字符集环境比较简单,主要就是环境变量或注册表项 nls_lang,注意 nls_lang 的优先级别为:参数文件/注册表/环境变量/alter session。nls_lang 的组成为"国家语言设置.字符集",如 nls_lang＝simplified chinese_china.zhs16gbk。客户端的字符集最好与数据库端一样(国家语言设置可以不一样,如 zhs16gbk 的字符集,客户端可以是 nls_lang ＝ simplified chinese_china.zhs16gbk 或 ameircan_america.zhs16gbk,都不影响数据库字符的正常显示),如果字符集不一样,而且字符集的转换也不兼容,那么客户端的数据显示和导出/导入的与字符集有关的数据将都是乱码。

使用一点点技巧,就可以使导出/导入在不同的字符集的数据库上转换数据。这里需要一个二进制文件编辑工具即可,如 uedit32。用编辑方式打开导出的 dmp 文件,获取 2、3 字节的内容,如 00 01,先把它转换为十进制数,为 1,使用函数 nls_charset_name 即可获得该字符集:

    SQL＞ select nls_charset_name(1) from dual;

    nls_charset_name(1)

    US7ASCII

从上述可知该 dmp 文件的字符集为 US7ASCII,如果需要把该 dmp 文件的字符集换成 ZHS16GBK,则需要用 nls_charset_id 获取该字符集的编号,即

    SQL＞ select nls_charset_id('ZHS16GBK') from dual;

    nls_charset_id('ZHS16GBK')

    852

把 852 换成十六进制数,为 354,把 2、3 字节的 00 01 换成 03 54,即完成了把该 dmp 文件字符集从 US7ASCII 到 ZHS16GBK 的转化,这样,再把该 dmp 文件导入到 ZHS16GBK 字符集的数据库就可以了。这里需要注意十进制数与十六进制数之间的转换。

19.3 恢复技术

数据库的恢复一般分为 noarchivelog 模式和 archivelog 模式。实际情况中很少会丢失整个 Oracle 数据库,通常只是当一个驱动器损坏时,仅仅丢失了该驱动器上的文件。如何从这样的损失中恢复,很大程度上取决于数据库是否正运行在 archivelog 模式下。如果没有运行在 archivelog 模式下而丢失了一个数据库文件,就只能从最近的一次备份中恢复整

个数据库,备份之后的所有变化都丢失,而且在数据库被恢复时必须关闭数据库。由于在一个产品中丢失数据或将数据库关闭一段时间是不可取的,所以大多数 Oracle 数据库都运行在 archivelog 模式下。

在 Oracle 中,恢复是指从归档和联机 redo 日志文件中读取 redo 日志记录并将这些变化应用到数据文件中并将其更新到最近状态的过程。

从备份中还原一个文件时,文件代表了数据库被备份时而不是丢失时的状态,通常情况下希望恢复过渡期即文件备份和文件丢失之间发生的所有变化。由于所有变化都被写入日志文件中,能够通过读取日志文件并且再次将这些变化应用于所还原的文件中。

19.3.1　还原 noarchivelog 模式下的数据库

还原一个运行于 noarchivelog 模式下的数据库是一种最简单的情况,由于不存在归档日志文件,也就不可能有介质恢复,全部的操作仅仅是操作系统级的复制过程。还原一个 noarchivelog 模式下运行的数据库的操作步骤如下:

① 如果实例正在运行,用 shutdown 命令关闭数据库;
② 从最近备份中还原控制文件和数据文件;
③ 指定是否移动任何一个文件;
④ 在启动数据库时,Oracle 将根据参数文件指定的路径寻找这些文件。如果一个磁盘的丢失迫使将文件放回到与最初不同的位置,需要通知 Oracle,否则,就会出现出错信息。

可用以下 Oracle 已移动了一个数据库文件。

① 使用 alter database rename file′original_filename′to ′new_filename′命令,其中,′original_filename′是当前使用的完整的路径和文件名,而′new_filename′是文件当前的路径和文件名。

为了改变数据库文件的名字,必须安装数据库但不能打开数据库,因为要在控制文件中记录变化。

示例:　　e.g:connect internal;

　　　　　startup mount;

　　　　　alter database rename file ′/u3/oradata/lyj/system01.dbf′ to ′/mnt/backup_wy/system01.dbf′;

② 如果正在移动全部或大部分的数据文件,重建控制文件会相对简单一些。而如果在备份控制文件时使用了 alter database backup controlfile to trace 这条语句,就会在 admin/udump 目录下找到重建控制文件的跟踪语句,该语句包括必须的 create controlfile 等命令,将该文件中改变了的文件名代替原有的文件名和位置。

③ 重新打开数据库。应该使用 resetlogs 选项打开数据库,这样复位日志文件是为了保证在新的记录和那些从先前的数据库中留下的记录之间不会产生任何冲突。

示例:用备份的控制文件替换控制文件。

　　　SQL>connect internal;
　　　SQL> alter database backup controlfile to ′/mnt/backup_wy/control.ctl′;
　　　statement processed.
　　　SQL>alter database backup controlfile to trace;
　　　SQL>exit

[Oracle|15:41:32|/u3/oradata/lyj]$ cp /mnt/backup_wy/control.ctl control01.ctl

[Oracle|15:41:32|/u3/oradata/lyj]$ cp /mnt/backup_wy/control.ctl control02.ctl

[Oracle|15:41:32|/u3/oradata/lyj]$ cp /mnt/backup_wy/control.ctl control03.ctl

SQL>connect internal;

SQL>startup mount;

SQL>alter database open resetlogs;

19.3.2 请求介质恢复

介质恢复是指从 redo 日志文件中读取变化并把这些变化应用于从备份中还原的一个或多个数据库文件中,最终结果是数据库文件被更新到当前日期并且它们反映了备份后所做的所有变化。因此,进行介质恢复必须把 redo 日志放在第一位。

在 archivelog 模式下运行数据库时,Oracle 在每个 redo 日志文件写满后都进行一次拷贝,这些拷贝同没有被复制的任何联机 redo 日志文件一起被称为归档日志文件,形成对数据库变化所进行的一条连续记录。如果丢失了一个数据文件并被迫从备份中还原它时,归档日志文件中的信息将用来将所有变化重新应用给备份发生后建立的文件,这样数据就不会丢失了。

在进行介质恢复时,如果存在当前控制文件,则使用当前控制文件,如果当前控制文件在出现介质故障时丢失,那么可以用控制文件的备份拷贝,或者创建一个新的控制文件,创建控制文件的语法如下:

```
startup   nomount;
create controlfile reuse database "lyj" noresetlogs archivelog
     maxlogfiles 32
     maxlogmembers 2
     maxdatafiles 254
     maxinstances 8
     maxloghistory 907
logfile
   group 1 '/u3/oradata/lyj/redo01.log'   size 500K,
   group 2 '/u3/oradata/lyj/redo02.log'   size 500K,
   group 3 '/u3/oradata/lyj/redo03.log'   size 500K
datafile
   '/u3/oradata/lyj/system01.dbf',
   '/u3/oradata/lyj/tools01.dbf',
   '/u3/oradata/lyj/rbs01.dbf',
   '/u3/oradata/lyj/temp01.dbf',
   '/u3/oradata/lyj/users01.dbf',
   '/u3/oradata/lyj/indx01.dbf'
```

character set us7ascii;

recover database

alter system archive log all;

alter database open;

create controlfile 命令只能在 nomount 选项启动数据库后发出,执行该命令之前创建一个新的控制文件并自动安装数据库,然后新的控制文件在需要时可以用于恢复。

19.3.3 从丢失的数据文件中恢复

由磁盘错误引起的数据文件的丢失,是用户经常遇到的情况。如果正在 archivelog 模式下运行,那么可还原丢失的文件,并还原到出错的那一刻,而进行这些操作时除非 system 表出错,其他的文件正在运行。

(1) 使丢失的数据文件脱机

如果驱动器错误导致丢失了一个数据文件,那么 Oracle 已经将这个文件脱机,可以用下列查询检查数据库中文件的状态。

```
SQL> select status,name from v$datafile ;
status         name
............   ............
system         /u3/oradata/lyj/system01.dbf
online         /u3/oradata/lyj/tools01.dbf
online         /u3/oradata/lyj/rbs01.dbf
online         /u3/oradata/lyj/temp01.dbf
online         /u3/oradata/lyj/users01.dbf
offline        /u3/oradata/lyj/indx01.dbf
```

在这种情况下,indx01.dbf 文件是脱机的,如果已丢失的文件还没有脱机,可以通过下列命令使其脱机:

alter database datafile′/u3/oradata/lyj/indx01.dbf′offline;

只有文件安全脱机后,才能继续还原并恢复它。其他未脱机的数据文件可以照常工作。

(2) 指定数据文件

在恢复文件前,使用操作系统级的复制命令还原数据文件,否则执行 alter database rename file 命令在数据库文件中记录新的位置。

(3) 恢复丢失的数据文件(2 种方法)

以 sysdba、system 或 internal 身份登录后,执行 recover database 命令使得 Oracle 检查所有文件并对任何需要恢复的文件进行恢复。

recover datafile ′/u3/oradata/lyj/indx01.dbf′;

如果归档日志文件仍然联机,它们应在 archive_log_dest 指向的文件夹下。

(4) 将已恢复的文件联机

恢复完文件后将文件重新联机,可以通过 alter database 命令实现。

SQL>alter database datafile′/u3/oradata/lyj/indx01.dbf′online ;

文件已恢复,已重新联机,可以正常使用了。

19.3.4 执行一个不完全恢复

在介质故障恢复中,不丢失数据的数据库恢复称为完全恢复。如果在数据库恢复之后丢失某些数据,则称为不完全恢复。一般情况下,当所有需要的重做日志文件和备份数据文件以及当前有效的控制文件都可以使用时,应该采用完全恢复。只有当丢失了一个归档或联机重做日志文件和控制文件时采用不完全恢复。不完全恢复还可以恢复到过去的某个时间点。

不完全恢复并不采取总是从进程错误中恢复的理想办法,因为如果联机事务正在发生而同时一个批处理进程正在运行,这时用户运行一个不完全恢复来重新运行批处理进程,那些数据就将丢失。在不完全恢复前,需要将某一次文件的全备份进行还原,然后就可以进行不完全恢复了。

不完全恢复有几个选项可供选择:
① until cancel:指定一个基于取消的恢复;
② until change:指定恢复到一个指定的 scn;
③ until time:指定恢复到某一时间;
④ datetime:指定用户希望恢复数据库的日期和时间。

  SQL>startup mount;
  SQL>recover database until time '2001-02-21:10:30:00';
  SQL>alter database open resetlogs;

因为在打开数据库时使用了 resetlogs 选项,Oracle 抛弃恢复中没有运用的重做记录,并且确保永远不再运用,同时重新初始化控制文件中有关联机日志文件和重做线程的信息,可以有效地预防使用一个已存在的归档和 redo 日志来再次恢复,所以最好在运行完不完全恢复后立即执行数据库的另一个脱机或联机的全备份。

19.3.5 从导出文件中还原数据库

可以使用 IMP 应用程序从导出文件中还原一个数据库。

从导出文件中还原数据库比从一个文件系统的备份中还原数据库要容易,但是它具有以下缺点:
① 还原进程时间长;
② 不能还原个别文件;
③ 不能执行介质恢复,故不能恢复导出后所做的变化。

数据恢复的一般过程是:
① 做任何恢复之前,先备份目前的系统,以防恢复过程中系统遭到更大的损坏。
② 首先取得最后一次备份(脱机冷备份),并确保没有损坏。
③ 然后判断系统是运行在非归档模式还是归档模式。
④ 如果是非归档模式,则只能用最后一次全备份来恢复。
⑤ 删除所有的数据文件、控制文件、联机日志文件后。
⑥ 将备份的数据文件、控制文件、联机日志文件全部拷回原目录。
⑦ 重新启动数据库。

如果是归档模式,再判断是否可以进行 shutdown 操作。如果当前系统不可进行 shutdown 操作,则进行 tablespace、datafile 恢复(前提是 system 表空间和包含活动回滚段的表空间不可损坏）；如果当前系统可以 shutdown 操作，则进行 recover database 恢复。如果所有文件均有效、无损坏，则可进行全数据库恢复，过程如下：

connect internal；
shutdown；
/*将数据文件、已备份的归档日志拷贝回原目录（不可拷贝控制文件）*/
startup mount；
set autorecovery on；
recover database；
alter database open；/
/*如果某个归档日志文件损坏，则只能恢复到那个损坏的日志文件之前，即不完全恢复*/
connect internal；
shutdown；
/*将数据文件、已备份的归档日志拷贝回原目录*/
startup mount；
set autorecovery off；
recover database until cancel；
alter database open resetlogs；

将控制文件与数据文件同步，并将数据库启动至 open 模式，在以 resetlogs 选项启动数据库后必须进行数据库全备份，用 EXP 工具导出的数据库则用 IMP 工具导入来恢复。

如果只有归档日志而没有数据文件的备份，只要归档日志保存完整，则可通过重建数据文件来恢复。

alter database create datafile '文件名'；
recover datafile '文件名'；

19.4 使用 RMAN 进行备份与恢复

19.4.1 使用 RMAN 进行备份

（1）了解 RMAN

Recovery Manager(RMAN)是 Oracle 提供的 DBA 工具，用于管理备份和恢复操作。它能够备份整个数据库或数据库部件，包括表空间、数据文件、控制文件和归档文件。RMAN 可以按要求存取和执行备份和恢复。这种备份有以下优点：① 支持在线热备份；② 支持多级增量备份；③ 支持并行备份、恢复；④ 减少所需要备份量；⑤ 备份、恢复使用简单。

重要的是，使用恢复管理器允许进行增量数据块级的备份(与导出/导入的增量截然不同)。增量 RMAN 备份是时间和空间有效的，因为它们只备份自上次备份以来有变化的那些数据块。另一个空间有效的 RMAN 特性是它只备份数据文件中使用的数据块，忽略空的、未用的数据块，这个对于预分配空间的表空间有很大的好处。

从 Oracle 9i 开始，还增加了 RMAN 的数据块级别的恢复，可以进一步减少数据库恢复时间。RMAN 支持以下不同类型的备份。

Oracle 数据库管理与应用

① full　数据库全备份,包括所有的数据块。

② incremental　增量备份,只备份自上次增量备份以来修改过的数据块。需要一个零级的增量作为增量的基础,可以支持七级增量。

③ open　在数据库打开的时候使用。closed 在数据库安装(mount)但不打开的时候备份,关闭备份可以是 consistent 或 in consistent 类型。

④ consistent　在数据库安装但不打开,并且在安装之前数据库被彻底关闭(而不是被破坏或异常退出)时使用。consistent 备份可以简单地进行复原(restore)而不是恢复(recover)。

⑤ inconsistent　在数据库打开或安装(但不打开)时使用。在该数据库正常关闭或崩溃后,inconsistent 备份需要恢复。

理解 backup,restore,recover 命令,这是 RMAN 最基本的三个命令,可以进行数据库的备份、复原以及恢复操作。

(2) 了解恢复目录

① 恢复目录

RMAN 可以在没有恢复目录(nocatalog)下运行,这个时候备份信息保存在控制文件中,但这样做并不安全,如果控制文件被破坏将导致备份信息的丢失与恢复的失败,而且,没有恢复目录,很多 RMAN 命令将不被支持。所以,对于重要的数据库,建议创建恢复目录,恢复目录也是一个数据库,只不过这个数据库用来保存备份信息,一个恢复目录可以用来备份多个数据库。

② 创建 RMAN 目录

以下步骤说明了在一个数据库中建立 RMAN 目录的过程。

a. 为目录创建一个单独的表空间。

　　SQL>create tablespace tools datafile 'fielname' size 50M;

b. 创建 RMAN 用户。

　　SQL>create user rman identified by rman default tablespace tools temporary tablespace temp;

c. 给 RMAN 授予权限。

　　SQL>grant connect , resource , recovery_catalog_owner to rman;

d. 打开 RMAN。

　　$>RMAN

e. 连接数据库。

　　RMAN>connect catalog rman/rman;

f. 创建恢复目录。

　　RMAN>create catalog tablespace tools;

③ 注册目标数据库

恢复目录创建成功后,就可以注册目标数据库了,目标数据库就是需要备份的数据库。一个恢复目录可以注册多个目标数据库,注册目标数据库的命令为:

　　$>RMAN target internal/password catalog rman/rman@rcdb;
　　RMAN>register database;

· 244 ·

④ 注销数据库

注销数据库不是简单地在 RMAN 提示下注销就可以了，需要运行一个程序包，过程如下：

a. 连接目标数据库，获得目标数据库 ID。

　　$> rman target internal/password catalog rman/rman@rcdb;

　　rman－06005：connected to target database：rman（dbid＝1231209694）

b. 查询恢复目录，得到更详细的信息。

　　SQL> select db_key, db_id from db where db_id ＝ 1231209694；

　　db_key　　　　db_id
　　………………　………………
　　1　　　　　　1237603294
　　1 row selected.

c. 运行 dbms_rcvcat. unregisterdatabase 注销数据库，如：

　　SQL>execute dbms_rcvcat. unregisterdatabase(1，1237603294)

（3）采用 RMAN 进行备份

RMAN 使用脚本来备份数据库，以下是 RMAN 进行备份的几个例子。

① 备份整个数据库。

　　backup full tag 'basicdb' format '/bak/oradata/full_%u_%s_%p' database；

② 备份一个表空间。

　　backup tag 'tsuser' format '/bak/oradata/tsuser_%u_%s_%p' tablespace users；

③ 备份归档日志。

　　backup tag 'alog' format '/bak/archivebak/arcbak_%u_%s_%p' archivelog all delete input；

19.4.2 维护 RMAN

（1）查看及删除备份

检查现有备份：

　　RMAN>list backup；

列出过期备份：

　　RMAN>report obsolete；

删除过期的备份：

　　RMAN>allocate channel for maintenance type disk；
　　RMAN>change backupset id delete；
　　RMAN>release channel；

（2）同步或重置 RMAN

如果目标数据库物理对象发生了变化，如添加了一个数据文件，需要用如下命令同步：

　　RMAN>resync catalog；

如果目标数据库重置了数据库，需要用如下命令同步：

　　RMAN>reset database；

当手工删除了数据库的归档文件后，要执行以下脚本同步：

Oracle 数据库管理与应用

RMAN>allocate channel for maintenance type disk;
RMAN> change archivelog all crosscheck;
RMAN>release channel;

当手工删除了数据库的 rman 备份后,要执行以下脚本同步:

RMAN>allocate channel for maintenance type disk;
RMAN>crosscheck backup;
RMAN>delete expire backup;
RMAN>release channel;

19.4.3 定制恰当的备份策略

正确的备份策略不仅能保证数据库服务器的 24×7 的高性能的运行,还能保证备份与恢复的快速性与可靠性。以 RMAN 的多级增量备份作为一个备份策略的例子来讨论。采用增量备份就是为了减少每天备份所需要的时间,且又能保证系统有良好的恢复性。恢复时间与备份时间要有一个权衡。例如只要进行一个数据库的全备份和只备份归档也可以保证能把数据库恢复到最新的状态,但是恢复时间比较长。多级增量备份也可以解决这个问题,以下就是一个多级增量备份的例子:

每半年做一个数据库的全备份(包括所有的数据和只读表空间),每一个月做一次零级备份(不包含只读表空间),每个星期做一次一级备份,每天做一次二级备份。

任何数据库的更改需要重新同步 catalog 目录并重新备份(如添加数据文件)或重新备份修改表空间为只读),每次备份后都可以备份归档日志或定期备份归档日志。如果可能,可以直接备份到磁带上。

(1) 数据库全备份的脚本

run{
    allocate channel c1 type disk;
    allocate channel c2 type disk;
    allocate channel c3 type disk;
    backup full tag dbfull' format /u01/oradata/backup/full%u_%s_%p' database
    include current controlfile;
    SQL alter system archive log current';
    backup fileaperset 3 format /u01/oradata/backup/arch%u_%s_%p'
    archivelog all delete input;   ——备份归档可选,可以单独定期备份
    release channel c1;
    release channel c2;
    release channel c3;
}

(2) 零级备份的脚本

run{
    allocate channel c1 type disk;
    allocate channel c2 type disk;
    allocate channel c3 type disk;

```
        backup incremental level 0 tag 'db0' format '/u01/oradata/backup/db0%u_%s
        _%p'
        database skip readonly;
        sql 'alter system archive log current';
        backup fileaperset 3 format '/u01/oradata/backup/arch%u_%s_%p'
        archivelog all delete input;    ——备份归档可选,可以单独定期备份
        release channel c1;
        release channel c2;
        release channel c3;
        }
```

(3) 其他级备份

同理,可以得到一级备份,二级备份的脚本,如一级备份的脚本如下:

```
        run{
        allocate channel c1 type disk;
        allocate channel c2 type disk;
        allocate channel c3 type disk;
        backup incremental level 1 tag 'db1' format '/u01/oradata/backup/db1%u_%s
        _%p'
        database skip readonly;
        SQL 'alter system archive log current';
        backup fileaperset 3 format '/u01/oradata/backup/arch%u_%s_%p'
        archivelog all delete input;    ——备份归档可选,可以单独定期备份
        release channel c1;
        release channel c2;
        release channel c3;
        }
```

如果按照以上备份策略,则每天所需要备份的数据量只是一天内改变的量。而做恢复时最多要恢复当月的 1 个零级备份、3 个一级备份、6 个二级备份和当天的归档文件。如果不能接受这样的恢复时间,可以减少零级备份之间的时间间隔。

在每次备份后,原则上在该备份点之前的归档日志就可以删除了,但是为了安全性以及日后需要(如使用 logmnr 命令查找所需信息),建议归档日志保存一年。

19.4.4 与 RMAN 备份有关的优化

备份操作步骤如下:① 从磁盘上读取数据;② 在内存中处理数据块;③ 写入数据到磁盘或磁带。

以上的读写操作可以同步或异步完成,在同步 I/O 操作中,一个时间只允许有一个 I/O 操作,但是在异步 I/O 操作中,一个时间允许有多个 I/O 操作。因此,备份与恢复的调节主要集中在提高同步或异步 I/O 操作能力。在支持异步操作的操作系统上,可以通过设置 tape_aysnch_io、disk_asynch_io 和 backup_type_io_slaves 来支持异步操作,提高写的能力。

(1) 提高磁盘读能力

可以在 backup 命令后通过设置 diskratio 来保证从多个磁盘上读取数据,保证连续的数据流。

（2）正确设置缓冲区与参数值

设置 large_pool_size,使备份可以使用连续的缓冲池,通过设置 db_fil_direct_io_count 来提高缓冲区的利用率。如果使用磁带备份,还可以设置 backup_type_io_slaves 来提高磁带的写能力。

（3）采用并行备份

开辟多个通道,可以实现并行备份与恢复。

19.4.5 备份 RMAN 数据库

RMAN 数据库也需要备份,但是数据库本身很小,而且不经常发生变化,所以在每次 RMAN 备份完成后,都可以用如下脚本对 RMAN 数据库进行备份。

  exp pafile＝exprman.sql

  exprman.sql 为

  userid＝rman/rman

  buffer＝32768

  owner＝rman

  file＝rman.dmp

  rows＝y

  grants＝y

  compress＝y

  consistent＝y

19.4.6 自动备份数据库

自动备份数据库有以下三种方式:① Windows 下的任务计划(at 命令);② Unix 下的 crontab;③ 第三方工具如 viritas。

在以上三种方式中 viritas 属于第三方工具,可能很多人不了解,这是简单介绍 Windows 的任务计划与 Unix 的 cron

（1）生成脚本文件如 backup.rcv

假定文件内容如下:

  $＞cat backup.rcv

  connect target sys/password rcvcat rman/rman@localname；

  run{

  allocate channel c1 type disk；

  allocate channel c2 type disk；

  allocate channel c3 type disk；

  backup fileaperset 3 format '/u01/oradata/backup/arch％u_％s_％p'

  archivelog all delete input；

  release channel c1；

  release channel c2；

  release channel c3；

}

（2）生成执行文件

在 Windows 上生成 backup_archive.bat，内容包括：

　　rman cmdfile ＝ backup.rcv

在 Unix 下生成 backup_archive.sh，内容包括：

　　/Oracle/RMAN/rman cmdfile ＝ backup.rcv

（3）加入调度

在 Windows 中用任务计划向导或使用 at 命令。

在 Unix 中，在目标机器上编写一个文件，用以启动自动备份进程。假定文件名为 Oracle，文件将放在 /var/spool/cron/crontabs 目录下。

　　＄＞cat Oracle

　　0 23 ＊ ＊ 0 backup_archive.sh

　　－－表示星期天 23 点对数据库备份

　　0 12,18 ＊ ＊ ＊ backup_archive.sh

　　－－表示每天 12 点，18 点备份

Crontab 文件的每一行由 6 个域（minutes，hours，day of month，month，day of week，command）组成，域之间用空格或 tab 分隔开来。

19.5　常见误区

（1）使用 EXP/IMP 备份

EXP/IMP 不是一个良好的备份工具，在以后的发展之中，Oracle 对 EXP/IMP 用于备份的支持会越来越低。Oracle 只是把 EXP/IMP 当作一个好的工具而不是备份工具。对于大型数据库，如 TB 级数据库或数据仓库，EXP/IMP 肯定会力不从心。

（2）在应用程序中备份数据库

在论坛上，有很多这样的要求，"我怎么在程序中备份与恢复数据库？"。首先说，这个并不是不可以实现，但是实现的过程会很复杂而且意外会很多。就作者的感觉，提出这样问题的人，首先一点就是对 Oracle 或 DBA 的不了解，如果 Oracle 可以这么轻松地实现备份与恢复，那么可以说，就不需要 DBA 了。

（3）冷备份比热备份更容易，效果会更好

有人认为，冷备份是关闭数据库进行的一致性备份，肯定比热备份要好，使用也容易。其实不尽然，在热备份中，一样可以实现数据库的全备份，而且不会影响到数据库的运行。建议所有的生产机都运行在归档方式下，采用热备份方式。

19.6　常见问题

（1）我导出的数据为什么不能导入，提示不支持的字符集转换？

答：参考上面的字符集原则，导出数据时客户端与数据库字符集一致，导入时修改为与目标数据库字符集一致。

Oracle 数据库管理与应用

（2）我的归档日志越来越多，我什么时候可以删除归档日志？

答：在每一次全备份（如 OS 全冷备份或全热备份）或基于全备份的增量备份（如 RMAN 基于 0 级备份上的增量备份）后都可以删除该备份点之前的归档日志，建议在磁带上保留一年。

（3）全备份时一定需要备份所有数据文件吗？

答：不需要，起码有两类数据文件可以不备份，一类就是临时数据文件，如果丢失，可以删除后重建；一类是只读表空间数据文件，如果上次备份以来，没有修改过表空间的只读属性，就可以不需要备份。

（4）联机日志需要备份吗？

答：如果是归档方式热备份，就没有必要备份联机日志。但是对于冷备份，可以备份联机日志，特别是不归档状态。备份过联机日志后的冷备份，因为数据库是一致的，可以恢复到该备份点。

第五编

对象模型

第 20 章 对象—关系数据库

Oracle 新版本不但在性能指标上有了极大的提高,而且扩充了传统的关系模型为对象—关系模型,使数据库领域无论是从理论上还是技术实现上都有了实质性的进步。

20.1 传统关系数据模型

20.1.1 关系数据库数据模型的特点

关系型数据库强调数据的独立性(以数据为中心),数据与程序分离。采用关系模型,概念单一,实体和联系都是用关系来表示,如图 20-1 所示。

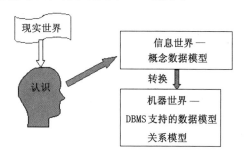

图 20-1 传统的数据库建模过程

关系必须是规范化的关系,要求每一分量不可再分。支持关系语言,具有高度非过程化,支持集合运算。通过外来码实现表的连接(多表查询)。

20.1.2 传统关系数据模型的弱点

(1) 复杂属性只能拆分成并列的单一属性

姓名,地址(省、市、区、街道、门牌号),本来是一个结合紧密的整体,在关系数据库中却只能拆成单一属性,与其他属性并列(如姓名、年龄等),没有反映出它们的紧密关系。

(2) 无法表示变长的属性

例如,家庭记录有几个孩子,几个字段就很难确定属性个数。

| 户主 | 子女 1 | 子女 2 | …… | 子女 n |

(3) 无法直接表示嵌套表

货单号	发 货	发往地	货 物			日期
			货物号	价格	数量	

例如:在上述一张货号为 10011 的发货单,发三种货物。如果放三条记录,则公共信息存三遍(查询方便);如果拆成两张表(发货单,发送货物),则需要连接,不仅费时而且要清楚表与表的关系。

20.2 对象—关系数据模型

20.2.1 面向对象的相关概念

Oracle 9i 既保留关系模型基础,又对关系模型进行了扩充,提供更为丰富的面向对象的类型系统。扩充的类型系统允许元组的属性值为复杂类型,在关系查询语言中增加处理新数据类型的成分,提高了建模能力,为希望使用面向对象特征的关系数据库用户提供可能。

面向对象有如下的基本概念:面向对象方法是以要解决的问题中所涉及的各种对象为主要考虑因素。

对象是一种看问题的观点,是对现实世界各种元素的一种抽象。对象既包含数据又有一定功能,具有自身处理数据的能力。对象被认为是迄今为止最接近真实事物的数据抽象。

现实世界中对象有个共同的特点,即它们都有自己的状态,如一台电视机有其摆放位置,有关机和开机状态,此刻正在播放某一频道的电视节目等;它们又都有自己的行为,如电视机的开机、关机、调台等。因此,面向对象建模就具有如下优点:① 使电脑贴近人脑的思维模式(减少人认识问题时的认识空间和计算机处理问题时的方法空间的不一致性);② 实现软件的复用。

面向对象程序设计中的对象是现实世界对象的模型化,它同样具有状态和行为,对象的状态用属性来维护,对象的行为用方法来实现。因此,可以简单地讲,对象是面向对象的程序设计模式,它由描述对象状态的属性(变量)和用来实现对象行为的方法(代码)组成。

对象与类描述如下:相关对象的集合称为类(class)。类是对象的抽象及描述,它是具有统一属性和方法的多个对象的统一描述体,是用来定义一组对象共有属性和方法的模板。类是用来创建对象实例的样板,它包含所创建对象的状态描述和方法的定义。类是一个型,而对象则是这个型的一个实例。类是静态概念,而对象则是一个动态概念,因为只有在运行时才给对象分配空间,对象才真正存在。

20.2.2 面向对象的数据模型

面向对象的数据模型基于如下的一些观点:

① 在一些应用中,用户将数据库中的数据看做是一组对象而非一组记录;

② 面向对象的数据模型是面向对象程序设计思想在数据库系统中的应用；

③ 将数据和操作这些数据的程序代码封装在一个对象里。

20.2.3 面向对象数据库

数据库中不是只存储单纯的数据，而是存储包含属性和方法的对象。

对于一个数据库对象，可定义在其上运行的过程和函数。将数据库中的数据和访问该数据的方法联系起来，使数据访问的方法标准化并提高对象的可复用性。

应用逻辑从应用程序中移动到数据库中（对象方法）。创建通用的数据库对象，并成为数据库对象的标准，可实现数据库对象的重用。

20.2.4 关系模型与对象模型

关系模型可用二维表来表示，属性用二维表的列表示，元组用二维表的行表示。对象模型可用二维表来表示对象表。其对应关系如下：

用一个类（对象类型）定义一个对象表，类的属性对应二维表的列，对象（类的实例）对应二维表的行（行对象），通过对象调用对象方法。

20.3 Oracle 实现对象—关系数据模型

Oracle 是一个开放的类型系统，增加了复杂的数据类型以及用户自定义类型，用户定义的数据类型使得在数据库中可以实现为现实世界对象建模，分别用对象类型（记录类型）、数组类型、嵌套表类型等扩充类型实现对象模型。

创建对象表，实现面向对象的数据库设计（而非关系型数据库设计），应用逻辑从应用程序中移动到数据库中（对象方法），如图 20-2 所示。

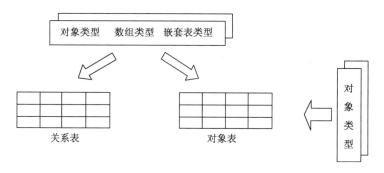

图 20-2 对象模型的建立

20.3.1 对象类型的定义

利用对象类型定义复合数据类型，如：用户自定义数据类型。

```
create type name_type as object
(first_name varchar2(4),
    last_name varchar2(4));

create type address_type as object
(city varchar2(10),
```

```
        streetvarchar2(10),
    zip number(6));

        create table worker
        (wid number(5) primary key,
            wname name_type ,
            address address_type
        );
```

20.3.2 对象类型数据的操作

使用对象类型声明了关系表中的列,DML 语句必须用一些特殊的语法。插入新记录时,对于对象类型的列,要使用构造函数构造出对应类型的数据。

构造函数是对象类型的特殊方法,利用此方法为该类型创建对象。构造方法的名称与对象类型(类)同名。对记录型数据的分量进行操作时,要使用"别名"。

(1) 对象类型数据的更新操作

示例:

插入语句

```
    insert into worker
    values(1,name_type('王','至远'),
        address_type('北京','白颐路 5 号',100084));
    insert into worker
    values(2,name_type('张','大年'),
        address_type('天津','康宁里 20 号',300072));
    insert into worker
    values(3,name_type('赵','力平'),
        address_type('上海','南京路 23 号',200092));
```

修改

```
    update worker w
    set w.address.zip=100083
    where wid=1;
```

删除

```
    delete from worker
    where wid=1;
    delete from worker w
    where w.name.first_name='王';
```

修改表结构

```
    alter table cust add(address1 address_type);
```

不能对表修改自定义的数据类型格式。

(2) 对象类型数据的查询

① 查询语句 1

```
select * from worker ;
    wid    name(first_name, last_name)    address(city, street, zip)
    ……     ……………………                      ………
    1      name_type('王','至远')           address_type('北京','白颐路5号',100084)
    2      name_type('张','大年')           address_type('天津','康宁里20号',300072)
    3      name_type('赵','力平')           address_type('上海','南京路23号',200092)
```

② 查询语句 2

```
select wid,wname from worker;
    wid              name(first_name, last_name)
    ………             ………………
    1                name_type('王','至远')
    2                name_type('张','大年')
    3                name_type('赵','力平')
```

③ 查询语句 3 （用别名）

```
select wid,w.address.city,
       w.address.street,w.address.zip
from worker w ;
    wid    city     street          zip
    ……     ……       ………            ………
    1      北京      白颐路5号        100084
    2      天津      康宁里20号       300072
    3      上海      南京路23号       200092
```

④ 查询语句 4(别名的使用)

```
select *
from worker w order by w.address.zip;
```

(3) 自定义数据类型上的索引

```
create index aaa on worker(wname);
```

ORA－02327：无法在具有数据类型 adt 的列上创建索引（即使在 name_type 类中定义了排序方法也不可以）如经常进行如下查询：

```
select wid,w.address.city,
       w.address.street,w.address.zip
from worker w
where w.address.zip=100084 ;
```

可建索引如下：

```
create index i_zip on worker(address.zip);
```

(4) 对象类型的优点

综上可以看出,对象类型具有如下优点：

① 对象类型更加贴近现实世界的数据特征；

② 使用对象类型可以更加统一、自然地声明和操作表中的数据（在整个数据库中地址

一致性);

③ 创建可以引用的新数据类型。

20.4 使用对象表

20.4.1 建立对象表的类

(1) 建类型(对象类型声明)

  create type (类型名) as object(
   属性名 1 类型说明,
   属性名 2 类型说明,
   … …
   member function 函数名(参数说明)
       return 返回类型,
   member procedure 过程名(参数说明),
   …
  );

可建立如下模式:

  create procedure new_worker(
   wid number,
   name pub.name_type,
   address pub.address_type)

(2) 确定对象属性类型

对象类型必须包含一个或多个属性,属性的类型可以是 Oracle 的原始数据类型、lob、对象、对象的引用(ref)、收集(collection)等。

(3) 确定对象方法

方法是一个过程或函数,是对象类型定义的一部分,是程序员编写的用于操纵对象属性的子程序,被封装在对象类型中。方法的种类有:① 成员方法(member);② 构造方法(constructor);③ map 或 order 方法(排序方法)。

一个类可以有多个方法(也可以不定义方法),对象类型不存储数据;必须创建相应的表来存储数据。编写方法的代码如下:

建类型体(实现类成员方法)

  create type body 类型名 as
   member function 函数方法名(参数说明) return 返回类型 is
    说明部分
   begin
    执行部分
   end ;
   member procedure 过程方法名(参数说明)
    is

说明部分
begin
　　执行部分
end;
end;

20.4.2 建立对象表

建对象表的语法如下:
　　create table 表名 of 对象类型(...);
例如:
　　create type employee_type as object(...);
　　create table employees of employee_type
　　(empno constraint e1 primary key);
表定义的其他说明,如完整性约束等,表的列不能再定义
create type body　employee_type(...);
建立对象类型
　　create　type　employee_type as object(
　　empno number(3),
　　ename varchar2(10),
　　sal number(6.2),
　　hiredate date,
　　memberfunction days_at_company
　　return number,
　　member procedure raise_salary(increment_sal number)
　　);
创建对象表
　　create table employees of employee_type (
　　　primary key(empno),
　　　unique(ename),
　　　check(sal>300)
　　);
建立对象类型体
　　create or replace type body employee_type as
　　　member function days_at_company
　　　　return number is
　　　begin
　　　　return floor(sysdate — hiredate);
　　　end;
　　　member procedure
　　　　　　　raise_salary(increment_sal number)　is

```
        begin
            update employees
                set  sal = sal + increment_sal
                where empno = self.empno;
            end;
        end;
```

对方法的限制

编译软件包中的函数或过程时,可以使用 pragma 编译指令通知 PL/SQL 编译器禁止某方法对数据库表和包中的变量读写,当方法中出现违规情况时,编译出错,如下所示:

```
pragma restrict_references (
    function_name, wnds [, wnps] [, rnds] [, rnps]);
wnds      ——不允许写数据库
rnds      ——不允许读数据库
wnps      ——不允许改程序包变量
rnps      ——不允许引用程序包变量

create or replace type employee_type
    as object (
    empno number,
    ename varchar2(10),
    sal number,
    hiredate date ,
    member function days_at_company
    return number,
    member procedure
        raise_salary(increment_sal number) ,
    pragma restrict_references (days_at_company, wnds , wnps)
);
create or replace type body employee_type as
    member function days_at_company return number is
        begin
            return floor(sysdate - hiredate);
            update employees set hiredate=hiredate+30;
            ...
        end;
```

0/0 PL/SQL:compilation unit analysis terminated.

2/10   pls-00452:子程序 'days_at_company' 违反了它的相关编译指令。

20.4.3 对象表操作

(1) 建表

create table employees of employee_type;

(2) 插入数据

insert into employees
values(employee_type(1,'jone',500,'5-10 月-1989'));
insert into employees   ——省略构造方法
values (1,'jone',1500,'5-10 月-1989');
insert into employees
values (2,'smith',700,'10-5 月-1997');
insert into employees
values (3,'king',900,'25-12 月-2000');

获取行对象——value 函数,value(对象表别名)返回一个行对象(对象类型),value 用于从对象表中取得对象实例。

不使用 value,select 只能返回一个对象的各个列值。

select * from employees;

empno	ename	sal	hiredate
1	jone	1500	05-10 月-89
2	smith	700	10-5 月-97
3	king	900	25-12 月-00

select value(e) from employees e;

value(e) (empno, ename, hiredate)
....

employee_type(1, 'jone',1500,'05-10 月-89')
employee_type(2,'smith', 700,'10-5 月-97')
employee_type(3,'king', 900,'25-12 月-00')

(3) 对象表方法调用

select ename ,hiredate
from employees
where empno=1;

empname	hiredate
jone	05-10 月-89

select ename , e.days_at_company() days
from employees   e
where empno=3;

empname	days
king	45

(4) PL/SQL 中对象方法的调用

在 PL/SQL 程序中,取得的对象实例必须被相同类型的对象变量接收。

例如:
```
declare
  emp employee_type;
begin
  select value(e) into emp
  from employees e
  where empno=1;
  emp.raise_salary(500);
end;
declare
    emp_variable    employee_type;
    days_employed    number;
begin
  select value( e ) into emp_variable
  from employees e
  where e.empno = 3 ;
  days_employed := emp_variable.days_at_company() ;
  dbms_output.put_line( days employed:|| to_char(days_employed)) ;
  end;
```

附:PL/SQL 输出与环境设置

执行结果如下:

days employed:26

PL/SQL 输出(利用包过程)。

dbms_output.put_line('…') ;

环境设置:

exec dbms_output.enable;

set serveroutput on;

(5) 对象方法小结

对象类型中有一到多个方法(构造方法是隐含方法,成员方法为 0~n 个)。

成员方法可以带输入输出参数。每个成员方法含有名为 SELF 的隐含第一参数,它具有与对象类型相同的类型。

定义函数方法,如没参数不用写括号,但调用时要写括号。定义方法形参时,类型不用写长度,如 varchar2。

(6) 对象表的特性

对象表是只用对象类型定义的数据库表,不含关系型列。

① 对象表的列对应(用来创建表的)对象类型的属性。

② 对象表的行是表类型的对象(实例),每一行都有一个系统分配的唯一的对象标识符(OID)。

③ 对象 ID(OID)是每一个行对象的唯一描述符,是全局唯一的,并且可以引用。
④ OID 不用于定位数据,ROWID 仍用于定位数据。
⑤ Oracle 通过对象引用实现数据库中不同对象之间的联系(与关系表完全不同)。
⑥ 获取对象引用 ref 函数。
⑦ 具有 OID 的对象实例可以被引用(REF)。

ref(对象表的别名)

返回对象表实例指针,即行对象的引用。

例:

select ref(e) from employees e ;

REF(e)

000028020965D...0BEFE0340800209ADC5901403BE50000

000028020965D...0BEFE0340800209ADC5901403BE50001

000028020965D...0BEFE0340800209ADC5901403BE50002

20.5 对象引用示例

(1) 建立对象表 cust

对象引用实例如图 20-3 所示。

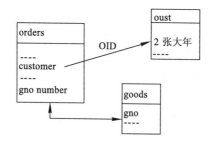

图 20-3 对象引用实例

```
create type cust_type as object (
custid number(5),
name name_type,
address address_type);
create table cust of cust_type
(custid primary key);
```

(2) 向 cust 表中插入数据

```
insert into cust
values(1,name_type('王','至远'),
       address_type('北京','白颐路 5 号',100084));
insert into cust
```

Oracle 数据库管理与应用

```
            values(2,name_type('张','大年'),
                   address_type('天津','康宁里 20 号',300072));
    insert into cust
            values(3,name_type('赵','力平'),
                   address_type('上海','南京路 23 号',200092));
```

(3) 查询 cust 表

```
    select * from cust where custid=1;
    select c.address.city,c.address.zip
    from cust c
    where c.name.first_name='王';
```

(4) 修改 cust 表结构

```
    alter table cust
    add(address1 address_type);  不允许!!!
```

(5) 建立 goods_type

```
    create type goods_type as object(
        gno number(3),
        gname varchar2(20),
        price number(6,2)
    );
    create table goods of goods_type
    ( constraint p1 primary key(gno));
    insert into goods values(101,'电视机',2900);
    insert into goods values(102,'洗衣机',1500);
```

(6) 对象引用实例

```
    create type order_type as object(
        orderid      number(3),
        customer     ref cust_type,
        orderdate    date,
        qty          number(5),
        gno          number(3)
    );
    create table orders of order_type
    (foreign key (gno) references goods(gno));
```

20.5.2 注意事项

(1) 对象表—对象引用

ref 是指向行对象的指针,用于实现表和表之间的联系,对象之间连接不再需要关系表的连接(join)操作。

将对象表的表别名作为 ref 的参数,可以取得对应 oid 的引用值。

引用只能用于具有 oid 的对象,如:

customer ref cust_type scope is cust;

scope 子句用于限定一个引用在一个指定表中,这样可以提高查询性能,并减少存储指针的空间。

  insert into orders
    select 1,ref(c),′7-1 月-2000′,165,101
     from cust c
     where custid=1;
  update orders
    set customer=(select ref(c)
     from cust c
     where custid=2)
    where orderid=1;

(2) 引用类型数据的操作

  select customer
  from orders
  where orderid = 1;
  22020865f009d0ac262…42a35e0340800…
  select o. customer. custid 顾客号
   o. customer. name. last_name,orderdate 日期
  from orders o
  where orderid = 1

顾客号	名	日期
2	大年	07-1 月-00

对象引用简化了代码。数据库管理对象间的联系,用户只需通过属性进行对象的引用。在关系设计中,开发人员必须使用连接(join)操作。

  select name,address,...
  from orders o, cust c
  where o. custid = c. custid and orderid =1;

deref 函数:deref(ref 指针)返回指针指向的对象本身。

例如

  select deref(customer)
   from orders where orderid=1;
  deref(customer)(custid, name(first_name, last_name),
   address(city, street, zip))
  ----
  cust_type(2, name_type(′张′,′大年′), address_type(′天津′,′康宁里 20 号′,
   300072))

试比较:

```
select deref(ref(c)) from cust c
where custid=2;
```
和
```
select value(c) from cust c
where custid=2;
```

(3) SQL 语句中的排序和比较

传统的数据类型主要为标量数据类型：number，char，date。标量数据类型可以排序（如 order by …）。

排序在 SQL 语句的使用：
- 关系运算（＞ ＜ ＝）
- between 及 in 的判断
- order by group by distinct 子句
- unique 和 primary key 约束

自定义数据类型如何排序：

```
select wname, address
from worker order by address;
```

错误位于第 2 行：

ORA-22950：无法 ORDER 没有 MAP 或 ORDER 方法的对象

20.6 对象类型的排序方法

同类的排序对支持用户定义的对象类型很重要。对象类型由于结构复杂，必须借助一定方法实现排序和比较。

map 方法将对象类型转换为传统数据类型，order 方法提供排序规则。比较本对象和另一对象实例，并返回 1，0，−1，它们分别代表大于、等于、小于。一个对象类型只能有一个 map 方法或一个 order 方法：

```
map member function…
order member function…
```

20.6.1 map 方法

示例：

对象类型－＞ 标量类型

方法返回一个传统数据类型用于排序。没有输入参数（只有一个隐含参数 SELF）。方法被隐含调用。

在类型定义中说明 MAP 方法：

```
create type name_type as object (
    first_name    varchar2(4),
    last_name     varchar2(4),
    map member function name_map
    return varchar2);
```

在类型体中实现 map 方法：
  create type body name_type as
   map member function name_map return varchar2
   is
    begin
  return first_name || last_name ;
    end；
  end；

排序：
  select custid , c. address. city
  from cust c
 order by name desc；

20.6.2 order 方法

order 方法可决定类型实例的序列关系。

order 方法有一个参数（外加一个隐含的参数 self），函数返回一个整数。

如果对象自身比参数对象小，返回 −1；如果对象自身与参数对象相等，返回 0；如果对象自身比参数对象大，返回 1。

order 方法示例 1：

(1) 在类型定义中声明 order 方法
  create or replace type address_type as object
   (city varchar2(10)，
    street varchar2(10)，
    zip number(6)，
    order member function
     address_order(other_address address_type)
     return integer
)；

(2) 在类型体中实现方法
  create or replace type body address_type
  as
   order member function
     address_order(other_address address_type)
    return integer
   is
    begin
     if self. zip < other_address. zip then
      return 1 ；
     elsif self. zip > other_address. zip then
      return −1；

```
            else return 0;
        end if;
    end;
end;——邮编数小的地址大
```

(3) 排序

```
    select c.name.first_name 姓,
           c.name.last_name 名,
           c.address.city 城市,c.address.zip 邮编
    from cust c
    order by c.address desc;
```

排序结果：

姓	名	城市	邮编
王	至远	北京	100084
赵	力平	上海	200092
张	大民	天津	300072

order 方法示例 2

```
    create or replace type employee_type
    as object(
    empno number(3),
    ename varchar2(10),
    sal number(6.2),
    hiredate date,
    member function days_at_company return number,
    member procedure raise_salary(increment_sal number),
    pragma restrict_references (days_at_company, wnds, wnps),
    order member function emp_order(
    other_emp employee_type) return integer
    );
```

order 方法示例 3

```
    create or replace type body employee_type as
    member function
                days_at_company return number is
        begin
            return floor(sysdate — hiredate);
        end;
    member procedure
                raise_salary(increment_sal number) is
        begin
```

```
            update employees
                set sal = sal + increment_sal
                where empno = self.empno;
        end;
    order member function
            emp_order(other_emp employee_type)
                        return integer is
      begin
        return floor(
                    -(self.hiredate - other_emp.hiredate) );
      end;
    end;
```

order 方法示例 4

```
select *
from employees e
order by value(e);          ——按对象大小排序
empno         ename         sal           hiredate
..........    ..........    ..........    ..........
3             king          900           25-12 月-00
2             smith         700           10-5 月-97
1             jone          1500          05-10 月-89
```

对象类型维护示例

```
alter type employee_type
replace as object (
  empno number,
  ename varchar2(10),
  sal number,
  hiredate date,
  member function days_at_company return number,
  member procedure raise_salary(increment_sal number),
  pragma restrict_references(days_at_company,wnds,wnps),
  order member function emp_order(other_emp employee_type)
        return integer,
  member function month_at_company——新方法
        return number,
  pragma restrict_references( month_at_company,wnds)
  );
order member function emp_order(other_emp employee_type)
return integer is
```

```
        begin
            return floor( -(self.hiredate other_emp.hiredate) );
        end;
    member function month_at_company return number
    is
        begin
            return months_between(sysdate,hiredate);
        end;
end;
```

20.7 对象类型信息

(1) 与类型有关的数据字典视图

user_types

type_name   attributes   methods   …

user_type_attrs

type_name   attr_name   length

attr_type_name   …

user_type_methods

type_name   method_name   …

(2) 查看对象类型

```
select type_name,attributes,methods
from user_types;
```

type_name	attributes	methods
address_type	3	1
employee_type	3	1
name_type	2	0

```
column type_name format a20 wrap
column attributes format 999 wrap
column methods format 999 wrap
```

(3) 查看类属性定义

```
select attr_name,length,attr_type_name
from user_type_attrs
where type_name='address_type';
```

attr_name	length	attr_type_name
city	20	varchar2
street	30	varchar2

zip   number

（4）查看类方法定义
　　select type_name，method_name
　　　from user_type_methods；

type_name	method_name
address_type	address_order
employee_type	days_at_company
employee_type	month_at_company
employee_type	emp_order
name_type	name_map

20.8　对象类型相关性

在对象和对象类型之间存在相关树（见图 20-4），必须保证树的完整性，不许破坏被引用的类型。

例 20-10
　　drop type name_type；　　－－当类型已被引用时不让删
　　drop type name_type force ；－－强行删除，再查使用该类型定义的表时出错

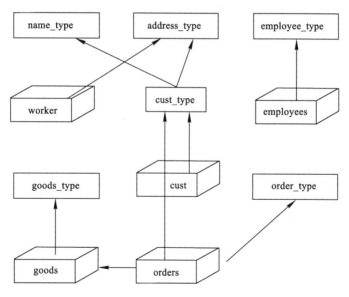

图 20-4　对象类型的相关性

例 20-11
　　select name ,type, referenced_name rname,referenced_type rtype
　　　from user_dependencies
　　　where name＝'orders' ；

name	type	rname	rtype
orders	table	standard	package
orders	table	cust_type	type
orders	table	order_type	type

select name,type,referenced_name rname,referenced_type rtype from user_dependencies where name='cust';

select … name='cust'

name	type	rname	rtype
cust	table	standard	package
cust	table	name_type	type
cust	table	address_type	type
cust	table	cust_type	type

select … referenced_name='cust_type';

查看哪些对象使用了 cust_type 类型。

select name,type,referenced_name rname,referenced_type rtype from user_dependencies where name='cust-type';

select … name='cust_type';

name	type	rname	rtype
cust_type	type	standard	package
cust_type	type	name_type	type
cust_type	type	address_type	type

列出依赖树：

执行 Oracle 根目录/rdbms/admin/utldtree.sql

生成两个视图 deptree 和 ideptree

程序视图显示依赖树。

【小结】

对象属性和方法

(1) 当使用表的当前行对象时，对象属性和方法的引用必须使用表的别名，而不能是实际的表名。

select c.address.city,c.address.zip

　　from cust c

　　where c.name.first_name='王';

select e.days_at_company()

　　from employees e

　　where e.empno=3;

(2) 列对象与行对象

列对象:嵌入型对象,作为表中的列来处理的对象,要通过主表才能访问。
行对象:不是嵌入型对象,而是引用型对象,可以通过其他对象的引用(ref)来访问。
列对象没有 OID,而且不能被引用。
列对象是基于对数据库已有功能的扩充(自定义类型)。

20.9 收集类型

在关系设计中,只能通过连接(join)实现表的关联,而这将导致复杂的运算。在对象设计中,可以通过收集实现对象类型的关联(见图 20-5)。

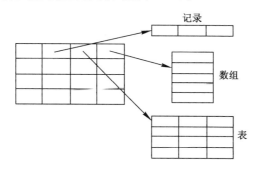

图 20-5 通过收集实现对象类型的关联

20.9.1 可变数组

可变数组支持有序的一对多的关系,可以在一行中存储某个记录的重复属性,长度可变,但要指定数组最大容量。数组元素具有相同类型,可以是基本类型、ref 或对象类型,但不能是嵌套表或可变数组类型,也不能是 varray of lob 类型。以下收集类型对象关系如图 20-6 所示。

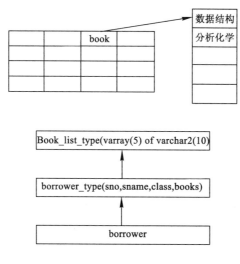

图 20-6 对象相关图

(1) 定义数组类型

```
create type book_list_type
    as varray(5) of varchar2(10);
```
(2) 建借阅者表的类型
```
create type borrower_type as object (
    sno number(6),
    sname varchar2(10),
    class varchar2(10),
    books book_list_type,
    member function add_book(book varchar2)
                    return book_list_type,
    pragma restrict_references(add_book, wnds));
```
(3) 在方法中处理数组类型数据
```
create type body borrower_type as
    member function add_book(book varchar2) return book_list_type
        is temp_array book_list_type;
            counter integer;
        begin
            temp_array := self.books;
            counter := temp_array.count + 1;
            temp_array.extend;
            temp_array(counter) := book;
            return temp_array;
        end;
end;
```
(4) 建立含有数组的对象表
```
create table borrower of borrower_type;
```
(5) 实现收集(collection)的方法:内置函数和过程

① 函数方法
- exists(n)表示当收集类型中指定元素存在为"真";
- count 表示返回当前收集类型中的元素个数;
- limit 表示返回可变数组元素个数的上限值;
- first and last 表示返回收集中第一个和最后一个元素的下标(对于可变数组,总是返回 1 和 count);
- prior(n) and next(n)表示返回指定元素的前一个和后一个元素的下标。

② 过程方法

a. extend,扩充收集的大小

extend,扩充一个空元素。

extend(n),扩充 n 个空元素。

extend(n,i),将收集中第 i 个元素拷贝 n 份,追加到收集中。

b. trim 从收集尾部删除元素。

trim 删除收集中最后一个元素。

trim(n) 删除收集中最后 n 个元素。

c. delete 删除元素。

delete,删除收集中所有元素。

delete(n),删除收集中第 n 个元素。

delete(m,n),删除收集中第 m～n 个元素

（6）数据操作

① 插入数据

    insert into borrower values

        (980001,'李星','力01',book_list_type('数据结构','大学物理'));

    insert into borrower values

        (970025,'王辰','化91',book_list_type('计算方法','分析化学'));

② 修改数据（增加一本书）

    update borrower b

     set b.books = b.add_book('物理习题集')

     where b.sno = 980001;

    包含可变数组列的查询。

③ 查询

    select sname,books from borrower;

    sname   books

    ....

    李星   book_list_type('数据结构','物理习题集')

    王辰   book_list_type('计算方法','分析化学')

    查数组元素

       select b.sname,b.class,b.books(2) from borrower b

    错误位于第 1 行：   *

       ORA-00904:非法的列名。

可变数组的操作:对数组元素的检索不能简单地用 select 语句,而应在 PL/SQL 里用有关方法和循环结构查询。

      declare

        cursor c1 is select   *   from borrower;

      begin

        for r in c1

        loop

            dbms_output.put_line(' borrower name ' || r.sname);

            for i in 1..r.books.count

            loop

                dbms_output.put_line(r.books(i))   ;

```
            end loop;
        end loop;
    end;
```
收集类型方法示例：
在方法中直接修改数据库。
```
    member procedure del_book(book   varchar2)
        is
            old_books      book_list_type;
            new_books      book_list_type;
            i integer:=1;
            j integer;
        begin
            old_books :=self.books;
            new_books:= book_list_type();    ——初始化一个数组
```
收集类型方法示例：
```
            while i<=old_books.count()
            loop
                if old_books(i)=book then
                    i:=i+1;
                else
                    new_books.extend(1);
                    j:=new_books.count();
                    new_books(j):=old_books(i);
                    i:=i+1;
                end if;
            end loop;
            update borrower
                set books = new_books
                where sno = self.sno;
        end;
    end;
    /* 调用方法 */
    declare
        b_obj borrower_type;
    begin
        select value(b) into b_obj
        from borrower b
        where sno = 980001;
        b_obj.del_book('数据结构');        ——调用还书方法
```

第20章 对象—关系数据库

end；

收集类型方法示例：

/＊还能借几本＊/

member function bnum_book return number
  is
    temp_array book_list_type；
  begin
    temp_array ：= self.books；
    return temp_array.limit － temp_array.count；
  end；

/＊查询可再借几本书＊/

select   b.bnum_book() from borrower b
where sno＝980001；

3

收集类型方法示例：

MEMBER PROCEDURE clear_book IS
BEGIN
  SELF.books.delete；
  UPDATE borrower
    SET books＝SELF.books
    WHERE sno ＝ SELF.sno；
  END；

20.9.2 嵌套表

嵌套表是包含在其他表（主表）中的表。嵌套表中的列类型包括基本类型或对象类型。嵌套表在主表中作为列值。基于图书借阅系统的对象相关性如图20-7所示。

对嵌套表的操作，首先要定位它—主表中某个记录的嵌套表列的值。

物理上嵌套表与主表分开存放，用另外一个表存储主表的一个嵌套表列。该表的存储参数可以单独设置。

① 建立数据类型，该类型将作为嵌套表的结构类型。

    create type book_t as object (
      bno char(4)，
      bname varchar2(10)，
      rdate date)；

② 建立嵌套表类型。

    create type book_nt_t as table of book_t；

③ 建立包含嵌套表列的主表类型。

    create table reader(

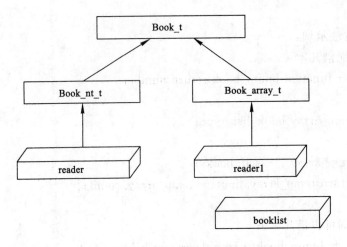

图 20-7 图书借阅系统的对象相关性

　　　　rno number(6),
　　　　rname varchar2(10),
　　　　books book_nt_t)
　　　　nested table books store as books_nt_tab ;

④ 向嵌套表列插入数据。
　　insert into reader values(980001,'赵船',
　　　　　book_nt_t(book_t('h101','化工原理','01-6月-00'),
　　　　　　　　　　book_t('w101','物理实验','01-7月-00'),
　　　　　　　　　　book_t('s101','线性代数','15-6月-00')));
　　insert into reader values(980002,'李凡',
　　　　　book_nt_t(book_t('h102','分析化学','21-6月-00'),
　　　　　　　　　　book_t('w102','理论物理','11-7月-00'),
　　　　　　　　　　book_t('s102','组合数学','25-6月-00')));
　　insert into reader values(980003,'张旬',
　　　　　book_nt_t(book_t('h103','化学实验','01-7月-00'),
　　　　　　　　　　book_t('w303','材料力学','01-7月-00'),
　　　　　　　　　　book_t('s103','计算方法','10-6月-00')));

⑤ 对指定嵌套表查询。
　　函数 the 使得主表的"嵌套表列"展开为表,然后可以像一般表那样操作嵌套表。注意要分清是对主表和对嵌套表操作。
　　　　select *
　　　　from the(select books from reader
　　　　　　　　　where rno=980001)
　　　　where rdate < '30-6月-00';
　　　　bno　　　　　　bname　　　　　　　rdate
　　　　……　　　　　　……　　　　　　　　……

h101	化工原理	01-6 月-00
s101	线性代数	15-6 月-00

⑥ 对包含嵌套表列的表的查询。

```
select rno, rname,
cursor(select * from table(r.books)
where rdate<sysdate)
from reader r;
```

rno	rname	cursor(select *
………	………	………
980001	赵船	cursor statement :3

cursor statement :3

bno	bname	rdate
………	………	………
h101	化工原理	01-6 月-00
j200	机械制图	10-6 月-00

rno	rname	cursor(select *
………	………	………
980002	李凡	cursor statement :3

cursor statement:3

未选定行

⑦ 向嵌套表插入数据。

```
insert into the(select books from reader
                where rno=980001)
values('y401','database',sysdate+30);
select * from the(select books from reader where rno=980001);
```

bno	bname	rdate
………	………	………
h101	化工原理	01-6 月-00
w101	物理实验	01-7 月-00
s101	线性代数	15-6 月-00
y401	database	01-6 月-00

嵌套表操作——修改与删除

⑧ 修改嵌套表记录。

```
update the (select books from reader
              where rno=980001 )
set rdate = rdate + 10
where bno='h101';
```

⑨ 删除嵌套表记录。

```
delete from the (select books from reader
```

Oracle 数据库管理与应用

```
                where rno=980001
    where bname='化工原理');
    delete from reader where rno=980001;
    /*PL/SQL 程序中删除嵌套表记录*/
    declare
        temp_books book_nt_t;
    begin
        select books into temp_books
            from reader where rno=980001;
        temp_books.trim;
        update reader
            set books=temp_books
            where rno=980001;
    end;
```

20.9.3 cast 表达式

cast 表达式：将一种收集类型的值转换为另一种收集类型的值。

其语法为：cast(operator as type_name)

cast 表达式有两种应用形式，即无名收集和命名收集（数组或嵌套表）。

示例：

```
    create type book_t as object
        bno char(4),
        bname varchar2(10),
        rdate date);
    create type book_nt_t as table of book_t;
    create type book_array_t as varray(5) of book_t;
    create table booklist   ——（书目录）建普通表
        (bookid char(4),
        bookname varchar2(10));
    create table reader   ——（读者）建包含嵌套表的表
        (rno number(6),
        rname varchar2(10),
        books book_nt_t)
        nested table books store as   books_nt_tab;
    create  table reader1   ——（借阅者）建包含可变数组的表
        (sno number(6),
        sname varchar2(10),
        books book_array_t);
```

示例：将子查询结果转换为嵌套表类型。

```
    insert into reader
```

```
        values(990000,'王世兴',cast(multiset
            (select bookid,bookname,sysdate+30 from booklist) as book_nt_t ));
```
示例:转换 varry→嵌套表。
```
    select *
    from the(select cast (books as book_nt_t)
            from reader1 where sno=980001 )
    where bno='s101';
```

bno	bname	rdate
......	......	......
s101	线性代数	01-6月-00

20.9.4 变长数组与嵌套表的比较

变长数组与嵌套表的比较见表 20-1。

表 20-1　　　　　　　　变长数组与嵌套表的比较

序号	变长数组	嵌套表
1	有序的收集	有多个子集,无序
2	小于 4K 时在线存储	离线存储
3	不支持索引	支持索引
4	元素个数有上限	无上限
5	不支持 SQL 的增删改	支持 SQL 的增删改(间接)
6	适用于小数据量和知道上限的数据量	适用于大数据量

20.10　对象与视图

在视图完全支持对象扩展,基于关系表的视图,可以平滑地从一个关系型环境转移到面向对象系统。它既保留现存的关系数据库,又能使用面向对象数据库的特征设计新的应用。全新的面向对象应用与现存的关系型应用并存,共同处理关系型表中相同的数据集。它可以包括:对象抽象视图(关系视图,但包含对象型数据)和对象视图。基于对象型表的对象视图其相关性如图 20-8 所示。

(1) 关系表的定义
```
    create table worker_r(
    wid number(5),
    first_name varchar2(4) name_type,
    last_name varchar2(4),
    city varchar2(10) address_type,
    street varchar2(10) address_type,
    zip number(6)) address_type;
```
(2) 定义抽象数据类型

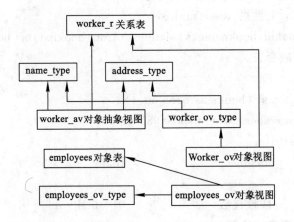

图 20-8 基于关系型表的对象视图

为建立视图,定义两个抽象数据类型。

```
create type name_type as object
 (first_name varchar2(4),
    last_name varchar2(4));
create type address_type as object
 (city varchar2(10),
    street varchar2(10),
    zip number(6));
```

(3) 基于关系表的对象抽象视图

建立对象抽象视图(在关系表的基础上,视图进行必要的数据抽象)

```
create view worker_av(wid,name,address) as
   select wid,
          name_type(first_name,last_name),
          address_type(city,street,zip)
   from worker_r;
```

(4) 对象抽象视图查询

```
select   wid,
         w.name.first_name,
         w.name.last_name,
         w.address.city
from worker_av w;
```

Wid	first_name	fast_name	city
10002	张	大民	天津
10004	孙	舒宜	天津
10005	吴	杜萍	天津

(5) 对象视图——基于关系表

创建基于关系型表的对象视图时，必须预定义一个对象类型，该类型定义了所要创建的视图的形态。

　　create type worker_ov_type as object（
　　wid number(5),
　　name name_type,
　　address address_type）；

（6）建对象视图

　　create view worker_ov of worker_ov_type
　　　　with object oid（wid）
　　as　select wid, name_type(first_name,last_name),
　　　　　　　address_type(city,street,zip)
　　　　from worker_r　　　　　　　　　———from 关系表
　　　　where city＝'天津'；

含有方法的对象视图。

　　create type worker_ov_type as object（
　　wid number(5),
　　name name_type,
　　address address_type,
　　member function wname return varchar2,
　　pragma restrict_references（wname,wnds,wnps））；
　　create type body worker_ov_type as
　　　member function wname return varchar2 is
　　　　begin return name.first_name || name.last_name;
　　　　end;
　　end;
　　create view worker_ov of worker_ov_type（同前）

（7）对象视图方法的调用

　　select wid, w.wname(),w.address.zip
　　from worker_ov w
　　where w.address.street like '％劝业场％'；

wid	wname	zip
……	……	……
10005	吴杜萍	300092

（8）对象视图中的特殊处理

　　　　　　　　with object oid（属性组）

该属性组必须提供对象视图中用来标识一个对象的码。

　　　　　　　Make_ref（对象视图名,键值)

该函数建立一个指向以键值所标识的对象视图中一行的 ref。用于形成指向对象视图的 ref 类型列。

CAST 将查询结果的无名收集转换为嵌套表或可变数组,用于形成视图中的收集类型列

(9) 基于对象表的对象视图。

建立描述视图形态的对象类型

create or replace type employees_ov_type as object(

empno number(5),

ename varchar2(10),

days number);

建立基于对象表的对象视图

create view employees_ov of employees_ov_type

as

   select empno,ename,e.days_at_company()

   from employees e;

查询视图

select * from employees_ov ;

EMPNO	ENAME	DAYS
1	Jone	3858
2	smith	936
3	king	123

对象视图有 OID(像对象表一样)。OID 可以取自对象基表(如本例,当基于唯一对象型表创建对象视图时,系统很清楚视图中对象的 OID 就是视图基表中对应行的对象 OID。

否则,OID 必须是能够唯一标识基表一行的用户自定义关键字(with object oid (wid))。

20.11　定义语句小结

20.11.1　类型定义语句小结

(1) 定义对象类型(自定义数据类型,定义完整对象类)

create type 类型名 as object (…,…,…);

create type body 类型名 as …

(2) 建对象表

Create table 表名 of 对象类型(表剩余定义…);

(3) 定义嵌套表类型

create type 类型名 as table of 嵌套表结构类型;

(4) 定义可变数组

create type 类型名 as varray(n) of 数组元素类型

20.11.2 视图定义语句小结

(1) 建对象视图 1

create view 对象视图名 of 对象类型
  with object oid (...) as selec … from 关系表名；

(2) 建对象视图 2

Create view 对象视图名 of 对象类型 as select … from 对象表名；

第 21 章
对象数据库开发实例

21.1 系统简介

本章以一个公司的订货系统为例,比较说明两种方法所建立数据模型。系统涉及的实体和联系有顾客表(customer_info)、货物表(stock_info)、订货单(purchase_info)和细目表(items_info)。这个订货系统的 ER 图如图 21-1 所示。每个实体及其属性值如表 21-1 至表 21-4 所示。

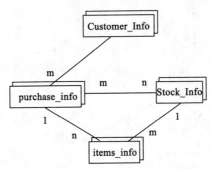

图 21-1 一个订货系统的实体及其关联关系

表 21-1 顾客信息 customer_info

编号	顾客名	地 址	邮编	电话1	电话2
1	Jean Nance	2Avocet Drive,Redwood Shores,CA	95045	415—555—1212	
2	John Nike	323College Drive,Edison ,NJ	08820	609—555—1212	201—555—1212

表 21-2 货物信息 stock_info

货物号	价 格	税率
1004	6 750.00	2
1011	4 500.23	2
1534	2 234.00	2
1535	3 456.23	2

表 21-3　　　　　　　　　　　订货单 purchase_info

单号	顾客	订货日期	发货日期	到货街道	到货城市	邮编
2001	2	1—1—96	20—5—98			
1001	1					

表 21-4　　　　　　　　　　　订货条目(items—info)

条目编号	单号	货物	数量	折扣
01	1001	1534	12	0
02	1001	1535	10	10
10	2001	1004	1	0
11	2001	1011	2	1

21.2　基于关系模型的实现

将实体定义为关系(表)的一般原则是实体间的联系通过外来码或关系表实现,表中的字段必须是不可分割的基本单位,不允许在表中嵌表,通过表的连接实现多表查询。

21.2.1　基于数据定义语言建表

(1) 建立顾客表
```
create table customer_info (
    custno number primary key,
    custname varchar2(200),
    street varchar2(200),
    city varchar2(200),
    state varchar2(200),
    zip varchar2(6),
    phone1 varchar2(20),
    phone2 varchar2(20),
    phone3 varchar2(20)
);
```

(2) 建立货物表
```
create table stock_info (
    stockno number primary key,
    cost number,
    tax_code number );
```

(3) 建立订货表
```
create table purchase_info (
    pono number primary key,
```

Oracle 数据库管理与应用

　　　　custno number references

　　　　customer_info(custno),

　　　　orderdate date,

　　　　shiptodate date,

　　　　shiptostreet varchar2(200),

　　　　shiptocity varchar2(200),

　　　　shiptostate varchar2(200),

　　　　shiptozip varchar2(20));

(3) 建立细目表

　　create table items_info (

　　　　lineitemno number,

　　　　pono number

　　　　　　references purchase_info(pono),

　　　　stockno number

　　　　　　references stock_info(stockno),

　　　　quantity number,

　　　　discount number,

　　　　primary key (pono, lineitemno));

21.2.2 基于数据操纵语言的数据获取

(1) 向顾客表插入数据

　　insert into customer_info

　　　　values (1, 'jean nance', '2 avocet drive', 'redwood shores',
　　　　　　'ca', '95054', '415-555-1212', null, null);

　　insert into customer_info

　　　　values (2, 'john nike', '273 college drive', 'edison', 'nj',
　　　　　　'08820', '609-555-1212', '201-555-1212', null);

(2) 向货物表插入数据

　　insert into stock_info values(1004, 6750.00, 2);

　　insert into stock_info values(1011, 4500.23, 2);

　　insert into stock_info values(1534, 2234.00, 2);

　　insert into stock_info values(1535, 3456.23, 2);

(3) 向订货单表插入数据

　　　insert into purchase_info

　　　　values (1001,1,sysdate,'10-5月-1997',null,null,null,null);

　　　insert into purchase_info

　　　　values (2001, 2, sysdate,'20-5月-1997', '55 madison ave', 'madison', 'wi', '53715');

(4) 向订货单条目插入数据

　　insert into items_info values(01, 1001, 1534, 12,0);

insert into items_info values(02,1001,1535,10,10);
insert into items_info values(10,2001,1004,1,0);
insert into items_info values(11,2001,1011,2,1);

21.2.3 基于关系查询语言的查询

查询订货单 1001 的顾客信息和订货详细信息(多表连接)。

select c. custno, c. custname, c. street, c. city, c. state, c. zip, c. phone1, c. phone2,
c. phone3, p. pono, p. orderdate, l. stockno, l. lineitemno, l. quantity, l. discount
    from customer_info c, purchase_info p, items_info l
    where c. custno = p. custno and p. pono = l. pono and p. pono = 1001;
select p. pono, c. custname, p. orderdate,
        cursor(select stockno, lineitemno, quantity, discount
            from items_info
            where pono=p. pono)
    from customer_info c, purchase_info p
    where p. custno = c. custno and p. pono = 2001;

细目表如下:

pono	custname	orderdate
……	……	……
2001	john nike	14—10月—00 cursor…:4

cursor statement:4

stockno	lineitemno	quantity	discount
……	……	……	
1004	10	1	0
1011	11	2	1

21.2.4 基于数据操纵语言的数据统计与操纵

(1) 统计每一个订货单的总价值

select l. pono, sum(s. cost * l. quantity)
from items_info l, stock_info s
where l. stockno = s. stockno
group by l. pono;

(2) 查询涉及货物 1004 的订货单及订货条目信息

select p. pono, p. custno, l. stockno, l. lineitemno, l. quantity, l. discount
from purchase_info p, items_info l
where p. pono = l. pono and l. stockno = 1004;

(3) 修改数据

更改 1001 订货单中货物号为 1535 的订货量。

update items_info set quantity=20
where pono=1001 and stockno = 1535;

(4) 删除数据

删除编号为1001的订货单。
```
    delete from items_info      (先删细目表记录)
    where pono = 1001;
    delete from purchase_info   (再删主表记录)
    where pono = 1001;
```

21.3 基于对象模型的实现

实现对象关系的方法的主要原则如下:用户自定义数据类型使得复杂数据结构进入数据库模式中;不将 address 拆散,也不将联系电话存为不相关的多列,在 O—R 中可以定义特殊的类型表示;不将订货条目以单独表管理,O—R 中将它们作为相应订货表的嵌套表;收集类型作为多值属性;主要实体顾客,货物,订货单变为对象;对象引用表示他们之间 n：1 的关系。

21.3.1 定义类型

订货系统中的类型:

地址:address_t,对象类型;
多个电话:phone_list_t,变长数组类型;
顾客:customer_info_t,对象类型;
货物:stock_info_t,对象类型;
货物条目:line_item_t,对象类型;
多个货物条目:line_item_list_t,嵌套表类型;
订货单:purchase_info_t,对象类型;

(1) 定义一个对象类型表示地址信息
```
    create type address_t as object (
        street varchar2(200),
        city varchar2(200),
        state char(2),
        zip varchar2(20));
```
(2) 定义一个数组类型,表示顾客的几部电话
```
    create type phone_list_t
            as varray(10) of varchar2(20);
```
(3) 定义一个对象类型表示订货条目信息
```
    create type line_item_t as object (
        lineitemno number,
        stockref ref stock_info_t,
        quantity number,
        discount number);
```
(4) 定义一个嵌套表类型,表示订货单中的货物条目信息
```
    create type line_item_list_t
```

as table of line_item_t ;

(5) 定义一个对象类型表示顾客

create type customer_info_t as object (
  custno number,
  custname varchar2(200),
  address address_t,
  phone_list phone_list_t,
order member function
  cust_order(x in customer_info_t) return integer,
pragma restrict_references (
  cust_order,wnds, wnps, rnps, rnds)
);

(6) 定义一个对象类型表示货物信息

create type stock_info_t as object (
stockno number,
cost number,
tax_code number
);

(7) 定义一个对象类型表示订货单

create type purchase_info_t as object (
 pono number,
 custref ref customer_info_t,
 orderdate date,
 shipdate date,
 line_item_list line_item_list_t,
 shiptoaddr address_t,
map member function ret_value return number,
pragma restrict_references (ret_value, wnds, wnps, rnps, rnds),
member function total_value return number,
pragma restrict_references (total_value, wnds,wnps)
);

对顾客中的电话来说,varray 的元素是有序的,varray 要求预置元素数目。对订货单中的货物条目来说,嵌套表没有上界的限制,可以直接做查询,可以做索引。

21.3.2　定义方法

(1) 定义 customer_info_t 对象类型的方法

create or replace type body customer_info_t as
 order member function cust_order (x in customer_info_t)
  return integer is
 begin

```
            return custno - x.custno;
        end;
    end;
```

(2) 定义 purchase_info_t 对象类型的方法

```
    create or replace type body purchase_info_t as
        map member function ret_value
        return number is
        begin
                return pono;
        end;
        member function total_value return number
        is
            i integer;
            stock stock_info_t;    --(stockno, cost, tax_code)
            line_item line_item_t;  --( lineitemno stockref quantity discount)
            total number:=0;
        begin
            for i in 1..self.line_item_list.count
            loop line_item:=self.line_item_list(i);
                        select deref(line_item.stockref) into stock
                        from dual;
                        total:=total + line_item.quantity * stock.cost;
            end loop;
            return total;
        end;
    end;
```

21.3.3 创建对象表

一般来讲,可以按下面规则理解"对象"和"表"之间的关系:类,即客观世界的实体,对应于表;对象属性对应于表的列;对象对应于表的记录;每一个表是一个隐式的类,它的对象(记录)都有相同的属性(列)。

(1) 对象表 customer_tab 的定义

```
    create table customer_tab of customer_info_t
            (custno primary key);
```

对象类型包含四个属性:

① custno number;

② custname varchar2(200);

③ address address_t;

④ phone_list phone_list_t。

一般而言,对于对象表和对象类型,二者的关系是:

对象类型作为创建对象表的模板；

约束用于表上，不能定义在类型上（如 primary key 的约束定义）；

表可以包含对象列，由于变长数组 phone_list_t 包含的数量少于 10×20，所以 Oracle 将其作为一个存储单元，当超过 4 000 B 时，将以 blob 类型存于表外。

不为对象类型分配存储空间，仅为表分配记录空间。

（2）对象表 stock_tab 的定义

　　create table stock_tab of stock_info_t
　　（stockno primary key）；
stock_info_t 对象类型包含三个属性：
① stockno number；
② cost number；
③ tax_code number。

（3）对象表 purchase_tab 的定义

　　create table purchase_tab of purchase_info_t
　　（primary key（pono），
　　　scope for（custref）is customer_tab
　　　nested table line_item_list store as po_line_tab；
purchase_info_t 对象类型的属性包括：
① pono number；
② custref ref customer_info_t；
③ orderdate date；
④ shipdate date；
⑤ line_item_list line_item_list_t；
⑥ shiptoaddr address_t。

REF 操作符：如果未作限制，ref 允许引用任意类型为 customer_info_t 表的行对象。scope 约束只是限制 purchase_tab 对象表的 custref 列的取值范围。

嵌套表：十分适合于表示表间的主从关系，从而可以避免 DML 中的关系连接（join）。一个嵌套表的所有记录存储在一个独立的存储表中，在该存储表中有一个隐含的列 nested_table_id 与相应的父表记录相对应，在嵌套表中的记录与父表中的记录根据 nested_table_id 对应。嵌套表类型的各个属性对应于存储表的各列。

21.3.4　维护嵌套表

（1）修改嵌套表的存储表

　　　alter table po_line_tab
　　　add（scope for（stockref）is stock_tab）；
　　　　alter table po_line_tab
　　　　　storage（next 5K pctincrease 5
　　　　　　minextents 1 maxextents 20）；

（2）插入 stock_tab 数据

　　　insert into stock_tab values(1004，6750.00，2)；

```
insert into stock_tab values(1011,4500.23,2);
insert into stock_tab values(1534,2234.00,2);
insert into stock_tab values(1535,3456.23,2);
```

(3) 插入 customer_tab 数据

```
insert into customer_tab
    values ( 1,'jean nance',address_t('2 avocet drive',
            'redwood shores','ca','95054'),
            phone_list_t('415-555-1212'));
insert into customer_tab
    values (2,'john nike',
        address_t('273 college drive','edison','nj','08820'),
        phone_list_t('609-555-1212','201-555-1212'));
```

(4) 插入 purchase_tab 数据

```
insert into purchase_tab
    select 1001,ref(c),sysdate,'10-may-1997',
        line_item_list_t(),null
    from customer_tab c where c.custno = 1;
```

上面的语句用下列属性创建了一个 purchase_info_t 对象：

pono＝1001；

custref＝对于顾客 1 的引用；

orderdate＝sysdate；

shipdate＝10－may－1997；

line_item_list＝一个空的货物列表；

shiptoaddr＝null。

(5) 向嵌套表插入数据

```
insert into the (select p.line_item_list
                 from purchase_tab p
                 where p.pono = 1001 )
    select 01,ref(s),12,0
    from stock_tab s
    where s.stockno = 1534;
insert into the ( select p.line_item_list
                  from purchase_tab p
                  where p.pono = 1001)
    select 02,ref(s),10,10
    from stock_tab s
    where s.stockno = 1535;
```

(6) 向对象表插入数据

```
insert into purchase_tab
```

```
            select 2001, ref(c), sysdate,
                    '20-may-1997', line_item_list_t(),
                    address_t('55 madisonve','madison','wi','53715')
            from customer_tab c
            where c.custno = 2;
    insert into the (select p.line_item_list
                     from purchase_tab p
                     where p.pono = 2001)
            select 10, ref(s), 1, 0
            from stock_tab s
            where s.stockno = 1004;
    insert into the (select p.line_item_list
                     from purchase_tab p
                     where p.pono = 2001)
            values(line_item_t(11, null, 2, 1));
```

（7）修改嵌套表

排序方法的引用。

```
    select p.pono
    from purchase_tab p
    order by value(p);
```

按 purchase_tab 对象大小比较,隐含调用：

```
    map member function ret_value
            return number is
    begin
        return pono;
    end;
```

相当于 order by pono。

21.3.5 数据查询与操纵

（1）查询订货单 1001 的顾客信息和订货详细信息

```
    select deref(p.custref), p.shiptoaddr, p.pono,
                p.orderdate, line_item_list
    from purchase_tab p
    where p.pono=1001;
```

（2）每一个订货单的总价值

```
    select p.pono, p.total_value()
    from purchase_tab p;
```

（3）查询订货单及涉及货物 1004 订货条目的信息

```
    select po.pono, po.custref.custno,
                cursor ( select *
```

from table (po. line_item_list) l
where l. stockref. stockno=1004)
from purchase_tab po;

(4) 删除数据

在下面的删除例子中，Oracle 自动删除所有属于订货单的货物条目，而在原关系模型中必须要考虑到两张表的删除问题。

删除订货单 1001：

delete from purchase_tab
where pono=1001;

21.4 采用对象视图

21.4.1 对象视图解决方案

对象视图是虚拟对象表，数据源取自表和视图，采用对象表实现系统设计一般采用如下步骤：

- 建立实体和关系；
- 通过创建和填充关系表实现实体关系结构；
- 采用 UDT 表示对象关系模式，模型化一个实体关系结构；
- 采用 O—R 模式创建和填充对象表实现实体关系结构。

采用对象视图方式要使用相同的初始步骤，但最后一步有所不同，它不使用创建和填充对象表的方式，而是使用对象视图来表示虚拟对象表，数据取自一般的关系表。

21.4.2 定义对象视图

定义三个对象视图：customer_view，stock_view，purchase_view。创建对象视图的语句有四个部分：视图的名字、视图所基于的对象类型的名字、基于主码创建对象标识 oid。一个选择语句根据对应的对象类型向虚拟对象表中填充数据。下文示例借用前面的几个类型定义。

(1) 定义对象视图

① customer_view 对象视图。

create or replace view customer_view
    of customer_info_t
with object oid(custno) as
select c. custno, c. custname,
    address_t(c. street, c. city, c. state, c. zip),
    phone_list_t (c. phone1, c. phone2, c. phone3)
from customer_info c;

② stock_view 对象视图。

create or replace view stock_view
        of stock_info_t
    with object oid(stockno) as

select * from stock_info；

③ purchase_view 对象视图。

create or replace view purchase_view

　　　　　of purchase_info_t

with object oid (pono) as

select p. pono,——客户对象引用，

p. orderdate,p. shiptodate,

——嵌套表列

address_t(p. shiptostreet, p. shiptocity,

p. shiptostate,p. shiptozip)

from purchase_info p；

（2）构造视图的对象引用列

make_ref (customer_view, p. custno),

make_ref(对象表/视图,定位记录的主键值)。

返回指向对象表/视图的一个对象（记录）的 ref。

（3）构造视图的嵌套表列

cast (

multiset(

select line_item_t (l. lineitemno,

make_ref(stock_view, l. stockno),

l. quantity,l. discount)

from items_info l

where l. pono= p. pono

)

as line_item_list_t

)

purchase_info_t 对象类型有如下属性：

① pono number；

② custref ref customer_info_t；

③ orderdate date；

④ shipdate date；

⑤ line_item_list line_item_list_t；

⑥ shiptoaddr address_t。

21.4.3 对象视图的使用

（1）查询订货单 1001 的顾客信息和订货详细信息

select deref(p. custref), p. shiptoaddr, p. pono,

p. orderdate, line_item_list

from purchase_view p

where p. pono ＝ 1001；

(2) 统计每一个订货单的总价值
  select p.pono, p.total_value()
  from purchase_view p;
(3) 使用对象视图——查询数据
查询订货单及涉及货物 1004 订货条目的信息
  select po.pono, po.custref.custno,
      cursor（
        select   *
        from table（po.line_item_list) l
        where l.stockref.stockno = 1004)
  from purchase_view po;

21.4.4 使用触发器更新对象视图

Oracle 提供 instead of 触发器作为更新复杂对象视图的方法。

当要改变对象视图中行对象的属性值时，Oracle 执行对象视图的 instead of 触发器。在触发器中，Oracle 使用关键字 :old 和 :new 存取行对象的当前值和新值。

使用触发器更新对象视图

(1) stock_view 的 instead of 触发器
  create or replace trigger stockview_insert_tr
   instead of insert
   on stock_view
  for each row
   begin
    insert into stock_info
    values
     (:new.stockno, :new.cost, :new.tax_code);
  end;

(2) customer_view 的 instead of 触发器
  create or replace trigger custview_insert_tr
  instead of insert
  on customer_view
  for each row
  declare
   phones phone_list_t;
   tphone1 customer_info.phone1%type := null;
   tphone2 customer_info.phone2%type := null;
   tphone3 customer_info.phone3%type := null;
  begin
   phones := :new.phone_list;
   if phones.count>2 then

```
            tphone3 := phones(3);
          end if;
          if phones.count > 1 then
            tphone2 := phones(2);
          end if;
          if phones.count > 0 then
            tphone1 := phones(1);
          end if;
            insert into customer_info
            values (:new.custno, :new.custname,
                  :new.address.street, :new.address.city,
                  :new.address.state, :new.address.zip,
                    tphone1, tphone2, tphone3);
        end;
```

(3) 向对象视图插入数据

下列语句激活 customer_view 触发器

```
        insert into customer_view
        values (13, 'Ellan White',
          address_t('25 i street', 'memphis', 'TN', '05456'),
          phone_list_t('615-555-1212')
        );
```

(4) 使用触发器更新对象视图

激活 purchase_view 的 instead of 触发器：

```
        create or replace trigger poview_insert_tr
        instead of insert
        on purchase_view
        for each row
        declare
          line_itms line_item_list_t;
          i integer;
          custvar customer_info_t;
          stockvar stock_info_t;
          stockvartemp ref stock_info_t;
        begin
          line_itms := :new.line_item_list;
          select deref(:new.custref) into custvar
          from dual;
          insert into purchase_info values
          (:new.pono,
```

```
                custvar.custno,
                :new.orderdate,
                :new.shipdate,
                :new.shiptoaddr.street,
                :new.shiptoaddr.city,
                :new.shiptoaddr.state,
                :new.shiptoaddr.zip);
        for i in 1..line_itms.count
        loop
                stockvartemp := line_itms(i).stockref;
                select deref(stockvartemp) into stockvar
                  from dual;
                    insert into items_info
                values (line_itms(i).lineitemno,:new.pono,
                        stockvar.stockno,line_itms(i).quantity,
                        line_itms(i).discount);
        end loop;
        end;
```

(5) 下列语句激活 purchase_view 触发器

```
        insert into purchase_view
        select 3001,ref(c),sysdate,sysdate,
                    cast( multiset(
                        select line_item_t(41,ref(s),20,1)
                        from stock_view s
                          where s.stockno = 1535
                        )as line_item_list_t
                ),
                address_t('22 Nothingame Ave',
                            Cockstown','AZ','44045')
        from    customer_view c where c.custno = 1
```

(6) 查旬对象视图

订货单 1001 的顾客信息和订货详细信息。

```
        select deref(p.custref), p.shiptoaddr, p.pono,
            p.orderdate,line_item_list
                from purchase_view p where p.pono = 1001;
```

每一个订货单的总价值。

```
        select p.pono, p.total_value()
                from purchase_view p;
```

涉及货物 1004 的订货单及订货条目信息。

```
select po.pono, po.custref.custno,
        cursor (select   *
        from table (po.line_item_list) l
        where l.stockref.stockno = 1004)
from purchase_view po;
```

参考文献

[1]　飞思科技研发中心. Oracle 9i 基础与提高[M]. 北京:电子工业出版社,2003.
[2]　黄开枝. Oracle 9i 数据库性能调整与优化[M]. 北京:清华大学出版社,2006.
[3]　贾代平. Oracle DBA 核心技术解析[M]. 北京:电子工业出版社,2006.
[4]　靳学辉. 数据库原理与应用[M]. 第 3 版. 北京:电子工业出版社,2004.
[5]　孟德欣. Oracle 9i 数据库技术[M]. 北京:北京交通大学出版社,2005.
[6]　孙风栋,等. Oracle 数据库基础教程[M]. 北京:电子工业出版社,2007.
[7]　孙杨. Oracle DBA 日常管理[M]. 北京:清华大学出版社,2007.
[8]　孙杨,任鸿. Oracle 高级编程[M]. 北京:清华大学出版社,2008.
[9]　王崧,译. SQL 完全手册[M]. 第 4 版. 北京:电子工业出版社,2007.
[10]　吴京慧,杜宾,杨波. Oracle 数据库管理及应用开发教程[M]. 北京:清华大学出版社,2007.
[11]　赵松涛. Oracle 9i 数据库系统管理实录[M]. 北京:电子工业出版社,2007.
[12]　郑阿芬. Oracle 实用教程[M]. 第 2 版. 北京:电子工业出版社,2006.

附录

附录 A Oracle12c INIT.ORA

###
    Copyright (c) 1991, 2013 by Oracle Corporation
###

###
    # SGA Memory
###
    sga_target=2457m

###
    # Shared Server
###
    dispatchers="(PROTOCOL=TCP) (SERVICE=orclXDB)"

###
    # Miscellaneous
###
    compatible=12.1.0.2.0
    diagnostic_dest=H:\app\Administrator
    enable_pluggable_database=true

```
###########################################
# Security and Auditing
###########################################
    audit_file_dest="H:\app\Administrator\admin\orcl\adump"
    audit_trail=db
    remote_login_passwordfile=EXCLUSIVE


###########################################
# Sort,Hash Joins,Bitmap Indexes
###########################################
    pga_aggregate_target=819m


###########################################
# Database Identification
###########################################
    db_domain=""
    db_name="orcl"


###########################################
# File Configuration
###########################################
    control_files=("H:\lntu_bphot\oradata\orcl\control01.ctl","H:\lntu_bphot\oradata\orcl\control02.ctl")


###########################################
# Cursors and Library Cache
###########################################
    open_cursors=300
```

附　录

```
###############################
# System Managed Undo and Rollback Segments
###############################
  undo_tablespace=UNDOTBS1


###############################
# Processes and Sessions
###############################
  processes=300


###############################
# Cache and I/O
###############################
  db_block_size=8192
```

附录B　tnsnames.ora 参数文件

```
ORA816.TAIJI.COM.CN =
  (DESCRIPTION =
    (ADDRESS_LIST =
      (ADDRESS = (PROTOCOL = TCP)(HOST = zhao)(PORT = 1521))
    )
    (CONNECT_DATA =
        (SERVICE_NAME = ora816)
      )
    )

EXTPROC_CONNECTION_DATA.TAIJI.COM.CN =
  (DESCRIPTION =
    (ADDRESS_LIST =
      (ADDRESS = (PROTOCOL = IPC)(KEY = EXTPROC1))
    )
```

Oracle 数据库管理与应用

```
        (CONNECT_DATA =
          (SID = PLSExtProc)
          (PRESENTATION = RO)
        )
      )
    S450 =
      (DESCRIPTION =
        (ADDRESS_LIST =
          (ADDRESS = (PROTOCOL = TCP)(HOST = dbsvr)(PORT = 1521))
        )
        (CONNECT_DATA =
          (SERVICE_NAME = s450)
        )
      )
```

附录 C listener. ora 参数文件

\# listener. ora Network Configuration File：H:\app\Administrator\product\12.1.0\dbhome_1\network\admin\listener. ora
\# Generated by Oracle configuration tools.

```
    SID_LIST_LISTENER =
      (SID_LIST =
        (SID_DESC =
          (SID_NAME = CLRExtProc)
          (ORACLE_HOME = H:\app\Administrator\product\12.1.0\dbhome_1)
          (PROGRAM = extproc)
          (ENVS = "EXTPROC_DLLS=ONLY:H:\app\Administrator\product\12.
1.0\dbhome_1\bin\oraclr12.dll")
        )
      )

    LISTENER =
      (DESCRIPTION_LIST =
        (DESCRIPTION =
          (ADDRESS = (PROTOCOL = TCP)(HOST = PC-20170122QBPP)(PORT = 1521))
          (ADDRESS = (PROTOCOL = IPC)(KEY = EXTPROC1521))
        )
```

)

附录 D tnsnames.ora 参数文件

\# tnsnames.ora Network Configuration File：H:\app\Administrator\product\12.1.0\dbhome_1\network\admin\tnsnames.ora
\# Generated by Oracle configuration tools.

```
BP_HOT =
  (DESCRIPTION =
    (ADDRESS_LIST =
      (ADDRESS = (PROTOCOL = TCP)(HOST = PC-20170122QBPP)(PORT = 1521))
    )
    (CONNECT_DATA =
      (SERVICE_NAME = bp_hot)
    )
  )

ORACLR_CONNECTION_DATA =
  (DESCRIPTION =
    (ADDRESS_LIST =
      (ADDRESS = (PROTOCOL = IPC)(KEY = EXTPROC1521))
    )
    (CONNECT_DATA =
     (SID = CLRExtProc)
      (PRESENTATION = RO)
    )
  )

BP_DB =
  (DESCRIPTION =
    (ADDRESS = (PROTOCOL = TCP)(HOST = PC-20170122QBPP)(PORT = 1521))
    (CONNECT_DATA =
      (SERVER = DEDICATED)
      (SERVICE_NAME = BP_DB)
    )
  )
```

```
    ORCL =
      (DESCRIPTION =
        (ADDRESS_LIST =
          (ADDRESS = (PROTOCOL = TCP)(HOST = PC-20170122QBPP)(PORT = 1521))
        )
        (CONNECT_DATA =
          (SERVER = DEDICATED)
          (SERVICE_NAME = orcl)
        )
      )
```